KUWASHII

SCIENCE

くわしい

理科

JN025333

鎌田正裕・中西 史　共編

文英堂

本書の特色と使い方

圧倒的な「くわしさ」で、考える力が身につく

本書は、豊富な情報量を、わかりやすい文章でまとめています。丸暗記ではなく、しっかりと理解しながら学習を進められるので、知識がより深まります。

本文

学習しやすいよう、見開き構成にしています。重要用語や大事なことがらには色をつけているので、要点がおさえられます。また、豊富な図や写真でしっかりと理解することができます。

要点

この単元でおさえたい内容を簡潔にまとめています。学習のはじめに、**全体の流れ**をおさえましょう。

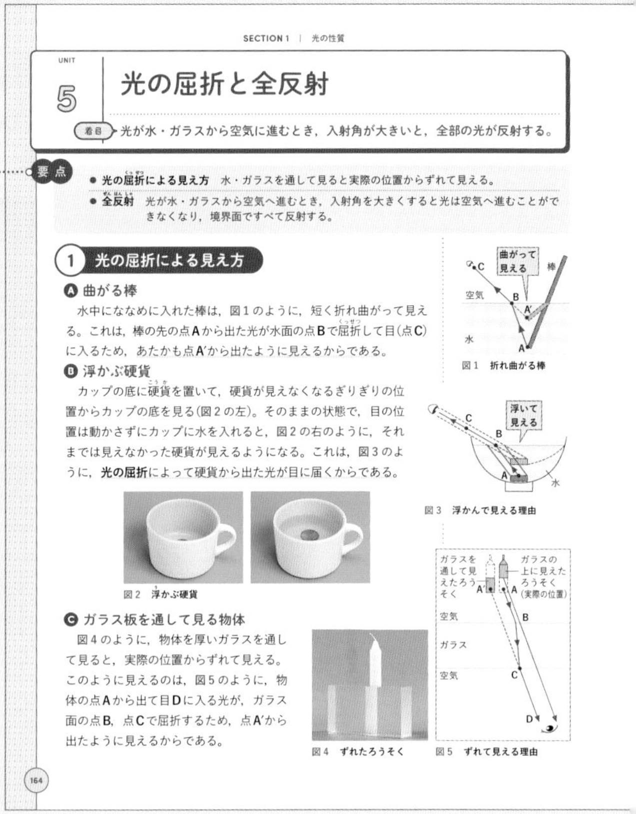

UNIT 5 光の屈折と全反射

着目 ▶ 光が水・ガラスから空気に進むとき、入射角が大きいと、全部の光が反射する。

要点
- **光の屈折による見え方** 水・ガラスを通して見ると実際の位置からずれて見える。
- **全反射** 光が水・ガラスから空気へ進むとき、入射角を大きくすると光は空気へ進むことができなくなり、境界面ですべて反射する。

1 光の屈折による見え方

A 曲がる棒

水中にななめに入れた棒は、図1のように、短く折れ曲がって見える。これは、棒の先の点Aから出た光が水面の点Bで屈折して（点C）に入るため、あたかも点A'から出たように見えるからである。

図1 折れ曲がる棒

B 浮かぶ硬貨

カップの底に硬貨を置いて、硬貨が見えなくなるぎりぎりの位置からカップの底を見る（図2の左）。そのままの状態で、目の位置は動かさずにカップに水を入れると、図2の右のように、それまでは見えなかった硬貨が見えるようになる。これは、図3のように、光の屈折によって硬貨から出た光が目に届くからである。

図2 浮かぶ硬貨

図3 浮かんで見える理由

C ガラス板を通して見る物体

図4のように、物体を厚いガラスを通して見ると、実際の位置からずれて見える。このように見えるのは、図5のように、物体の点Aから出て目Dに入る光が、ガラス面の点B、点Cで屈折するため、点A'から出たように見えるからである。

図4 ずれたろうそく　　図5 ずれて見える理由

164

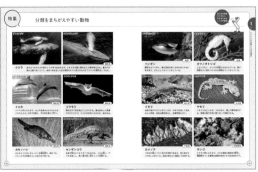

特集　分類をまちがえやすい動物

特集

理科が自然と好きになるような、幅広い話題を集めました。興味をもって、読んでみましょう。

くーくん

HOW TO USE

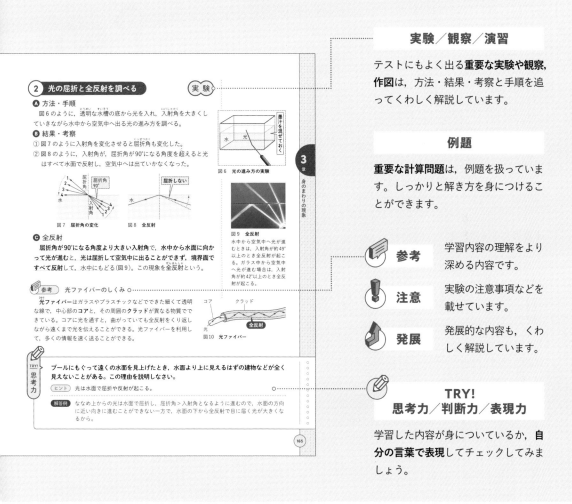

実験／観察／演習

テストにもよく出る**重要な実験や観察,作図**は,方法・結果・考察と手順を追ってくわしく解説しています。

例題

重要な計算問題は,例題を扱っています。しっかりと解き方を身につけることができます。

参考 学習内容の理解をより深める内容です。

注意 実験の注意事項などを載せています。

発展 発展的な内容も,くわしく解説しています。

TRY!
思考力／判断力／表現力

学習した内容が身についているか,**自分の言葉で表現**してチェックしてみましょう。

定期テスト対策問題

各SECTIONの最後に,テストで**問われやすい問題**を集めました。テスト前に,知識が身についているかを確かめましょう。

入試問題にチャレンジ

巻末には,実際の入試問題を掲載しています。中1理科の**総仕上げ**として,挑戦してみましょう。

もくじ
CONTENTS

1 章　いろいろな生物とその共通点

2章 身のまわりの物質

3章 身のまわりの現象

4章 大地の変化

くわしい！

KUWASHII
SCIENCE

1
章

中1
理科

いろいろな生物と
その共通点

身近な生物の観察の方法

着目 ▶ 観察や調査を行うときには，事前の計画と準備や，結果の記録が重要。

要点
● **生物の観察と計画** 必要な準備をするためにも，目的を決め計画を立てる必要がある。
● **生物の観察の記録** 見つけた生物の特徴だけでなく，そのときの場所のようすも記録する。
● **生物の観察のポイント** 生物そのものや時間やまわりとの関係など，さまざまな観点で観察する。

1 生物の観察の進め方

　私たちの身のまわりには，さまざまな環境でさまざまな生物が生活をしている。生物を観察することでいろいろな発見をすることができるが，深い発見を得るには次のような点を押さえることが大切である（図1）。

❶ 計画を立てる

　鳥の観察であればあまり近づいて観察することはできないし，水中の小さな生物であれば採集して顕微鏡で観察する必要がある。どの生物のどのような特徴を観察するかによって，観察できる場所や時間，観察の方法や，そのために何を準備すべきかが異なるので，あらかじめ，疑問に思っていることなどから観察の目的を決めて，計画を立てるとよい。

❷ 観察・記録する

　いろいろな場所を調べてさまざまな生物を探す。生物を見つけたら次のページであげるような特徴についてよく観察し，生物の特徴をその場所のようすや天気などと合わせて記録する。

❸ 観察結果をまとめ，考察する

　観察してわかったことや疑問に思ったことをまとめる。

　わからないことは，自分で調べたり，ほかの人と意見を交換したり，先生に質問したりして考えや知識を深める。

　観察したことと調べたことをもとに自分の考えを整理し，目的が達成されたか振り返る。考えを深めることで新しい観察の観点や新しい疑問も見つかってくる。

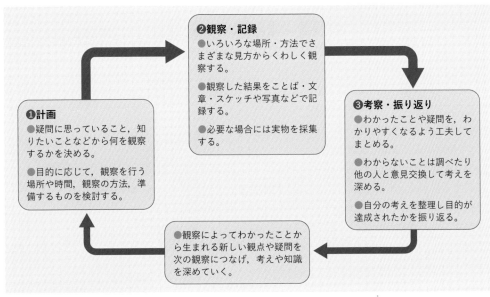

図1　生物の観察の進め方

観察のポイント

・ルーペなどで拡大し*1，**細かい構造を観察する**。

・音やにおいなど，**目で見える以外の情報にも注意する**。

・花とミツバチ，アリとアブラムシなど，**生物どうしの関係を調べる**。

・観察した生物がその後どうなるかを**継続して観察する**ことで，1日の間の生物の変化や季節ごとの変化を調べる。

・ヒメジョオンとハルジオン(→ p.45)，ハコベとウシハコベ，ミツバチとハナアブなどのように，似ているものの**共通点とちがいを観察する**。

・生物の特徴と**生息・生育している場所との関係**を調べる。

*1
近づいて観察することが難しい動物などは双眼鏡で形や動きを観察し，小さい生物は採集して顕微鏡で構造を観察する。

TRY! 判断力

学校周辺で草花の観察をする際に記録用紙に記録することがらにはどのようなものがあるか，あげなさい。

ヒント　観察をする際には，生物そのもののほかにそのときの場所の条件も記録する。

解答例　観察者の名前，日時，見つけた場所，観察した生物のスケッチ，大きさ・形・色などの特徴，気づいたこと，そのときの天気，気温，光の当たり方や土の湿りぐあい

観察・記録の方法

ルーペの使い方

　野外で植物などを観察するときには**ルーペ**を使う。ルーペで観察するときは，次のように行う。

① ルーペを**目に近づけて持つ。**

② 観察する試料を，もう一方の手で持ち，**観察する試料を前後に動かして，ピントを合わせる。**

③ 観察するものが動かせないときには，ルーペは目に近づけたまま自分が動いてピントを合わせる。

注意 試料を太陽にかざして見ない。
　　　ルーペで太陽を見ない。

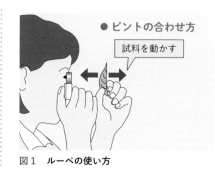

● ピントの合わせ方

試料を動かす

図1　ルーペの使い方

双眼実体顕微鏡の使い方

　ルーペよりもさらに拡大して観察するときには**双眼実体顕微鏡**を使う。双眼実体顕微鏡を使うときは，次のように行う。

① 双眼実体顕微鏡を，水平で直射日光の当たらない明るい台の上に置く。

② 観察するものが見やすいように，**ステージの色を白か黒から選ぶ。**

③ スライドガラスやペトリ皿に観察するものをのせ，ステージの上に置く。

④ 両目でのぞき，鏡筒を調節して左右の視野が1つに重なるようにする。そ動ねじをゆるめて鏡筒を上下に動かし，およそのピントを合わせる。

⑤ 右目でのぞき，微動ねじでピントを合わせる。

⑥ **次に左目でのぞきながら，視度調節リングを左右に回し，ピントを合わせる。**

注意 そ動ねじをゆるめると急に本体が下がるので，鏡筒を支えながら操作する。

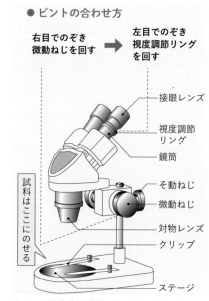

● ピントの合わせ方

右目でのぞき
微動ねじを回す　→　左目でのぞき
視度調節リングを回す

接眼レンズ
視度調節リング
鏡筒
そ動ねじ
微動ねじ
対物レンズ
クリップ
ステージ

試料はここにのせる

図2　双眼実体顕微鏡の使い方

スケッチのしかた

スケッチをするときは，次のことに注意する。

① よくけずった鉛筆を使い，細い線と小さな点ではっきりとかく。**線を二重がきしたり，影をつけたり，ぬりつぶしたりしない。**

② ルーペや顕微鏡で観察するときは，視野を示すまるい線はかかない。

背景や周囲のものはかかずに，観察するものだけをかく。

③ 観察したときの日時や天気，気づいたことなども記録する。

図3 スケッチのしかた

わかったことや観察したときの情報を書き込む

レポートのかき方

レポートをかくときは，次のことに注意する。

① 表題またはテーマをかく。

② 日時・天気・学級・名前をかく。

③ **観察・実験の目的**…何を調べたいのか，具体的にかく。

④ 準備…観察・実験に必要なものをかく。

⑤ **方法**…図や写真などを使って，できるだけわかりやすくかく。

⑥ 結果…スケッチ・グラフ・表・写真などを使って，**簡潔な文でわかりやすくまとめる。**失敗したデータもそのまま記述する。

⑦ **考察**…結果から考えられることを，自分で考えてかく。

⑧ **反省・感想**…失敗したことなど，反省や感想，および今後の課題をかく。

観察・実験後の考察や反省

表題・テーマ　　日時・天気・学級・名前

アブラナの花のつくり

2021年4月21日　晴れ
1年3組　荒川　和江

目的	アブラナの花のつくりを調べる。
準備	アブラナの花，カッターナイフ，ルーペ，ピンセット，工作用紙，セロハンテープ
方法	① 花のつくりをルーペで観察したあと，花を各部分に分けて，それぞれの数を調べる。分離した花は，セロハンテープで工作用紙にはる。 ② めしべを縦に切り，断面を観察する。
結果	① がくは4枚，花弁は4枚，おしべは6本，めしべは1本あった。 ② めしべのもとの部分の中には，小さな粒がたくさんあった。

がく　　花弁　　おしべ　めしべ

考察	外から順に，がく・花弁・おしべ・めしべとあるのはほかの花と同じだが，がくや花弁，おしべの数は，花の種類によって異なる。
反省・感想	さらにほかの花を調べて，花の種類とつくりについて調べたい。

用意するもの

図4 レポートの例

UNIT

2 | 校庭や道ばたの植物

着目 ▶ 日当たりのよい場所と日当たりの悪い場所では，生育する植物が異なる。

要点

- **日当たりのよい場所** 人がよく通る場所は背が低く，根の発達した植物が見られる。人が通らない場所は背の高い植物がよく生育する。
- **日当たりの悪い場所** 背が高い植物は見られず，乾燥に弱いゼニゴケなどが見られる。

1 日当たりのよい場所の植物

　校庭や道ばたの日当たりのよい場所には，いろいろな植物がはえているが，人がよく通る場所と通らない場所とでは，植物の種類がちがうことがわかる。

Ⓐ 場所による環境のちがい

　人がよく通る場所は人にふまれて土がかたくなっていて，土の中に空気や水が少ない。一方，**人が通らない場所は土がやわらかく，土の中に空気や水・養分が多い**など植物が育ちやすい環境といえる。

Ⓑ 環境による植物のちがい

❶ 人がよく通る場所の植物

　オヒシバ・チカラシバ・ミチヤナギ・オオバコ・タンポポなど，**茎が短くて背が低く，葉が横に広がっているものが多い**。これによって人にふまれても折れにくく，じょうぶに育つことができる。また，これらの植物は，かたく空気や水が少なくなっている土から水を吸い上げて育つことができるよう，**根が発達して地中深くまでのびている**。

図1　道ばたにはえる植物

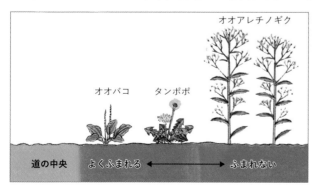

図2　道ばたの環境と植物
道の中央近くの土のかたい場所にはオオバコなどの背の低い植物がはえ，中央から離れるほど背の高い植物がはえる。

❷ 人が通らない場所の植物

ハルジオン・オオアレチノギク・ヒメムカシヨモギ・ブタクサ・ススキなど，**茎が長くて背が高いが，根はあまり発達していない植物が多い**。これは，日当たりのよい場所では，ほかの植物より高く成長できた植物が多くの光を葉に受けて多くの栄養分をつくることができ，さらに成長するためである。根があまり発達していないのは，土がやわらかく，根が発達していなくても水を吸い上げられるためである。

図3 ススキ

（参考）**オオバコが人がよく通る所にはえるわけ**

人がよく通る所よりも，人が通らない所のほうが植物にとっては生育しやすい。しかし，そのような場所には，いろいろな背の高い植物がはえている。そのため，オオバコの種子が落ちて発芽しても，背の高い植物のかげになって日光を受けることができず，やがて枯れてしまう。

ところが，人がよく通る場所では，背の高い植物はふまれて折れてしまうため生育できず，背の低いオオバコでも日光を十分に受けて育つことができる。また，オオバコがじょうぶな根をもつことも，ふみかためられた土地に生育できる理由の１つである。

図4 オオバコ

② 日当たりが悪い場所の植物

校舎のかげなどの日光が当たらない場所は，土が湿っている。そのような場所には，ドクダミやゼニゴケなどの背の低い植物が見られる。

これは，強い光を受けて高く成長する植物が育ちにくいためである。ゼニゴケは乾燥に弱く，湿った場所で生育する。

図5 ドクダミ

図6 ゼニゴケ

TRY! 思考力

家の近所の日当たりのよい空き地を調べたところ，おもに見られる植物はオオバコとドクダミであった。このようになったのはどのような理由が考えられるか説明しなさい。

（ヒント）オオバコとドクダミの共通点は背が低いこと。ふつう日なたでよく育つ背の高い草に見られる特徴を考える。

（解答例）背が高く根を深くのばさない植物が引きぬかれて，地下部分の発達した植物が残ったため。

UNIT

森や林の中の生物

着目 ▶ 森や林の中は外よりも暗くて水分が多く，落ち葉から栄養を得る動物が多い。

要点

● **森や林の中の環境** 外より湿けが多く温度変化が小さい。地表に多くの落ち葉が積もっている。
● **森林をつくる植物** 森の上をおおって日光を受ける高い木と，下の日かげで育つ植物がある。
● **森林にすむ動物** 落ち葉を食べる小さな動物やその動物を食べる動物などが見られる。

1 森や林の中の環境

校庭や道ばたのひらけた場所とは異なり，森や林の中の環境には次のような特徴がある。

① 地表には，たくさんの落ち葉が積もっている。
② 落ち葉は小動物や菌類(カビ・キノコ類)・細菌類によって分解され，土と混ざり，植物の養分となる。
③ 森の中の空気は，森の外の空気より湿度が高い(湿けが多い。図1)。そして，土中には，水分が多い。
④ 森の中には，直射日光はさし込まない。そのため，森の外よりも，1日の気温の変化が小さい。

2 森林をつくっている植物

森や林は，次のような大きさや性質の異なる植物の集まりでつくりあげられている。これらの植物は，葉を広げる高さごとに同じような性質をもったものが集まり，林の断面を見ると層状になっている(図2)。

① 背が高く，光を多く受ける木。
② その下に，アオキなどの，日かげを好む背の低い木。
③ 地表近くには，日かげで湿けの多い所を好むイヌワラビなどの**シダ植物**(→ p.36)や，スギゴケ・ゼニゴケなどの**コケ植物**(→ p.38)。また，いわゆる草(草本)とよばれる背の低い種子植物(→ p.28)など。

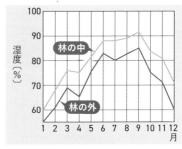

図1 **森林の内外の湿度**

森林は日光を木の枝葉でさえぎられ，中と外との空気の出入りが少ないため，外の乾いた空気が森林の中へ入ってくることはあまりない。林の中と外の湿度はよく似た変化をするが，つねに林の中のほうが湿度が高い。

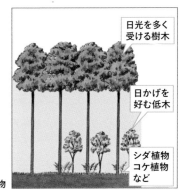

日光を多く受ける樹木

日かげを好む低木

シダ植物
コケ植物
など

図2 **森林をつくる植物**

③ 森林にすむ動物

Ⓐ 森林の落ち葉の中の動物

落ち葉が積み重なった所は，湿りけが多く，温度も高い。また，落ち葉は養分を含んでいる。そのため，落ち葉の中には，**落ち葉を食べるダンゴムシ・ワラジムシ・トビムシ・ヤスデや，落ち葉を食べる動物をえさにしている**オサムシ・ジムカデ・ダニなどの動物がすんでいる（図3）。

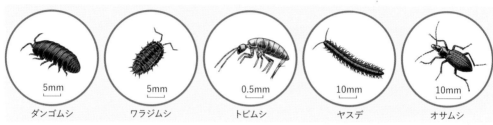

ダンゴムシ	ワラジムシ	トビムシ	ヤスデ	オサムシ
5mm	5mm	0.5mm	10mm	10mm

図3　森林の落ち葉の中の動物

Ⓑ 森林の土の中の動物

森林の土の中には，落ち葉が細かくくだかれてくさりかかったものがたくさん含まれており，次のような動物がすんでいる。

❶ 土や葉を食べる動物　ミミズ，コガネムシなどの昆虫の幼虫。

❷ 土中の小動物を食べる動物　モグラなどは，土の中にいるミミズや昆虫の幼虫などを食べて生活している。

Ⓒ 森林の地上にすむ動物

森林の地上部分には，植物の葉を食べるチョウやガの幼虫，それらを食べるクモやアリ，花の蜜を吸うチョウの成虫や樹液をなめるハチ・カブトムシ・カナブンなど，さまざまな昆虫が見られる。さらにそれらを食べるトカゲや鳥などの動物や，山林では木の実や小動物などを食べるイノシシやサルなどの大形の動物も生活する。

注意

サルやイノシシなどの大形の動物は危険なので，見つけても近寄ったりえさをあたえたりしないこと。

TRY!
思考力

林の中と校庭では，地中にすむ動物の数はどちらが多いか。その理由も答えなさい。

ヒント　動物が多く生活するためには食べるものと生活場所が必要である。

解答例　林の中のほうが多い。林の中の地表には落ち葉が多く積もり，落ち葉や，落ち葉が分解されたものを含んだ土は，動物のえさやすむ場所となるから。

UNIT 4 水中の小さな生物

着目 ▶水中には目に見えないようなさまざまな種類の小さな生物が数多くすんでいる。

 要点

- **水中の生物** 池や小川，水槽(すいそう)の水などに目に見えない小さな生物がすんでいる。
- **水中の小さな生物の観察** 水といっしょに採集して顕微鏡(けんびきょう)で観察する。
- **水中の小さな生物の種類** 動物のように動き回る生物と植物のような生物がいる。

1 水中の小さな生物を調べる

 観察

　身近にある水の中には，目には見えない小さな生物*1がすんでいる。これらの小さな生物は，顕微鏡(けんびきょう)を使って観察する。

① 池や小川・水槽(すいそう)・花びんなど，いろいろな場所から水といっしょに小さな生物を採集する(図1)。

② ①で採集した試料をスライドガラスの上に1滴(てき)落とし，カバーガラスをかけてプレパラート*2をつくる(図2)。

③ 顕微鏡で観察し，スケッチして特徴(とくちょう)を記録する。

*1
目には見えないような小さな生物を**微生物**(びせいぶつ)という。

*2
プレパラートとは，試料を顕微鏡で観察できるようにしたもののこと。

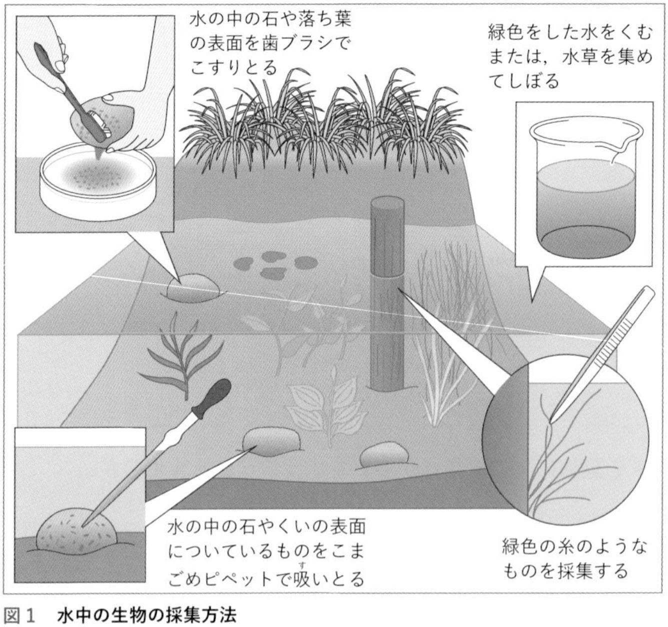

水の中の石や落ち葉の表面を歯ブラシでこすりとる

緑色をした水をくむまたは，水草を集めてしぼる

水の中の石やくいの表面についているものをこまごめピペットで吸いとる

緑色の糸のようなものを採集する

図1　水中の生物の採集方法

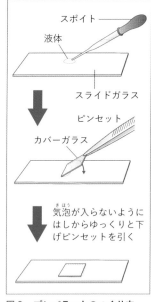

スポイト
液体
スライドガラス
ピンセット
カバーガラス

気泡(きほう)が入らないようにはしからゆっくりと下げピンセットを引く

図2　プレパラートのつくり方

② 水中の小さな生物

水中の小さな生物には，活発に動き回りほかの生物を食べるものと，植物のように光をあびて栄養分をつくり生きているものとがある。

また，ミドリムシのように活発に動き回るが光をあびて自分で栄養分をつくるものもある。

図3　ミドリムシ

ゾウリムシ

からだのまわりにはえている短い毛を動かして活発に泳ぐ。

アメーバ

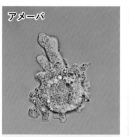

形をいろいろと変えながら，ゆっくりと泳ぐ。

ミジンコ

1〜3mmと大きく，肉眼でも見える。長い触角を動かして泳ぐ。

ツリガネムシ

細長いらせん状の柄が，のびたり縮んだりする。

図4　水中の小さな生物（活発に動き回りほかの生物を食べるもの）

ミカヅキモ

三日月のような形をしている。

クンショウモ

小さな個体が集まって，勲章の形をしている。

ハネケイソウ

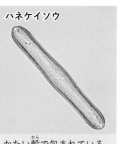

かたい殻で包まれている。

アオミドロ

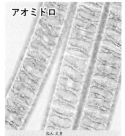

糸状で，粘液を出していてさわるとぬるぬるする。

図5　水中の小さな生物（植物のように栄養分をつくるもの）

TRY!

池の水の中にすむ小さな生物を採集するにはどのようなところから水を採集するとよいか。

（ヒント）　すき通った水よりも水のにごっている所のほうが，小さな生物やそのえさになるものが多く含まれている。

（解答例）　緑色ににごったところの水や，細かいごみのようなものがただよっている水底近くの水を採集する。

UNIT

5 生物の特徴と分類

着目 ▶ 生物はさまざまな特徴があり，その共通点とちがいで分類することができる。

要点
- **分類** 共通の特徴やちがいによってまとめ，整理すること。
- **生物の分類と生活場所** 生物は生活場所によって異なるからだの特徴をもつ。
- **からだの特徴と分類** からだの部分の有無や数，形は分類の基準となる。

1 生物の分類

　数多くのものを，その共通点によってまとめたり，ちがいによって分けたりして整理することを**分類**という。分類の基準が変わると分類の結果も変わることがあるので，生物を分類するときには目的に応じて適切な基準で行うことが大切である。

2 生物の特徴と分類

　生物にはそのからだや生活のしかた，生活場所などさまざまな特徴があり，分類の手がかりとすることができるが，気をつけなければならないこともある。

Ⓐ 生活場所や生活のしかた

❶ 陸上にすむか水中にすむか

　生活場所を基準にすると，水中で生活する魚のなかまと陸上で生活する鳥やヒトなどの動物を分けたり，陸上で育つスギと海中で育つコンブやワカメなどを分けたりすることができる。

図1　**スギ**

　一方で，おたまじゃくしの間は水中で生活し，親は陸上で生活するカエルのように，一生の間ですむ場所を変える生物もいる。また，水中にすむタニシと陸上で生活するマイマイ（カタツムリ）はどちらも巻貝のなかまであるが，この基準では別のなかまになる。

❷ 水中か水底か

　水中で生活する動物は，魚のように自由に泳ぎ回って生活するなかま，貝やウニなどのように水

図2　**水中で生活するさまざまな生物**

底で生活するなかま，イソギンチャクやサンゴなどのように岩などに
からだを固定させて生活するなかまに分けることができる。ただし，
カニなど水底で生活する動物のなかまは，卵からうまれた子どものと
きには水の中をただようプランクトンとして生活するものも多い。

❸ えさを食べるか食べないか

ほかの生物を食べて生活する動物と，えさを食べない植物やキノコ
を分ける観点は大きく生物を分類する基準の1つである。また，日光
をあびて栄養分をつくって成長する植物と，光をあびても栄養分をつ
くることができないキノコのなかま*1も大きく異なる生物である。

*1
キノコのなかまは枯れた木
などを分解し，栄養分とし
て体表から吸収する。

Ⓑ からだの特徴

❶ 大きさ

タンポポとヒマワリは花の大きさや草の高さ
がはっきりと異なり，スズメとハトとハシボソ
ガラスも大きさだけで区別することができる（図
3）。このように**生物は成長できる大きさが決
まっている。**

しかし動物も植物も，うまれたばかりのとき
と大きく成長したあとでは大きさが異なり，生
活環境によってもちがいが生じることがある。

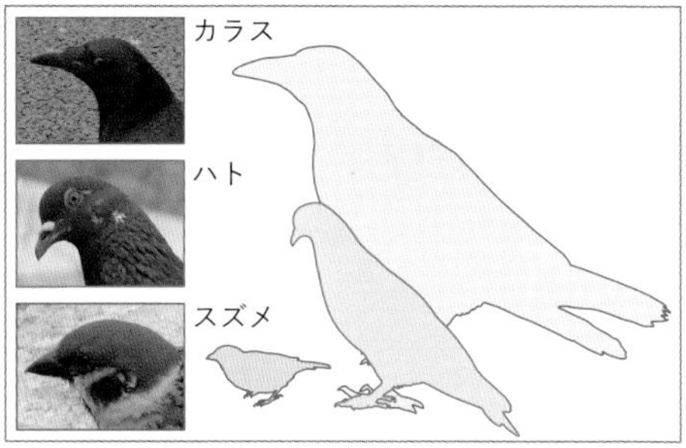

図3　3種類の鳥の大きさのちがい

（写真ラベル：カラス，ハト，スズメ）

❷ からだの部分の有無や数

ヒトやイヌなどの動物は手とあしを合わせて4本のあしをもち，昆
虫のなかまには6本のあしがある。魚のなかまには，ひれがあるが，
あしはない。

植物も，花をさかせるサクラなどのなかまと花をつけないシダなど
のなかまに分けることができる。*2

成長の途中でからだの形を変える生物は，その変化も分類の基準と
なる。

*2
植物の分類はp.28から，
動物の分類はp.50以降で
くわしく扱う。

TRY! 思考力

アリとアサガオとメダカを2つのなかまに分け，その基準と合わせて答えなさい。

ヒント　分類の基準として，「移動できるかできないか」，「生活場所が水中か陸上か」，「えさを
食べるか食べないか」，「葉や根をもつかもたないか」などが考えられる。

解答例　アリとメダカは口からえさを食べるなかま，アサガオはえさを食べないなかま。

定期テスト対策問題

解答 ➡ 別冊 p.2

問 1 ルーペの使い方

つみとった植物の葉を手に持ってルーペで観察した。これについて，次の問いに答えなさい。

(1) 植物の葉を手に持ってルーペで観察する方法として，正しいものはどれか。次の**ア〜ウ**から
1つ選び，記号で答えよ。

ア 図1のように，ルーペを目に近づけ，目とルーペを前後に動かしてピントを合わせる。

イ 図2のように，ルーペを目に近づけ，観察する葉を前後に動かしてピントを合わせる。

ウ 図3のように，観察する葉を目から少し離れたところに置き，その間でルーペを前後に
動かしてピントを合わせる。

(2) ルーペを使って観察するとき，観察するものを太陽にかざした状態で見てはいけない。この
理由を簡単に説明せよ。

問 2 双眼実体顕微鏡の使い方とスケッチのしかた

双眼実体顕微鏡を使って観察し，スケッチを行った。これについて，次の問いに答えなさい。

(1) 双眼実体顕微鏡を使う正しい手順について，次の**ア〜エ**を並びかえよ。

ア 右目で接眼レンズをのぞき，微動ねじを使ってピントを合わせる。

イ 接眼レンズを両目でのぞき，左右の接眼レンズの幅を両目の幅にそろえる。

ウ 双眼実体顕微鏡を，水平で直射日光の当たらない明るい台の上に置く。さらに，ステージ
上に観察したいものを置く。

エ 左目で接眼レンズをのぞき，視度調節リングを使ってピントを合わせる。

(2) スケッチの正しい方法について，次の**ア〜エ**のうち誤っているものを1つ選べ。

ア 背景や周囲のものはかかずに，観察するものだけをかくようにする。

イ 立体的に見えるように，影をつけるようにする。

ウ 観察したときの日時を，記録しておくようにする。

エ 観察した際に気づいた情報を，書き込んで残すようにする。

問 3 校庭や道ばたの植物

右の図のような校舎のまわりの植物について，次の
問いに答えなさい。

(1) **A**のあたりは，日当たりがよく，乾いていた。
また，**A**のような校舎のまわりは，人がよく通る。
Aのあたりにはえていた植物として適当なものを，
次の**ア～ウ**から1つ選べ。

　　ア ドクダミ　　　**イ** タンポポ

　　ウ ススキ

(2) **B**のあたりは，日当たりが悪く，湿っていた。**B**のあたりにはえていた植物として適当なも
のを，次の**ア～ウ**から1つ選べ。

　　ア ドクダミ　　　　**イ** タンポポ　　　　**ウ** ススキ

問 4 森や林の中の環境と生物

森や林の中の環境と生物について，次の問いに答えなさい。

(1) 森や林の中の環境としてもっとも適当なものを，次の**ア～エ**から1つ選べ。

　　ア 日当たりがよく，乾いている。

　　イ 日当たりがよく，湿っている。

　　ウ 日当たりが悪く，乾いている。

　　エ 日当たりが悪く，湿っている。

(2) 森や林の中で，落ち葉などを食べている動物を，次の**ア～エ**から1つ選べ。

　　ア ムカデ　　　　**イ** ダンゴムシ　　　　**ウ** ワムシ　　　　**エ** トノサマガエル

問 5 水中の小さな生物

ある池で採集した水を顕微鏡で観察したところ，次の図の**ア～オ**に示したような小さな生物が見
られた。これについて，あとの問いに答えなさい。

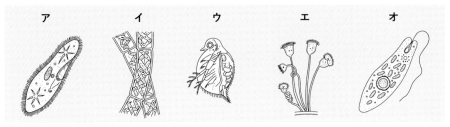

(1) **ア～オ**の名前をそれぞれ答えよ。

(2) **ア～オ**のうち，光から栄養分をつくり出すことができるのはどれか。すべて選び，記号で答
えよ。

花のつくり

着目 ▶ 多くの花は，がく・花弁・おしべ・めしべというつくりからなる。

要点
● **花のつくり** 花は，外側から，がく→花弁→おしべ→めしべがあるものが多い。
雌花・雄花など花の4つのつくりの一部をもたない花もある。

● **おしべとめしべ** おしべの先端に花粉が入ったやく，めしべの根元にふくらんだ子房がある。

1 アブラナの花のつくり

アブラナの花を観察したり分解したりすると，外側から順に4枚のがく，4枚の花弁*1 6本のおしべ，1本のめしべでできていることがわかる(図1，図2)。ツツジの花も，数が異なるが，同じようにこれら4つのつくりでできている(図3，表1)。

❶ **がく** つぼみのときに花の内部を保護している。

❷ **花弁** 花弁は，目立つ色や形をしているものが多く，昆虫などを集めるときに役立つ。

❸ **おしべ** めしべのまわりを囲むようについている。おしべの先端には，花粉が入ったやくという袋がある。

❹ **めしべ** めしべは花の中心にあり，根元がふくらんでいる。めしべの先端を柱頭，めしべの根元のふくらんだ部分を子房，柱頭と子房の間の細長い部分を花柱という。

*1
小学校で花びらとよんでいたつくりを，中学校では花弁とよぶ。

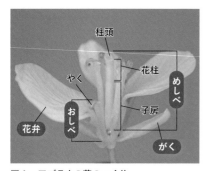

図1 アブラナの花のつくり

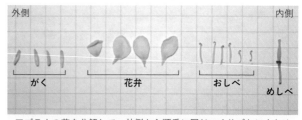

アブラナの花を分解して，外側から順番に同じつくりごとにまとめ方眼紙の上に並べたものである（方眼の大きさは1ます5mm）

図2 アブラナの花の分解

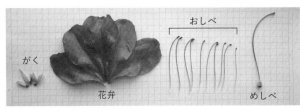

がく

花弁

おしべ

めしべ

図3　ツツジの花のつくり

花弁とがくは5枚ずつあるが，それぞれ1つにくっついている。

表1　花のつくりの比較

	アブラナ	ツツジ
めしべ	1本	1本
おしべ	6本	10本
花弁	4枚	5枚
がく	4枚	5枚

 発展　完全花と不完全花

　多くの植物の花は，**がく，花弁，おしべ，めしべ**の4つのつくりからできているが，これらの一部をもたない花もある。

　ヘチマやヒョウタン，カボチャの花はめしべをもたない**雄花**と，おしべをもたない**雌花**に分かれている。また，イネのように花弁もがくももたないつくりをした花をもつ植物もある(図4)。

　このほか，マツ，スギ，イチョウなどの裸子植物とよばれるなかまは，全く異なる花のつくりをしている(→ p.32)。

　アブラナやツツジのようにがく，花弁，おしべ，めしべの4つのつくりをすべてもつ花を**完全花**といい，これらのつくりのうちの一部をもたない花を**不完全花**という。

おしべ

めしべ

えい

図4　イネの花

イネのめしべとおしべは，**えい**というつくりで保護されている。

参考　チューリップの「花びら」

　一般的なチューリップの花は6枚の花びらをもち，がくが見られないつくりをしているが，外側の3枚の花びらはつぼみのとき内部を保護する役割を果たしていて，やがて花全体が緑色から花の色に変わっていく。つまりチューリップの花は，花弁が3枚で，外側の3枚はがくであるといえる。

図5　チューリップの花とつぼみ

TRY!

思考力

チューリップの花にはがくがないが，それはほかのつくりががくのかわりを果たしているためと考えられる。どの部分がどのようにはたらいているか説明しなさい。

ヒント　花がさく上で，がくはどのような役割をもっているか。その役割を果たせるのはがく以外のどのつくりか。

解答例　花弁ががくのかわりに，つぼみの期間に内部を保護する。

被子植物の種子のでき方

UNIT 2

着目 ▶ 被子植物は，受粉後，子房が果実になり，胚珠が種子になる。

要点

● **被子植物** 胚珠が子房の中にある植物で，アブラナやサクラなどがある。

● **花のはたらき** 花には，種子をつくり，なかまをふやすはたらきがある。

● **果実と種子のでき方** 受粉後，子房が成長して果実になり，子房の中の胚珠が種子になる。

1 被子植物のめしべのつくりと受粉

花のつくり（→ p.24）で，アブラナなどの花のめしべの根元には，子房という部分があることを学んだ。図1のように，アブラナとサクラの花の子房を半分に切ると，中に粒が見られる。この粒を胚珠という。アブラナやサクラのように，胚珠が子房の中にある植物を被子植物という。わたしたちの身近に見られる，ツツジ，タンポポ，ホウセンカなども胚珠が子房の中にある被子植物である。

アブラナ

サクラ

胚珠

胚珠

図1 アブラナとサクラの花の子房を半分に切ったときのようす
アブラナの子房の中には多数の胚珠，サクラには1個の胚珠がある。

小学校では，おしべの先端(やく)でつくられた花粉が，めしべの先端(柱頭)につくことを受粉[1]といい，受粉すると，実がつくられ，実の中に種子ができることを学んだ。種子は，地面に落ち，やがて発芽して次の世代の植物となる。このように，花には，種子をつくり，なかまをふやすはたらきがある。

*1
受粉のしかたには，同じ花の花粉とめしべが受粉する自家受粉と，昆虫や風などによってほかの花から花粉が運ばれて受粉が行われる他家受粉とがある。

参考 虫媒花

アブラナ，ツツジ，サクラ，タンポポ，ホウセンカなどは，目立つ色や形をした花弁やにおいで昆虫などを引きつけ，昆虫によって花粉が運ばれる。このように，昆虫などのはたらきで受粉する花を**虫媒花**という。

② 胚珠から種子へ

被子植物の花は，受粉後，めしべの根元の子房が成長して**果実**になる。[*2] このとき同時に，子房の中にある**胚珠**が成長して種子になる（図2）。

*2
小学校で「実」とよんでいたものを，中学校では果実とよぶ。

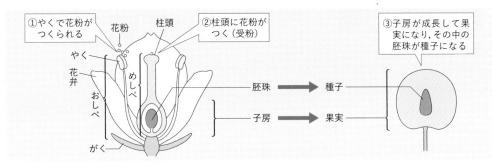

図2　**被子植物の果実と種子のでき方**

 参考 種子の運ばれ方

タンポポの種子にはがくが変化した綿毛がついていて，風によって遠くまで運ばれる。また，ホウセンカの種子は，果実が乾燥するとはじけ飛んで，周囲に広がる（図3）。このように，自分で移動ができない植物は，種子を遠くに飛ばすことで，なかまの生活場所を広げている。

図3　**タンポポとホウセンカの種子の運ばれ方**

TRY! 思考力

サクラの1つの花には1個の種子しかできないが，アブラナの1つの花には多数の種子ができる。その理由を説明しなさい。

ヒント　花の中にある，種子になるつくりは，サクラとアブラナでどのようなちがいがあるか。

解答例　サクラの花には胚珠が1個しかないが，アブラナは子房の中に多数の胚珠をもつから。

UNIT
3

種子をつくる植物

着目 ▶ 種子植物は種子をつくる植物であり，花のつくりや子葉の数から分類できる。

要点

● **種子植物の分類** 種子植物は胚珠をもち，種子をつくるが，子房の有無によって，被子植物と裸子植物に分けられる。

● **被子植物の分類** 子葉の数が2枚の双子葉類と子葉の数が1枚の単子葉類に分けられる。

① 種子植物のなかま

Ⓐ 種子をつくる植物

　小学校ではヒマワリやアサガオ，ツルレイシなどの植物を育てて観察し，植物が根から水を吸収し，緑色の葉を広げて日光が当たるとよく育つことを学習してきた。そして，これらの植物はいずれも**花**をさかせ，花からできる実の中につくられる**種子**からふえる生物である。

　このように，種子をつくる植物をまとめて**種子植物**という。植物には，このほかに，シダやコケのなかまのように種子をつくらない植物もある（→ p.34）。

Ⓑ 種子植物のなかま

　小学校で栽培した植物では，花のめしべに花粉がつくと，やがてめしべの子房がふくらみ，その中に種子ができた。

　子房の中には種子のもとになるものがあり，これを**胚珠**という。種子植物のうち，このように胚珠が子房の中にある植物を**被子植物**という（図1）。*1

*1
被子植物の「被」は「おおう」を意味し，胚珠が子房におおわれていることを示す。一方，裸子植物の「裸」は「はだか」を意味し，胚珠がむき出しになっていることを示す。

セイヨウアサガオ

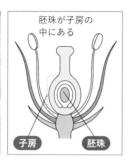

胚珠が子房の中にある

子房　胚珠

図1　被子植物の花のつくり

マツの雌花

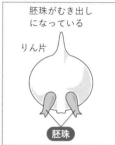

胚珠がむき出しになっている

りん片

胚珠

図2　裸子植物の花のつくり

これに対して，マツは雄花と雌花をつけ，雌花からできるまつかさの中に種子をつくる種子植物であるが，マツの花には花弁がなく，おしべもめしべもない。マツの胚珠は，雌花の**りん片**というつくりにむき出しの状態でついている（図2）。このように，種子植物のうち子房がなく，胚珠がむき出しになっている花をつけるなかまを**裸子植物**という。[1]

言いかえると，花は種子植物が胚珠をもつ部分ということができ，被子植物と裸子植物は，子房があるかないかによって分けられる。

2 被子植物のなかま

A 双子葉類と単子葉類

種子から最初に出てくる葉を**子葉**というが，被子植物は子葉の数によって，2つのなかまに分けられる。被子植物のうち，アブラナのように子葉が2枚の植物のなかまを**双子葉類**という。

一方，トウモロコシのように子葉が1枚の植物のなかまを**単子葉類**という。双子葉類と単子葉類は，子葉の数のほかにもさまざまなちがいがある（→ p.30）。

図3 **アブラナ（左）とトウモロコシ（右）の子葉**

B 離弁花類と合弁花類

双子葉類は，さらに花弁のつき方によって，2つのなかまに分けられる。双子葉類のうち，アブラナやサクラのように花弁が1枚1枚離れているなかまを**離弁花類**，ツツジやアサガオのように花弁が互いにくっついているなかまを**合弁花類**という（→ p.31）。

TRY!

表現力

被子植物には果実はできるが，裸子植物には果実はできない。これはどういうことか，それぞれの花のつくりに注目して，説明しなさい。

ヒント　果実は何が成長してできるのか，被子植物と裸子植物の花のつくりのちがいについて考える。

解答例　被子植物の花には子房があるので，子房が成長して果実はできるが，裸子植物の花には子房がないので，果実はできない。

UNIT

4 双子葉類と単子葉類

着目 ▶ 双子葉類と単子葉類は，子葉の数のほかに，葉脈と根のようすが異なる。

要点

● **被子植物の分類** 子葉が2枚の双子葉類の葉脈は網状脈，根は主根と側根からなり，子葉が1枚の単子葉類の葉脈は平行脈，根はひげ根からなる。

● **双子葉類の分類** 双子葉類は，花弁が離れている離弁花類と，くっついている合弁花類がある。

1 双子葉類と単子葉類の特徴

種子をつくる植物（→ p.29）で，被子植物は，子葉が2枚の双子葉類と，子葉が1枚の単子葉類に分けられることを学んだ。このほかにも双子葉類と単子葉類には次のようなちがいが見られる（図1）。

葉の表面には，**葉脈**[*1]というすじが見られる。双子葉類の葉脈は網目状になっており，このような葉脈を網状脈という。一方，単子葉類の葉脈は平行に通っている平行脈である。

また，双子葉類と単子葉類は，根のようすが異なる。双子葉類の根は，中心に太い1本の主根が地中にのび，そこから側根という細い根がはえている。一方，単子葉類の根は，たくさんの細い根からなるひげ根である。

*1
葉脈は，根から吸収した水や水に溶けた養分，葉でつくられた栄養分が運ばれる管が通っている。

	子葉の数	葉脈のようす	根のようす	植物の例
双子葉類	2枚 	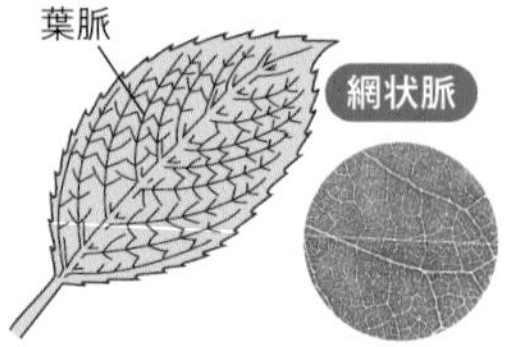 葉脈　網状脈	 主根　側根	アブラナ エンドウ アサガオ ツツジ タンポポ サクラ[*2]
単子葉類	1枚 	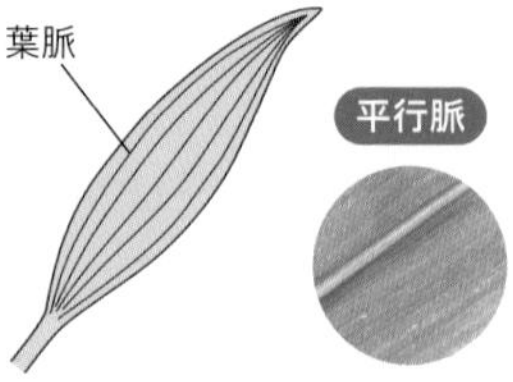 葉脈　平行脈	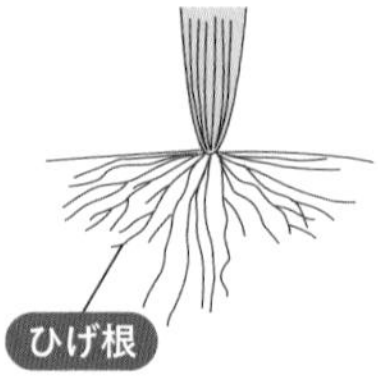 ひげ根	トウモロコシ イネ ススキ ユリ スズラン ツユクサ スズメノカタビラ

図1 双子葉類と単子葉類の特徴と植物の例

2 離弁花類と合弁花類の特徴

　アブラナとツツジの花から花弁を外してp.24の図2，p.25の図3のように並べると，アブラナの4枚の花弁は1枚ずつ分けられるのに対して，ツツジの花は5枚ある花弁がたがいにくっついている。アブラナのように花弁が1枚1枚離れている花を**離弁花**といい，ツツジのように花弁がたがいにくっついている花を**合弁花**という。

　双子葉類は，離弁花をもつ**離弁花類**と合弁花をもつ**合弁花類**に分けられる。[*2]

*2
被子植物のうち，茎が固く乾いた皮で包まれた幹になる「木」になるものは，すべて双子葉類である。

離弁花類	合弁花類

植物の例
エンドウ
サクラ*2
バラ*2
ナズナ
ツバキ*2
シロツメクサ

アブラナ

植物の例
アサガオ
ツツジ*2
タンポポ
キク
ヒマワリ
ジャガイモ

ツツジ

図2　**離弁花類と合弁花類の花弁のようす**

 発展　**キクのなかまの花のつくり**

　タンポポの花は，一見すると多くの花弁をもつ離弁花のように見えるが，細かく観察すると，1枚の花弁のように見えるものがめしべやおしべをもつ花であることがわかる。この1つ1つの花を**舌状花**という。タンポポなどキクのなかまの花は，多くの花が集まって1つの花に見えるつくりをしていて，**頭状花**とよばれる。タンポポの花は5枚の花弁がくっついた合弁花である（図3）。

図3　**タンポポの頭状花（左）と舌状花（右）**

 TRY!
表現力

子葉の数はアブラナが2枚，トウモロコシが1枚である。このことから，アブラナとトウモロコシの根を比べるとどのようなちがいをもつと考えられるか，説明しなさい。

ヒント　被子植物では，子葉の数がわかれば，葉脈と根のようすもわかる。

解答例　アブラナは，子葉を2枚もつ双子葉類で，太い主根から側根がのびている根をもつ。これに対してトウモロコシは単子葉類で，たくさんの細い根からなるひげ根をもつ。

UNIT

裸子植物

着目 ▶ マツやイチョウなどの裸子植物は，胚珠がむき出しになっている花をつける。

要点

● **マツの花** 若い枝の先には雌花，根元には雄花がついていて，雌花のりん片には胚珠，雄花の
りん片には花粉のうがついている。

● **裸子植物の受粉** 裸子植物では，花粉は胚珠に直接ついて受粉する。

1 裸子植物の花と種子

裸子植物は，子房がなく，胚珠がむき出しになっている花をつける。
裸子植物には，マツ，イチョウ，スギ，ソテツなどがあり，マツとイ
チョウは次のような花をつくる（図1，図2）。

A マツの花と種子

春になると，マツの若い枝の先には雌花，根元には雄花ができる。
この雌花と雄花をそれぞれ観察すると，がくや花弁がなく，うろこの
ようなりん片が集まってできている（図1）。

雌花のりん片には，**胚珠がむき出しについている**。一方，雄花のり
ん片には，たくさんの花粉が入った**花粉のう**[*1]がついている。花粉
は風に飛ばされて，胚珠に直接ついて受粉する。[*2]

受粉後，胚珠は成長して種子となり雌花は成長してまつかさとなる。
受粉の翌年の秋にはまつかさが開き，うすいはねのついた種子が風に
乗って飛ばされて散布される。

*1
花粉のうの「のう」は袋と
いう意味がある。花粉の
うには，被子植物のやくと同
じはたらきがある。

*2
マツやイチョウのように，
風によって花粉が運ばれる
花を**風媒花**という。風媒花
の花粉は，小さくて軽く，
風に運ばれやすい。

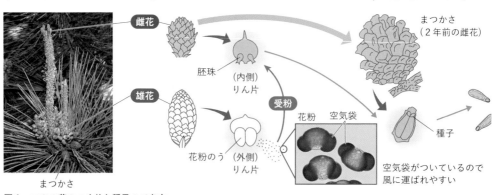

図1 **マツの花のつくりと種子のでき方**

Ⓑ イチョウの花と種子

イチョウは，春，新しい葉を広げると同時に花をつける。イチョウの花も雌花と雄花に分かれているが，雌花と雄花は別々の木（雌株と雄株）についている。

イチョウの雌花と雄花にはりん片はなく，雌花には胚珠がむき出しについており，雄花には花粉のうがついている（図2）。花粉は，マツの花と同じように風に飛ばされ，[2]胚珠に直接ついて受粉し，胚珠が成長して**種子**となる。秋に食用にされるぎんなん（銀杏）は，イチョウの種子の一部である。

胚珠
受粉
雄花
花粉のう
雌花
種子
ぎんなん

図2　イチョウの花のつくりと種子のでき方

② 被子植物と裸子植物の受粉のしかたと種子

被子植物では，花粉はめしべの柱頭について受粉するため，花粉は胚珠に直接つかない。[3]また，被子植物の花には子房があるので，受粉後にできる種子は，果実におおわれている。

一方，裸子植物は，胚珠がむき出しになっているので，花粉は胚珠に直接ついて受粉する。また，裸子植物の花には子房がないので，果実はできず，種子がむき出しになっている。

*3
被子植物が受精するしくみは中学3年で学習する。

TRY!
表現力

被子植物と裸子植物の受粉のしかたのちがいを，説明しなさい。

ヒント　受粉とは，花粉がどのようになることをいうか。そして，被子植物と裸子植物の花では，胚珠はそれぞれどの部分にあるか。

解答例　被子植物では，花粉がめしべの柱頭について受粉するが，裸子植物では，花粉が胚珠に直接ついて受粉する。

UNIT 6

種子をつくらない植物

着目 ▶ 種子をつくらない植物には，シダ植物とコケ植物がある。

要点

● **種子をつくらない植物** シダ植物とコケ植物は胞子をつくってなかまをふやす。
● **シダ植物とコケ植物のからだのつくり** シダ植物は根・茎・葉の区別があるが，コケ植物は根・茎・葉の区別がない。

1 種子をつくらない植物

A 胞子でふえる植物

これまで，種子植物が，花をさかせ，種子をつくってなかまをふやすことを学んだ。このほかにも，植物には，種子をつくらないものがある。それは，種子のかわりに胞子をつくってなかまをふやす植物で，シダ植物やコケ植物がある。

B 種子と胞子のちがい

胞子というと，キノコのかさの裏やカビの表面に生じる粉状のものとして知っている人もいるかもしれない[*1]。胞子は，種子と同じように，発芽して1つの個体に成長し，なかまをふやすはたらきをもつ小さな粒であるが，種子とは次のような点で異なる。

まず，種子は，中に子葉や根のもとになるものができていて，発芽に必要な栄養分がたくわえられている。これに対して，胞子は種子と比べて単純なつくりをしており，肉眼では1個1個の形を確認できないほど小さいものが多い。

また，植物が種子をつくるときには，受粉する必要がある。胞子ができるときには，受粉する必要がない。

2 シダ植物のなかま

シダ植物は種子植物と同じように，根・茎・葉の区別がある植物である（→ p.36）。

シダ植物は日かげの湿った場所にはえているものが多く，イヌワラビやスギナ[*2]のように，多くは背が低いが，ヘゴのような背の高いものもある（図2）。

*1
キノコやカビは，植物とは別の**菌類**というグループに分類される生物である。

図1 **キノコの胞子**

*2
春に野原や土手で見られるつくしは，スギナが胞子をまくためにつくる特別な茎（胞子茎）である。

イヌワラビ

スギナ

ヘゴ

図2　シダ植物のなかま

③　コケ植物のなかま

　コケ植物は，日かげの湿った土や木の表面，石やコンクリート上などに見られる，とても背の低い小さな植物である（図3）。種子植物やシダ植物とは異なり，コケ植物には根・茎・葉の区別がない。

　コケ植物にはさまざまななかまがいるが，中学校ではおもにゼニゴケとスギゴケのからだのつくりについて学習する（→ p.38）。

ゼニゴケ

ウマスギゴケ

エゾスナゴケ

図3　コケ植物のなかま

TRY!
表現力

スギゴケとイヌワラビは，それぞれ何という植物のなかまに分類されるか。また，これらの植物のなかまのふやし方を説明しなさい。

（ヒント）　最初に，それぞれの植物がどのなかまに分類されるかを考える。そして，その植物は，何をつくってなかまをふやすのかを答える。

（解答例）　スギゴケはコケ植物，イヌワラビはシダ植物に分類される。どちらの植物も，胞子をつくってなかまをふやす。

UNIT

7 シダ植物

着目 ▶ シダ植物は，地下茎をもつものが多く，胞子でふえる。

要点

● **シダ植物の生活場所** うす暗くて地面が湿っている場所にはえているものが多い。

● **シダ植物のからだのつくり** 地下茎をもつものが多く，地下茎から地上へ葉を出している。

● **シダ植物のふえ方** 葉の裏側の胞子のうでつくられる胞子によってなかまをふやす。

1 シダ植物のからだのつくり

シダ植物には，イヌワラビ，スギナ，ヘゴ（→ p.35），春の山菜として食用になるゼンマイやワラビ，その他ノキシノブ，ウラジロ，シシガシラなどがある。

シダ植物は，森林内や建物の北側などのうす暗くて地面が湿っている場所にはえているものが多い（図1）。

図2は，イヌワラビの根・茎・葉のようすを示したものである。イヌワラビの根・茎・葉は，ほとんどのシダ植物に共通している特徴をもつ。

❶ 根

ふつう，シダ植物の根は，種子植物ほど発達しておらず，水を吸収する力が弱い。このため，乾燥に弱いものが多い。

❷ 茎

シダ植物の茎は，図のように地中を横にのびているものが多く，ここから地上に向かって葉を出している。このように地中にある茎を地下茎という。

❸ 葉

地上には，茎のような細長いつくりがのびていて，このつくりには多くの葉のようなものがついている。このため，地上の細長いつくりを茎とまちがえることが多い。しかし，地上に出ている全体が1枚の葉であり，茎のような細長いつくりは葉柄という葉の一部である。

図1 **森林内に密生するシダ植物**

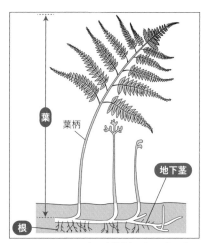

図2 **イヌワラビ（シダ植物）の根・茎・葉のようす**

② シダ植物のふえ方

シダ植物の葉の裏側には，胞子のうという袋があり，その中で胞子がつくられる。胞子のうが乾燥すると，さけて，中の胞子が飛び散る。胞子は風で運ばれ，湿った所に落ちると発芽する。その後，いろいろな段階を経て新しい個体に成長する（図3）。

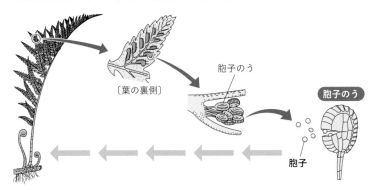

〔葉の裏側〕

胞子のう

胞子のう

胞子

図3　イヌワラビ（シダ植物）のふえ方

発展　前葉体

シダ植物の胞子が発芽すると，前葉体とよばれるものに成長する。前葉体では精子と卵がつくられ，これらが受精すると，受精卵になる。この受精卵から根・茎・葉をもつ若いシダが育つ。

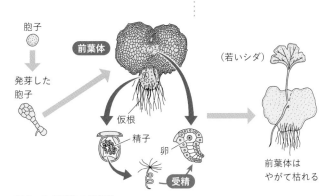

胞子

前葉体

（若いシダ）

発芽した胞子

仮根

精子

卵

受精

前葉体はやがて枯れる

図4　シダ植物の前葉体

TRY!
表現力

シダ植物のふえ方の特徴について，簡潔に説明しなさい。

ヒント　簡潔とあるので，例外的なことにはふれず，特徴的なものについて説明する。

解答例　シダ植物は，種子をつくらず胞子によってふえる。

UNIT 8

コケ植物

着目 ▶コケ植物は，根・茎・葉の区別がなく，胞子でふえる。

要点
- **コケ植物の生活場所** 日かげの湿りけのある場所にはえているものが多い。
- **コケ植物のからだのつくり** 根・茎・葉の区別がなく，からだを地面に固定する仮根をもつ。
- **コケ植物のふえ方** 雌株の先の胞子のうでつくられる胞子によってなかまをふやす。

1 コケ植物のからだのつくり

コケ植物は，ゼニゴケやスギゴケ（➡ p.35）のほかに，ミズゴケ，エゾスナゴケ，ハマキゴケなどがある。シダ植物と同じように，コケ植物は，日かげの地面が湿っている場所にはえているものが多い。

ゼニゴケとスギゴケは，胞子のうをもたない**雄株**と，胞子のうをもつ**雌株**に分けられる（図1，図2）。

ゼニゴケのからだの裏側には，細い毛が多数はえているが，これは根ではなく，**仮根**とよばれる。仮根は，おもにからだを地面に固定するはたらきをもつ。仮根は，スギゴケなどのほかのコケ植物にも見られる。

発達した根や水の通り道となるつくりをもたないコケ植物は，水をからだの表面全体から吸収する。また，コケ植物は葉のようなつくりをもっているが，根・茎・葉の区別がない植物である。

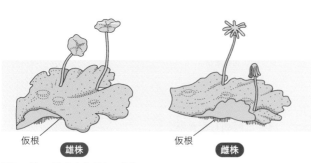

仮根　雄株　　仮根　雌株

図1　ゼニゴケのからだのつくり
雄株の先にはかさのようなつくり，雌株の先にはかさの骨のようなつくりができる。雌株の先のつくりに胞子のうがある。

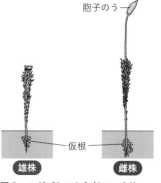

胞子のう

仮根

雄株　　雌株

図2　スギゴケのからだのつくり
雌株の先に胞子のうができる。

② コケ植物のふえ方

　ゼニゴケやスギゴケなどの雌株からのびたつくりの先には**胞子のう**ができ、ここで**胞子**がつくられる。コケ植物は、シダ植物と同じように、胞子によってなかまをふやす。

 発展　スギゴケのふえ方

① 雄株が成長すると、株の先のつくりで精子がつくられる。
　雌株が成長すると、株の先のつくりで卵がつくられる。
② 雨が降ってからだが水にひたされると、精子が卵の所まで泳いでいき、受精が起こり、受精卵ができる。
③ 雌株の先端に**胞子のう**ができ、この中で**胞子**がつくられる。
④ 胞子が熟すと、胞子のうが破れて、胞子が飛び散る。
⑤ 胞子が地上で発芽して成長し、雄株や雌株となる。

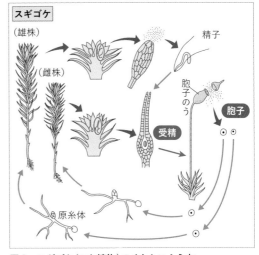

図3　スギゴケ(コケ植物)のくわしいふえ方

 発展　シダ植物とコケ植物のふえ方

　シダ植物とコケ植物は、どちらも胞子をつくってなかまをふやすが、このふえ方は、似ている点が多い。ちがう点は、シダ植物では胞子から前葉体になるが、前葉体は受精のためのものであって、受精卵から若いシダが育つと枯れてしまう(→ p.37)。これに対して、コケ植物では胞子から雄株や雌株が育つ。

 TRY!
表現力

コケ植物が日かげの湿った場所に多く、いずれもからだが小さい理由を答えなさい。

 ヒント　湿った場所に多いということから乾燥した場所、水の少ない場所に適さない理由をコケ植物のからだのつくりの特徴と合わせて考える。

解答例　コケ植物は水を吸い上げる根や水の通り道となるつくりをもたないため。

植物全体の分類

着目 ▶ 植物は，ふえ方やからだのつくりによって分類していく。

要点
- ● **植物の分類** 植物は，種子をつくる種子植物と種子をつくらない植物に大きく分けられる。
- ● **種子植物の分類** 種子植物は被子植物と裸子植物に分けられ，被子植物は双子葉類と単子葉類に分けられる。

1 植物のなかま

植物は，種子をつくってなかまをふやす種子植物と，**種子をつくらない植物**に大きく分けられる。

なお，植物と同じように１つの場所にからだを固定して成長する生物に，ワカメ（図１）などの海藻や，シイタケなどのキノコのなかまがあるが，これらはいずれも植物ではなく，海藻は**藻類**，キノコやカビは**菌類**というなかまに分類される。また，イソギンチャクやサンゴ，フジツボなど，１つの場所にからだを固定して生活する動物もいる。

図１ **ワカメ**
ワカメは植物に似ているが別のなかま（藻類）である。

2 種子植物の分類

種子植物は，胚珠が子房の中にある**被子植物**と，子房がなく，胚珠がむき出しになっている**裸子植物**に分けられる。被子植物は，子葉の数によって**双子葉類**と**単子葉類**に分けることができ（→ p.30），さらに花弁のようすによって分けることができる（→ p.31）。

A 被子植物の分類

❶ **双子葉類の特徴** 子葉が２枚である。葉脈は網目状の**網状脈**であり，根は太い１本の**主根**と，そこからのびる**側根**からなる。

❷ **単子葉類の特徴** 子葉が１枚である。葉脈は**平行脈**で，根はたくさんの細い**ひげ根**である。ムギ，トウモロコシ，ススキなどのイネのなかまや，ユリのなかま，ツユクサ（図２）のなかまなどがある。

B 双子葉類の分類

花弁が１枚１枚離れている花（**離弁花**）をもつ**離弁花類**と，花弁がたがいにくっついている花（**合弁花**）をもつ**合弁花類**に分けられる。

図２ **ツユクサ**
単子葉類は，細長い葉をもつものが多いが，ツユクサのように長さに対して幅の広い葉をもつものもある。

③ 種子をつくらない植物の分類

　種子をつくらない植物は，胞子をつくってなかまをふやす，**シダ植物**と**コケ植物**に分けられる。どちらの植物も，地面が湿っている場所に見られることが多い。

❶ **シダ植物の特徴**　根・茎・葉の区別がある。

❷ **コケ植物の特徴**　根・茎・葉の区別がない。根のように見える仮根というつくりをもつ。

表1　植物の分類

植物の種類			共通の特徴	例
種子植物	被子植物	双子葉類 離弁花類	胚珠が子房の中にある。 子葉は2枚。根は主根と側根からなる。網状脈。花弁が1枚1枚離れている。	アブラナ・エンドウ サクラ・バラ
		双子葉類 合弁花類	子葉は2枚。根は主根と側根からなる。網状脈。花弁がたがいにくっついている。	アサガオ・ツツジ タンポポ・キク
		単子葉類	子葉は1枚。ひげ根。平行脈。	イネ・トウモロコシ ススキ・ユリ
	裸子植物		子房がなく，胚珠はむき出し。	マツ・スギ イチョウ・ソテツ
シダ植物			根・茎・葉の区別がある。湿りけのある場所に多い。種子をつくらないで，胞子でふえる。	ワラビ・ゼンマイ スギナ
コケ植物			根・茎・葉の区別がない。陸上で生育する。からだ全体から水を吸収する。種子をつくらないで，胞子でふえる。	ゼニゴケ・スギゴケ ミズゴケ

TRY! 思考力

アブラナは，被子植物の双子葉類で，離弁花類に分類される。アブラナがこのように分類されるのは，どのようなからだのつくりをもつためか。

（ヒント）　被子植物，双子葉類，離弁花類は，どのようなからだのつくりをもつ植物かということと，アブラナの花のようすや子葉の数を思い出して答える。

（解答例）　アブラナの花は，胚珠が子房の中にあるので被子植物であり，子葉が2枚なので双子葉類である。また，花弁が1枚1枚離れているので離弁花類である。

UNIT

10 植物検索表

着目 植物は，分類の観点を整理した検索表で属するなかまを調べることができる。

要点

● **種子植物の分類** 子房の有無，子葉の数，花弁のようすなどによって分類することができる。
● **種子をつくらない植物の分類** 根・茎・葉の区別があるかないかによって，シダ植物とコケ植物に分類することができる。

1 植物の検索表

次のページの図1は，植物の検索表で，これを用いると，調べたい植物がどのなかまに分類されるかがわかる。この検索表では次のような観点で検索を行う。

❶ 種子をつくるかつくらないか

植物を分類するときに，最初に用いられる観点である。種子をつくるものは**種子植物**に，種子をつくらないものはシダ植物またはコケ植物に分類される。

❷ 子房があるかないか

種子植物のうち，子房があるものは**被子植物**に，子房がないものは**裸子植物**に分類される。

❸ 子葉の数

被子植物のうち，子葉が2枚のものは**双子葉類**に，子葉が1枚のものは**単子葉類**に分類される。なお，この観点は「**葉脈のようす**」にかえることができ，**網状脈**をもつものは双子葉類，**平行脈**をもつものは単子葉類に分類される。[1]

❹ 花弁のようす

双子葉類のうち，花弁が1枚1枚離れているものは**離弁花類**に，花弁がたがいにくっついているものは**合弁花類**に分類される。

❺ 根・茎・葉の区別があるかないか

種子をつくらない植物のうち，根・茎・葉の区別があるものは**シダ植物**に，ないものは**コケ植物**に分類される。

図1の検索表を用いてアサガオを分類すると，アサガオは①種子をつくるので種子植物，②子房があるので被子植物，③子葉が2枚なので双子葉類，④花弁がくっついているので合弁花類に分類される。

*1
❸の観点は，「**根のようす**」にもかえることができる。この場合は，主根と側根をもつものは双子葉類に，ひげ根をもつものは単子葉類に分類される。

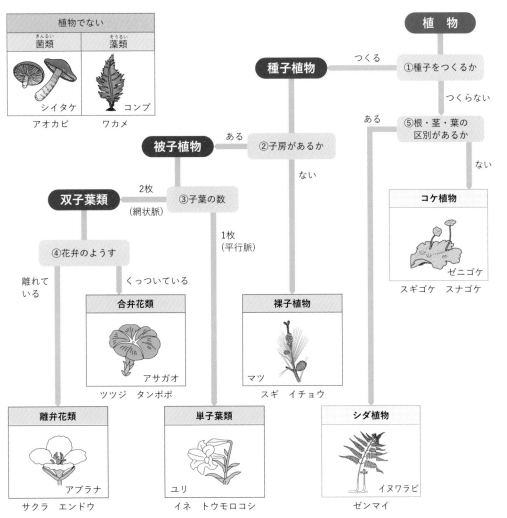

図1　植物の検索表

TRY! 思考力

ユリとツツジはともに種子植物であるが，ある観点で分類すると，別のなかまに分けられる。どのような観点によって，それぞれどのなかまに分類されるか，説明しなさい。

（ヒント）　種子植物はさまざまな観点によって細かく分類されるが，ユリとツツジのからだのつくりを思い出し，どの部分で分類されるかを考えよう。

（解答例）　ユリは平行脈の葉をもつ単子葉類であるが，ツツジは網状脈の葉をもつ双子葉類である。

↓ 双子葉類

離弁花

ナズナ アブラナ科
越冬性の草本で春から夏の間に白い
小さな花とハート形の実をつける。
別名「ペンペン草」。春の七草の１つ。

合弁花

オオイヌノフグリ オオバコ科
春先に道ばたに群れて育ち，地をは
うようにのびる茎から５ｍｍほどの
青い花がさく。

合弁花

キュウリグサ ムラサキ科
３〜５月に２〜３ｍｍのうすい青紫
色の小さな花がさく。葉や茎をもむ
とキュウリのようなにおいがする。

合弁花

オオバコ オオバコ科
地面から葉を放射状に出し，他の植
物がはえないような広場でもはえる。
葉は漢方薬として使われることがある。

離弁花

シロツメクサ マメ科
春から夏に小さな白い花が30〜70
個集まって球状の花をつくる。葉は
３枚の葉からなり，別名はクローバー。

離弁花

カタバミ カタバミ科
地面をはった茎の先にハート形の葉
を３枚つける。夜には葉の片側が食べ
られたようにたたまれるので「片喰」。

合弁花

カントウタンポポ キク科
葉は地面に放射状に広がり，頭状花
を包む総苞片はそり返らない。日本
の在来種で東日本に分布する。

合弁花

セイヨウタンポポ キク科
葉は地面に放射状に広がり，総苞片
はそり返る。日当たりのよい場所を
好む。ヨーロッパ原産の外来種。

離弁花

ゲンゲ マメ科
茎は地をはってのび，花が蓮に似て
いるため別名「蓮華草」。休耕田で
栽培されたり，道ばたで群れてはえる。

＊「○○科」という表記はその生物を図鑑で調べるときに掲載されている項目を示している。

（合弁花）

ハルジオン　　　キク科

5〜6月に花（頭状花）がさく。茎は
中空で，つぼみのときは花全体がう
なだれる。畑や道ばたにはえる。

（合弁花）

ヒメジョオン　　　キク科

6〜10月に花がさく。ハルジオンに
よく似ているが，茎の中はつまって
いて，つぼみはうなだれず上を向く。

（離弁花）

イタドリ　　　タデ科

高さ2mになる多年生草本で，茎は太
く中空。食べるとすっぱいので「すか
んぽ」や「かっぽん」などとよばれる。

（離弁花）

アジサイ　　　ユキノシタ科

約1.5mの落葉低木。花弁のように
見えるのはがく。土の性質によって
花の色が変わるので，別名「七変化」。

（離弁花）

カラスノエンドウ　　　マメ科

つる性植物で，葉は8〜16枚の小
葉で1組となる。豆のさやで笛をつ
くれるので，別名を「ピーピーマメ」。

（離弁花）

ソメイヨシノ　　　バラ科

落葉高木。春，花がさいてから葉が
出る。全国各地に植えられ，気象庁
の判断する開花情報の観察木となる。

（離弁花）

ドクダミ　　　ドクダミ科

4枚の白い総苞片があり，日かげに
群れてはえる。独特のにおいをもつ
一方，薬草として利用されている。

（離弁花）

クスノキ　　　クスノキ科

常緑高木で20m以上にもなる。葉や
枝の成分を抽出した樟脳は，防腐剤
などに使用。寺社によく植えられる。

（離弁花）

アカメガシワ　　　トウダイグサ科

落葉高木で明るい林内や，空き地，
道ばたにもよくはえる。新芽が赤く，
カシワの葉に似るため命名。

＊ 落葉高木，落葉低木は秋から冬に葉を落とす木で，常緑高木は一年中緑色の葉をつけている高い木。

身近な植物とその分類 ②

↓ 単子葉類

スズメノカタビラ　イネ科

3〜6月にかけて花がさき，越冬する。空き地や道ばたなどどこでもはえ，踏みつけにとても強い。

トウモロコシ　イネ科

高さ2m以上にもなり，めしべがひげ状に長く束になって外にのびる。食用や飼料用など多くの種類がある。

↓ 裸子植物

アカマツ　マツ科

樹皮は赤味をおび，ひび割れる。他の樹木がはえない岩場や乾燥した場所を好んではえる。

ツユクサ　ツユクサ科

茎は地面をはって広がり，花は青色の大きな2枚と白色の小さな1枚の花弁からなる。世界に広く分布する。

アヤメ　アヤメ科

多数の茎が株立ちし，乾いた土地で育つ。花びらに網目状の模様があるところで，カキツバタと見分ける。

イチョウ　イチョウ科

落葉高木で，5〜10cmの扇形の葉は秋になると黄色く色づく。雌株で独特なにおいの「銀杏」という種子をつける。

ヤマユリ　ユリ科

球根性で7〜8月に強い香りのある約20cmの大きな花がさく。本州の山地や草原にはえる。

ココヤシ　ヤシ科

高さ30m以上，葉の長さは約5mになる。ココナッツの果実をつけ，世界中の熱帯地域で生育する。

スギ　ヒノキ科

常緑針葉樹で針のようなとがった葉が上向きにつく。材木用に植林され，大量の花粉が花粉症の原因となる。

↓ シダ植物

ソテツ　　　ソテツ科

ヤシに似た植物で，枯れかけたとき
に根元に鉄を入れると回復したこと
から「蘇鉄」。亜熱帯地域で育つ。

イヌワラビ　　イワデンダ科

葉の裏に胞子のうができる。夏にし
げり，地下茎で冬を越す。日かげや
うす暗い林の中で群れてはえる。

ヘゴ　　　ヘゴ科

高さ約5mの大形のシダ植物。乾燥を
嫌い湿度の高い林内にはえる。茎は
網の目のように細かい根でおおわれる。

ヒノキ　　　ヒノキ科

常緑針葉樹で葉は扁平，雌花は小さ
なサッカーボールの形。材木用に植
林され，花粉症の原因にもなる。

ゼンマイ　　ゼンマイ科

季節により栄養葉と胞子葉の2種類
の葉をつける。うす暗い林内にはえ
る。若芽はうずまき状で食用となる。

スギナ　　　トクサ科

春に地下茎から胞子茎（つくし）を出
す。葉のようすがスギに似ることか
ら「杉菜」。空き地に群れてはえる。

↓ コケ植物

ゼニゴケ　　ゼニゴケ科

からだは扁平で葉と茎の区別がない。
高さ3～6cm。家の近くの湿った
場所に張りついてはえる。

スギゴケ　　スギゴケ科

長さ5～20cm，かたくとがったつく
りがスギの葉に似ることから「杉苔」。
家の庭や野山の湿った場所で見られる。

エゾスナゴケ　ギボウシゴケ科

長さ2～3cm。葉のようなつくり
を多くつける。土がなくても生育で
き，コケ玉や屋上緑化に使われる。

＊「○○科」という表記はその生物を図鑑で調べるときに掲載されている項目を示している。

定期テスト対策問題

解答 → 別冊 p.2

 1 花のつくり

右の図は，ある植物の花のつくりを模式的に表したものである。これについて，次の問いに答えなさい。

(1) 右の図の**ア**，**イ**を，それぞれ何というか。

(2) 右の図のようなつくりの花をつける植物は，被子植物か，裸子植物か。

(3) 右の図のようなつくりの花をつける植物は，果実をつくるか。

(4) 右の図のようなつくりの花をつける植物を，次の**ア〜カ**からすべて選べ。

ア マツ	**イ** サクラ	**ウ** イチョウ
エ スギ	**オ** ヒノキ	**カ** エンドウ

2 マツ・アブラナの花

次の図Aはマツの花のスケッチで，図Bはその一部からはぎとったりん片の内側をルーペで観察したときのスケッチである。また，図Cはアブラナの花の断面を模式的に示したものである。これについて，あとの問いに答えなさい。

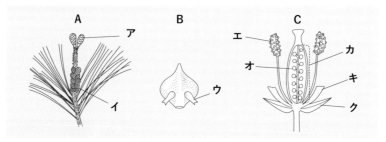

(1) 図Bのりん片は，図Aのどの部分からとったものか。**ア**，**イ**から選べ。

(2) 図Bの**ウ**は，図Cのどの部分と同じ役割をもつか。**エ〜ク**から選べ。

(3) 図中の**ア〜ク**で，花粉をたくさんもっている部分はどこか。すべて選べ。

(4) 図中の**エ〜ク**で，果実になる部分を選べ。

問 ③ 種子をつくらない植物

右下のA〜Dの図は，スギナ，イヌワラビ，ゼニゴケ，スギゴケのうちのいずれかを表したものである。これについて，次の問いに答えなさい。ただし，A〜Dは同じ大きさに見えるように，倍率を変えてある。

(1) 右の図のA〜Dの植物を何というか。それぞれ名前を答えよ。

(2) A〜Dのうち，根・茎・葉の区別があるものはどれか。すべて選べ。

(3) A〜Dのうち，雄株と雌株をつくるものはどれか。すべて選べ。

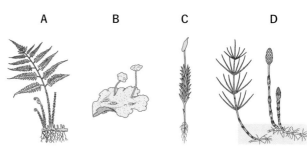

A　　　　B　　　　C　　　　D

問 ④ 植物のなかま分け①

身近な植物を下のようになかま分けした。これについて，次の問いに答えなさい。

(1) 下の図の □ にあてはまることばをそれぞれ書け。

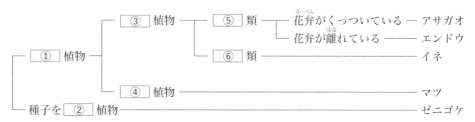

```
                       ┌─ ③ 植物 ─┬─ ⑤ 類 ─┬─ 花弁がくっついている ─ アサガオ
             ┌─ ① 植物 ─┤           │        └─ 花弁が離れている ─────── エンドウ
             │           │           └─ ⑥ 類 ──────────────────────────── イネ
             │           └─ ④ 植物 ──────────────────────────────────── マツ
             └─ 種子を ② 植物 ────────────────────────────────────────── ゼニゴケ
```

(2) 上の図のようになかま分けをしたとき，エンドウと同じなかまに分類されるものを，次の**ア〜エ**から１つ選べ。

ア アヤメ　　**イ** アブラナ　　**ウ** スギ　　**エ** ベニシダ

問 ⑤ 植物のなかま分け②

次の５種類の植物について，あとの問いに答えなさい。

イネ	A	アブラナ	B	イチョウ	C	ワラビ	D	スギゴケ

(1) 根・茎・葉の区別があるものとないものは，A〜Dのどこで分けられるか。記号で答えよ。

(2) 花がさくものとさかないものは，A〜Dのどこで分けられるか。記号で答えよ。

UNIT

脊椎動物

着目 ▶ 動物は，背骨をもつ脊椎動物と，背骨をもたない無脊椎動物に分けられる。

要点

● **動物の分類** 動物は，背骨をもつ脊椎動物と，背骨をもたない無脊椎動物に分けられる。

● **脊椎動物の分類** 脊椎動物は，子のうまれ方やからだの表面のようすなどから，魚類，両生類，は虫類，鳥類，哺乳類の5つのグループに分けられる。

1 脊椎動物と無脊椎動物

　地球上には植物や動物，キノコのなかま，細菌類などさまざまな生物がいるが，動物は，ほかの生物を食べて成長し，運動をする生物で，卵と精子が受精することによって子をふやすという特徴をもつ。

　動物はさまざまな種類のものがいるが，わたしたちヒト*1のように背骨をもつものと，イカのように背骨をもたないものに分けられる。背骨をもつ動物を脊椎動物*2という(図1)。背骨をもたない動物は無脊椎動物とよばれ，UNIT9 (→ p.66)以降で学習する。

*1
人間を生物の種類としてよぶとき**ヒト**とよぶ。

*2
脊椎は，首から尾までひとつながりの背骨(脊柱)または，背骨をつくっている1つ1つの骨(椎骨)のことをいう。

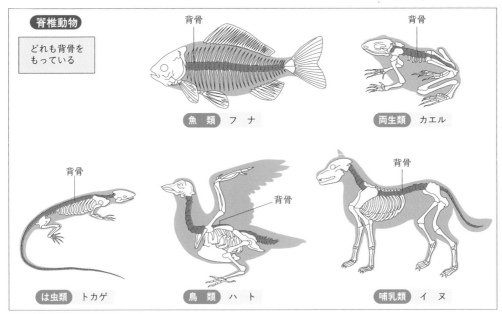

脊椎動物

どれも背骨をもっている

背骨

背骨

魚類 フ ナ

両生類 カエル

背骨

背骨

は虫類 トカゲ

鳥類 ハ ト

哺乳類 イ ヌ

図1 **脊椎動物とその骨格**

② 脊椎動物の特徴

脊椎動物は現在 6 万種以上が知られ，**魚類**，**両生類**，**は虫類**，**鳥類**，**哺乳類**の 5 つのグループに分けられるが，いずれも背骨をもつほかに次のような特徴をもつ。

① 脳が頭骨で守られたはっきりした頭部をもつ。

　➡ イソギンチャクやクラゲ，カイメンやホヤなどは頭部がない。

② 頭部に目と耳が 2 つずつある。*³

　➡ 昆虫の耳はあしや胸部など種類によってさまざまな場所にある。

③ あごが上下に閉じ開きする口をもつ。*⁴

　➡ ミミズや貝などはあごをもたない。

④ 頭から背骨を結ぶ線中心にからだの右と左が同じ形をしている。

⑤ 魚類以外のなかまは，前あし 2 本（鳥類は翼）と後ろあし 2 本の 4 本のあしをもつ。

　UNIT2（➡ p.52）からは，魚類，両生類，は虫類，鳥類，哺乳類のグループとその分け方について学習する。

*3
鼻のあな（鼻孔）は，魚以外は 2 つだが多くの魚は 4 つ，サメ，エイなどは 2 つ，ヤツメウナギのなかまでは 1 つである。

*4
ヤツメウナギのようにあごをもたない例外もある（➡ p.53）。

図 2　脊椎動物と無脊椎動物の頭部のちがい

ネコ：2 つの目と耳をもち，口は上下に開く。**カミキリムシ**：大きな 2 つの目（複眼）のほかに小さな目（単眼）をもつ。あごは左右に動く。頭部に耳や鼻はない。**ミミズ**：目がなくあごもない。**クラゲ**：頭部がない。

TRY!
思考力

無脊椎動物を 1 つあげ，その動物が脊椎動物と異なる特徴を 3 つ以上あげなさい。

（ヒント）　脊椎動物の代表としてヒトの特徴を思い出し，ヒトと全くちがう動物を選ぶ。そして，選んだ動物について，背骨の有無以外で脊椎動物のなかまと異なる特徴を見つける。

（解答例）　テントウムシ…背骨をもたない。脊椎動物に比べて小さい。触角をもっている。4 枚のはねをもっている。あしが 6 本ある。鼻がない。あごが左右に動く。口で呼吸しない。成長の途中で幼虫やさなぎに変化する。

UNIT 2

魚類

着目 ▶ 魚類は，水中でえら呼吸で生活し，殻のない卵をうむ脊椎動物。

要点

● **からだの特徴** 一生，水中生活をするため，えら呼吸を行い，体表はうろこでおおわれている。泳ぐためのひれが発達し，あしはない。

● **子のうまれ方と成長** 殻のない卵を水中にうむ卵生で，子は親の世話を受けずに育つ。

1 生活場所とからだの特徴

　脊椎動物は，からだの表面のようす・子のうまれ方・呼吸のしかたなどのからだのつくりとはたらきによって分類される。

　脊椎動物のなかで，**魚類**は，一生，水中で生活するグループである。魚類は水中生活に適した次のような特徴をもつ。

A 呼吸のしかた

　水中生活をする魚類は，肺がなく，**えら**で呼吸する。えらは，水中に溶けている酸素を体内にとり込むつくりである。魚類は水を口からとり込んでえらあなから出すことをくり返すことで，えらに新しい水を送っている(図1)。

B からだの形と運動の方法

　魚類は，水中で動くのに適した流線形をしており，泳いだり姿勢を保つためにひれが発達している(図2)。水中を泳ぐときは，からだを左右にくねらせたり，ひれを動かしたりして，水を後方に押しやって前進する(図3)。

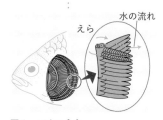

図1　**フナのえら**
えらはえらぶたの内側にある。

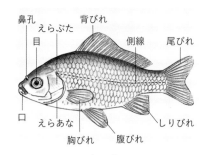

図2　**魚のからだ（フナ）**

図3　**魚の泳ぎ方（フナ）**

C からだの表面のようす

　魚類の体表は，うろこでおおわれている。うろこは，皮膚の一部が変化したものである*1

*1
ナマズやアンコウのようにうろこのない魚やウナギのようにうろこが皮膚の中に埋もれて見えない魚もいる。

② 子のうまれ方と成長

　動物が子をふやす方法には，めすが卵をうみ，子が卵からかえるふやし方と子宮内で育った子をうむふやし方がある。卵をうむふやし方を**卵生**という。魚類は，殻のない卵を水中にうむ卵生である。多くの場合，未受精卵でうみ出され，**水中で受精する**。

　卵は水中で自然にかえり，卵からかえった子は，自分でえさをとって生活する。子は親の世話を受けずに育つため，ほかの脊椎動物と比べて親になるまで成長する確率が低い。

図4　サケのふ化のようす

発展　体温の変化

　魚類は，外界の温度にしたがって体温が変化する**変温動物**である。動物には変温動物のほかに外界の温度が変わっても体温を一定に保つことができる**恒温動物**がいる（→ p.60）。

③ おもな魚類

メダカ，フナ，コイ，イワシ，マグロ，カツオ，タツノオトシゴ，マンボウ，ウナギ，ナマズ，ヒラメ，カレイ，アンコウ，ドジョウ，サケ，サメ，エイ，ハイギョ，シーラカンス

サンゴタツ

図5　タツノオトシゴ

参考　あごのない魚

　ヤツメウナギやヌタウナギはあごのない吸盤のような口をもち，動物の体液を吸って栄養をとる。これらはからだのつくりが魚類とは非常に異なるため，**円口類**という別のグループに分類される（図6）。

図6　ヌタウナギ

TRY! 思考力

魚類は水中生活をする動物であるが，陸上生活に適さない理由を，卵や呼吸のしかたをふまえて説明しなさい。

ヒント　魚類の卵や呼吸のしかたにはどのような特徴があるか，陸上生活をする動物の卵や呼吸のしかたはどうなっているかについて考える。

解答例　魚類の卵は殻がないため，陸上の乾燥に弱く，卵は水中でしか生きられない。また，えら呼吸をするため，陸上では呼吸をすることができない。

UNIT

3 両生類

着目 両生類は，殻のない卵を水中にうみ，子はえらと皮膚，親は肺と皮膚で呼吸を行う。

要点
● **子のうまれ方と成長** 殻のない卵を水中にうむ卵生で，子は親の世話を受けずに育つ。
● **生活場所と呼吸のしかた** 子（幼生）は水中で生活してえらと皮膚で呼吸をし，親（成体）はおもに水辺で生活して肺と皮膚で呼吸をする。

1 生活場所と体表のようす

　両生類は，カエル，サンショウウオ，イモリなどのなかまで，卵からうまれた子（**幼生**）とおとなの姿（**成体**）が大きく変わるという大きな特徴をもつ。両生類の幼生は水中で生活し，成体はおもに水辺で生活する（図1）。

　両生類の体表は，毛やうろこなどがなく，皮膚はうすくて，粘液などでいつも湿っている。このため，乾燥した陸上では，皮膚から水分が蒸発しやすく，陸上に上がることができても水辺から離れた場所や日当たりのよい場所では生活することができない。

エゾサンショウウオ

図1 **サンショウウオの成体**
両生類の成体は水辺で生活しており，体表はいつも湿っている。

2 子のうまれ方と成長

　両生類は，殻のない卵を水中にうむ卵生である。卵は寒天状のものに包まれてうみ出されるが，乾燥しやすいので，魚類と同様に水中でしか生きられない。卵は，水中で自然にかえり，卵からかえった子は，親の世話を受けず自分でえさをとって生活する（図2）。

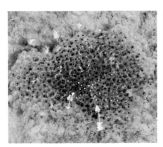  

図2 **トノサマガエルの卵，幼生（おたまじゃくし），成体のようす**

呼吸のしかた

　両生類は，幼生から成体になるときに生活場所が変わり，それにともなって呼吸のしかたも変わる（図3)。[*1] 幼生は水中で生活し，えらと皮膚で呼吸する。陸上で生活するようになった成体は，肺と皮膚で呼吸する。

*1
両生類では，幼生から成体へとからだのつくりが大きく変化する。このような変化を**変態**という。

参考　皮膚呼吸

　皮膚呼吸は，皮膚を通して酸素を体内にとり入れるもので，両生類の体表が粘膜でおおわれていて湿っているのは皮膚呼吸を行うためでもある。
　肺が発達している鳥類や哺乳類では，皮膚呼吸はほとんど行われていないが，肺があまり発達していない両生類のカエルは，全呼吸量の30〜50％を皮膚呼吸でまかなっている（表1)。

表1　**全呼吸量のうち皮膚呼吸が占める割合**

動物	割合
ミミズ	100%
ウナギ	60%
カエル	30〜50%
ハト	1%以下
ヒト	0.6%

図3　**イモリの幼生（左）と成体（右）**
幼生は水中で生活し，首のつけ根にえらが見られる。成体になるとえらがなくなり，からだの中の肺で呼吸をするようになる。

図4　**メキシコサラマンダー**
サンショウウオの一種であるが一生えら呼吸で水中生活する。

発展　体温の変化

　両生類は，魚類やは虫類と同じように外界の温度にしたがって体温が変化する**変温動物**である。気温が低くなると活動できなくなるため極地や高山などの寒い地域には生息できず，冬の季節には活動をやめて**冬眠**する。[*2]

*2
冬眠とは，冬などの低温で食物の少ない時期に，活動の一部を停止させて過ごすことである。

TRY! 思考力

カエルの子（幼生）であるおたまじゃくしと成体のカエルの呼吸のしかたを，生活場所をふまえて説明しなさい。

（ヒント）　水中と陸上では，それぞれどのような呼吸のしかたが適しているだろうか。

（解答例）　水中で生活する幼生はえらと皮膚で呼吸をし，陸上で生活する成体は肺と皮膚で呼吸をする。

UNIT

4 は虫類

着目 は虫類は，殻がある卵を陸上にうむ卵生で，肺呼吸を行う。

要点

- **体表のようす** 体表がうろこやこうらでおおわれているので，乾燥に強い。
- **子のうまれ方** 卵生で，弾力のある殻をもつ卵を陸上にうむ。
- **生活の場所と呼吸のしかた** 陸上生活をし，肺呼吸を行う。

1 生活場所とからだの特徴

A 呼吸のしかたとからだの表面のようす

は虫類はトカゲやヘビ，ワニ，カメのなかまで，体内に肺をもち，おもに陸上で生活する。[*1]

陸上は，水中とは異なり，外界の温度の変化が激しく，乾燥している。このため，は虫類の体表は，かたいうろこやこうらでおおわれており，体内から水分が逃げるのを防いでいる(図1)。

図1 シャムワニ

*1
は虫類は漢字で「爬虫類」と書く。爬ははい回るという意味の字で虫はけもの(哺乳類)・鳥・魚以外のすべての動物を指す。

B からだの形と運動の方法

水辺から離れた所でも生活できるは虫類は，広い生活範囲を移動することが多い。このため，胴体を地面につけていることが多い両生類とは異なり，4本のあしだけでからだを支えることができ，すばやく動くことができる。ヘビのようにあしをもたないことでからだの大きさに対してせまい場所にも出入りできるようになっているものもいる。

2 子のうまれ方と成長

は虫類は**卵生**で，弾力のある殻をもつ卵を土の中や落ち葉の下などの陸上にうむ(図2)。

卵は，地面の熱などによって自然にかえる。卵からかえった子は，すぐに自分でえさをとる。

 参考 卵胎生

マムシやコモチカナヘビなどの一部のは虫類には，体内で卵をかえしてから子をうむものがあり，**卵胎生**という。

図2 トカゲの卵

参考 脊椎動物の産卵数・産子数

脊椎動物の1匹の雌が1回にうむ卵や子の数は、哺乳類がもっとも少なく、鳥類＜は虫類＜両生類＜魚類の順に多くなる（表1）。脊椎動物の産卵数や産子数は、ふつう、子が親になる割合が高いほど小さくなる。親が子の世話をする哺乳類や鳥類は、子が親になる割合が高いため、産卵数や産子数が小さいことが多い。

発展 体温の変化

は虫類は、外界の温度にしたがって体温が変化する**変温動物**である。体温が低いと活発に動けなくなるため、外界の温度が下がったときは、日光浴をするなどして、外部から得られる熱で体温を保とうとする。

表1 脊椎動物の産卵数・産子数

	動物	産卵(子)数
魚類	マンボウ	300000000
	マイワシ	50000
両生類	トノサマガエル	2000
	イモリ	100～400
は虫類	アオウミガメ	30～200
	トカゲ	6～15
	シマヘビ	6～12
鳥類	ウグイス	4～6
	イヌワシ	1～3
哺乳類	キツネ	2～9
	ゴリラ	1
	インドゾウ	1

③ おもなは虫類

トカゲ、ヤモリ、カナヘビ、カメレオン、イグアナ、シマヘビ、ハブ、マムシ、アオダイショウ、キングコブラ、イシガメ、スッポン、アカウミガメ、タイマイ、ゾウガメ、ナイルワニ、メガネカイマン

図3 エボシカメレオン

図4 アオダイショウ

図5 ゾウガメ

TRY! 思考力

トカゲは、寒い日の日中、日当たりのよい場所でじっとしていることがある。このような行動をとる理由を説明しなさい。

ヒント トカゲはは虫類である。外界の温度が変化すると、体温はどうなるか。また、日当たりのよい場所にいると、からだにどのようなよい影響があるか。

解答例 気温の低い日は活発に動けず、日光浴を行うことで、体温を上昇させる必要があるため。

UNIT

鳥類

着目 ▶ 鳥類は，かたい殻がある卵を陸上にうむ卵生で，肺呼吸を行う。

要点
- **からだの表面のようす** からだが羽毛でおおわれているため，寒さに強い。
- **生活場所と呼吸のしかた** 陸上生活をし，空を飛ぶものが多く，肺呼吸を行う。
- **子のうまれ方と成長** 殻がある卵を陸上にうむ卵生で，子は親から食物をあたえられて育つ。

1 生活場所とからだの特徴

A からだの形と運動の方法

鳥のなかまを鳥類とよぶ。鳥類は陸上生活をしており，前あしは翼になっているのが大きな特徴である。鳥類の多くはこの翼を使って空を飛ぶことができる。また，空を飛ぶために目が非常によく発達していたり，前あしを使えないかわりに口でえさをとったり自分のからだを手入れするため，**くちばし**をもち（図2），首がよくのびてよく曲がるなどの特徴をもつ。

B からだの表面のようす

あしや頭部の一部などを除いて鳥類の体表の大部分は羽毛でおおわれている。羽毛には，体内から熱や水分が逃げるのを防いでいる役割に加え，軽くじょうぶな翼を広げて空を飛ぶための大きな役割も果たしている。

図1 鳥類のからだのつくり
前あしが翼で，体表が羽毛でおおわれている。

ニワトリ
穀物をつついて食べる。

カルガモ
平たいくちばしで水中のえさを食べる。

オオワシ
かぎ形のくちばしでえものをひきさいて食べる。

キツツキ（アカゲラ）
木の中の虫をつつき出して食べる。

図2 さまざまな鳥類のくちばし
鳥類の口はくちばしになっており，おもに食物の種類によってくちばしの形がちがう。

発展　体温の変化

　からだが羽毛でおおわれている鳥類は，哺乳類と同じように**恒温動物**である。このため，冬の時期や寒い地域でも活発に活動することができる。羽毛には一般に「羽」とよばれる大羽と，一般にも羽毛とよばれる綿羽と毛状羽がある。鳥類の子（ひな）は綿羽でおおわれていて成長すると大羽がはえてくる（図3）。

ⓒ 呼吸のしかた

　一生陸上生活をする鳥類は，は虫類や哺乳類と同じように，**肺呼吸**を行う。

図3　**キングペンギンの成鳥（左）とひな（右）**

② 子のうまれ方と成長

　鳥類は卵生で，かたい殻がある卵を陸上の巣の中にうむ。親は巣の中の卵を自分の体温であたためて，子（ひな）をかえす。

　卵からかえった子は自分で食物をとって生きていけるようになるまで親から食物をあたえられ，外敵から守られて育つ（図4）。

③ おもな鳥類

スズメ，カラス，ツバメ，ハト，ニワトリ，ウズラ，シジュウカラ，キジ，クジャク，ヒバリ，アヒル，カモ，ダチョウ，ペンギン，ワシ，コンドル，ハヤブサ，フクロウ，フラミンゴ，キウイ，ハチドリ，キツツキ，カワセミ，ペリカン，ウグイス，タンチョウ，トキ，ライチョウ，サギ，クイナ

図4　**ひなに食物をあたえる親ツバメ**

TRY!
思考力

鳥類は，魚類や両生類などと比べてうまれた卵がかえって親になるまで成長する割合が高いといわれている。その理由を簡単に説明しなさい。

（ヒント）　自然の中で，動物は卵がうまれてから親になるまで，どのようなことが原因で死んでしまうだろうか。

（解答例）　鳥類は，親が卵をあたためてかえし，ふ化したあとも子に食物をあたえ，外敵から守って育てるから。

UNIT

哺乳類

着目 ▶ 哺乳類は，ほとんどが陸上生活をし，肺呼吸を行い，胎生である。

要点

● **からだの表面のようす** からだが毛でおおわれているため，寒さに強い。

● **生活場所と呼吸のしかた** ほとんどの哺乳類は陸上生活をし，肺呼吸を行う。

● **子のうまれ方と成長** 胎生で，母親はうまれた子に乳をあたえて育てる。

1 生活場所とからだの特徴

哺乳類は一般に「けもの」とよばれる動物のなかまで，わたしたちヒトも含まれる。

Ⓐ からだの形と運動の方法

ほとんどが陸上生活をしている。

4本のあしが両生類やは虫類より発達し，種類によって長距離を速く走ることができたりえものをとらえたり口に運んだりできる前あしをもつものもある。

また，クジラやイルカ*1のように完全に水中生活をおくるものや，コウモリのように空を飛ぶことができるものもいる。

Ⓑ からだの表面のようす

哺乳類は体表が毛でおおわれており，体内から熱や水分が逃げるのを防いでいる(図1)。

図1 ヤク

*1
クジラやイルカは前あしがひれになっていたり毛や汗せんをもたないなど水中生活に適したからだになっている(➡ p.80)。

発展 **体温の変化**

哺乳類は，からだが毛でおおわれており，筋肉など体内で発熱するために，図2のⒶのグラフのように，外界の温度が変化しても，体温をほぼ一定に保つことができる。哺乳類や鳥類のように体温を保つことができる動物を**恒温動物**といい，冬の時期や寒い地域でも活動することができる。

一方，は虫類・両生類・魚類はⒷのグラフのように，外界の温度が変化すると，それにともなって体温が変化する動物で，このような動物を**変温動物**という。

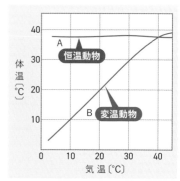

図2 恒温動物と変温動物の体温と気温の関係

C 呼吸のしかた

哺乳類は肺呼吸を行う。イルカのように水中生活をする哺乳類も水面で空気を吸って肺呼吸を行う(図3)。

図3 **イルカの呼吸孔**
頭頂部の呼吸孔(矢印)を水面から出して肺呼吸を行う。

2 子のうまれ方と成長

哺乳類の子は，ふつう，母親のからだの中(子宮)で母体から栄養をもらいながら親と似た形まで育ち，うまれる。このような子のうまれ方を胎生という。

うまれた子は，母親から乳をあたえられて育つ(図4)。これは，哺乳類*2だけに見られる特徴である。親は子を外敵から守り，子が自分で食物をとって生きていけるようになるまで保護する。そのため，親が一度にうむ子の数が魚類や両生類などより少ないが，子が親になる割合は高い(→ p.57)。

 参考 **子宮をもたない哺乳類の子育て**

コアラやカンガルーのなかま(**有袋類**)は非常に小さな子をうみ，子宮のかわりに腹部にできた袋(育児のう)の中で子を大きく育てる。カモノハシ(→ p.80)やハリモグラ(**単孔類**)は卵をうむが，ほかの哺乳類と同様に子を乳で育てる。

図4 **乳を飲むシマウマの子**

*2
哺乳類の「哺」という字には，「口に含む」という意味がある。

3 おもな哺乳類

ヒト，ゴリラ，ニホンザル，スローロリス，イヌ，オオカミ，キツネ，ネコ，トラ，ライオン，クマ，イタチ，ラッコ，ネズミ，カピバラ，ウサギ，リス，ムササビ，ウマ，ウシ，シカ，キリン，ラクダ，アルパカ，アリクイ，アルマジロ，センザンコウ，コウモリ，アシカ，アザラシ，クジラ，イルカ，シャチ，コアラ，カンガルー，カモノハシ

TRY! 思考力

北極や南極といった0℃以下の環境で活動する動物はホッキョクグマなどの哺乳類とペンギンなどの鳥類だけである。その理由を動物のからだの特徴に着目して説明しなさい。

ヒント ホッキョクグマやペンギンが，両生類やは虫類と異なる特徴は何か。また，気温がいちじるしく低い環境で生きるために必要なことは何か。

解答例 からだが毛または羽毛でおおわれ，体内から熱が逃げるのを防ぐことができるから。

7 肉食動物と草食動物

着目 ▶ 動物は食べ物のちがいによって，歯のつくりや目のつき方が異なる。

要点

● **歯のつくり** 肉食動物は犬歯と臼歯が発達し，草食動物は門歯と臼歯が発達している。

● **目のつき方** 目が前向きについている肉食動物は，立体的に見える範囲が広く，えものをとらえやすい。目が横向きについている草食動物は，視野が広く，敵を発見しやすい。

1 動物の生活とからだのつくり

空を飛ぶコウモリは翼となった前あしをもち，木の上で生活するサルのなかまは枝をつかむことができる手や指の形をしている。動物は，生活場所や生活のしかたに適したからだのつくりをしているが，特に食物のちがいは動物によって重要である。

植物を食物にして生活するウサギ・ウシ・ウマ・シカ・キリンなどの**草食動物**と，ほかの動物を食物にして生活するライオン・トラ・クマ・ヒョウ・ネコなど**肉食動物**[*1]とでは次のようなちがいがある。

2 肉食動物と草食動物の歯のつくり

ヒトの口には門歯，犬歯，臼歯の 3 種類の歯がある(図1)，哺乳類は食物によってこの 3 種類の歯の大きさや形が異なる。

肉食動物はえものをとらえてかみ殺すための鋭い犬歯と，肉を切りさく形に発達した臼歯をもつ。これに対して，**草食動物**は植物をかみ切る**門歯**と，植物をすりつぶす**臼歯**が発達している(図2)。

*1
サル・イノシシ・クマなどのように，植物と動物の両方を食物にする動物は雑食動物という。

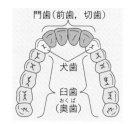

図1 **ヒトの歯(成人の上あご)**

ヒトは上下合わせて32本の永久歯をもつ(親知らずを含む)。

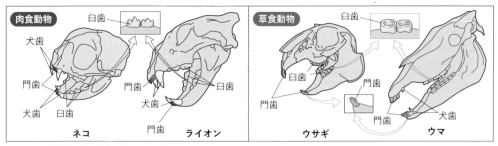

図2 **肉食動物と草食動物の歯のつくり**
ふつう，草食動物の犬歯はあまり発達していない。ウサギには犬歯がなく，ウマの犬歯は小さい。

3 肉食動物と草食動物の目のつき方

ものを2つの目で見ると立体的に見ることができる。**肉食動物は目が前向きについている**ため，えものとの距離（きょり）を正確にはかることができ，えものをとらえやすい。

これに対して，ひらけた場所で生活するシマウマなどの**草食動物は目が横向きについている**ため，左右それぞれの目で見られる視野が広い。このため，敵を早く発見して逃（に）げることができる。

肉食動物

目が前向きについているため視野がせまいが，立体的に見える範囲（はんい）が広い

ライオン

立体的に見える範囲

草食動物

目が横向きについているため視野が広いが，立体的に見える範囲がせまい

シマウマ

立体的に見える範囲

図3 肉食動物と草食動物の目のつき方

参考 肉食動物と草食動物のその他のちがい

❶ **あしのようす** 肉食動物の前あしには，鋭いつめがあるものが多く，えものをとらえるときに役立つ。一方，草食動物のあしには，かたいひづめがあるものが多く，長い距離を走るのに役立つ。

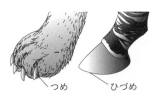

つめ　ひづめ

図4 肉食動物（ライオン）と草食動物（シマウマ）の前あし

❷ **腸の長さ** 植物は消化しにくい繊維質（せんいしつ）を多く含（ふく）むため，草食動物はタンパク質などの必要な栄養分をとり入れるためには多く食べ，長い時間をかけて消化する必要がある。このため体長に対する腸の長さは，草食動物のほうが肉食動物よりも長い。

表1 いろいろな動物の腸の長さ

動物	腸の長さ〔m〕	腸/体長の比
ウマ	30	12
ウシ	50	22～29
ヒツジ	31	27
ヒト	7	4.5
オオカミ	6	4
ネコ	2	3～4

TRY! 思考力

ライオンは，シマウマなどのえものをとらえて食べるために適したからだのつくりをもつ。そのからだの特徴を2つあげ，簡単に説明しなさい。

ヒント　えものをとらえる側と逃げる側に必要なからだのつくりのちがいと，肉を食べるときに適したからだのつくりは何かを考える。

解答例　目は前向きについていて，えものをとらえるとき目の前のえものとの距離が正確にはかりやすい。また，えものをかみ殺して肉を切りさくための犬歯が発達している。

UNIT
8

脊椎動物の分類

着目 ▶ 脊椎動物は体表のようすや呼吸のしかた，子のうまれ方などによって分類できる。

要点

● **生活場所とからだのちがい**　水中生活の魚類，幼生と成体とで生活場所のちがう両生類，一生陸上生活のは虫類，鳥類，哺乳類がいる。

● **子のうまれ方**　水中生活の動物は殻のない卵，陸上生活の動物では殻のある卵や子をうむ。

1 生活場所とからだのちがい

　水中生活を行う魚類，子のすがた（幼生）のときに水中生活をしておとな（成体）になると陸上生活をする両生類，一生陸上生活をするは虫類，鳥類，哺乳類を比べると，次のようなちがいがある。

Ⓐ からだの形と運動の方法

魚類	両生類	は虫類	鳥類	哺乳類
ひれをもち，全身を使って泳ぐ。	成体は4本のあしで陸上を歩く。	両生類よりすばやく動ける。	前あしが翼になっていて空を飛ぶ。	前あしと後あしがそれぞれ発達している。

Ⓑ からだの表面のようす

魚類	両生類	は虫類	鳥類	哺乳類
うろこと粘膜でおおわれている。	湿ったうすい皮膚でおおわれている。	うろこでおおわれ，かわいている。	羽毛でおおわれている。	毛でおおわれている。

C 呼吸の方法

魚類	両生類	は虫類	鳥類	哺乳類
えら呼吸	幼生：えら呼吸*1 成体：肺呼吸*1	肺呼吸		

*1
両生類は皮膚による呼吸の
割合も大きい（→p.55）。

2 子のうまれ方

　水中生活をするなかまは水中に殻のない卵をうみ，陸上生活をする
なかまは殻のある卵や子宮で大きく育てた子をうむ。鳥類や哺乳類は
魚類や両生類より1匹の親が1度にうむ数が少ない。

A 子のうまれ方

魚類	両生類	は虫類	鳥類	哺乳類
殻のない卵を水中にうむ。子を親が育てないので1度に大量の卵をうむ。		殻のついた卵を陸上にうむ。	かたい殻の卵をうみ，親が子を育てる。	子をうみ，親が乳をあたえて育てる。

発展　体温の保ち方

　魚類・両生類・は虫類は変温動物，鳥類と哺乳類は恒温動物である。

TRY! 表現力

ブリは1度に約180万個，トノサマガエルは約2000個の卵をうむ。多い種でも数個しか
うまない鳥類に比べて魚類や両生類がはるかに多くの卵をうむ理由を説明しなさい。

ヒント　多くうむ必要があるということは，うむ数が少ないとどのような問題があるか。

解答例　魚類や両生類の子は親から食物をあたえられず，天敵から保護されないため，親になる
までに多くが死んでしまうから。

UNIT

⑨ 無脊椎動物

着目 ▶ 無脊椎動物は節足動物や軟体動物などさまざまななかまに分けられる。

要点

- **無脊椎動物** 無脊椎動物は背骨をもたない動物で，脊椎動物以外のすべての動物である。
- **無脊椎動物のからだの特徴** 外骨格をもつものや，骨格をもたないものがある。
- **無脊椎動物の子のうまれ方** 無脊椎動物は卵生である。

① 無脊椎動物

　背骨をもたない動物を**無脊椎動物**という。動物の種類は，地球全体で約125万種が知られているが，そのうちのおよそ94％にあたる約118万種が無脊椎動物である（図1）。

　無脊椎動物は共通の特徴をもった動物のグループではなく，脊椎動物以外の動物すべてを指す名称なので，さまざまな異なるからだの構造をもった動物からなる。

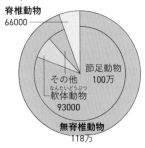

図1　動物の種類

脊椎動物 66000
節足動物 100万
その他
軟体動物 93000
無脊椎動物 118万

② 生活する場所とからだのつくり

　無脊椎動物は，多くは水中生活をしているほか，昆虫類やマイマイ（カタツムリ）のように陸上生活をするもの，ミミズなどのように地中で生活するものなどがいる。このようなさまざまな場所で生活するため，それぞれ適したからだのつくりをしている。

Ⓐ からだを支えるつくり

　脊椎動物は，頭から尾まで脊椎が通っているほか，全身の内部に骨があることで，手やあしを動かしたり内臓を保護したりしている。このようにからだを支える骨組みのことを**骨格**といい，骨格のある動物は陸上でもすばやく動くことができる。脊椎動物の骨格は体内にあるので**内骨格**とよばれる。

　これに対して昆虫やエビ，カニなどのなかまはからだがかたい殻のようなつくりでおおわれている。このようにからだの外側をおおう骨格を**外骨格**という。外骨格はからだを支えたり外敵から身を守るのにも役立つ。

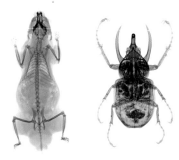

図2　**内骨格**（左・ハムスター）と**外骨格**（右・アトラスオオカブト）

Ⓑ 移動のしかた

昆虫やカニなどは脊椎動物と同じようにあしでからだをもち上げて移動するが，カタツムリのようにやわらかいあしではうように移動するものや，ミミズのようにからだを伸縮させて地中にもぐる動物もいる。

水中では，タコやイカのように体内に吸い込んだ水を吹き出してその反動で移動する動物もいる。そのほか，フジツボやイソギンチャクのように海底などにからだを固定させて生活する動物もいる(図3)。

Ⓒ 呼吸のしかた

エビやアサリなど，水中で生活する動物の多くは水から酸素をとり出す**えら**をもつが，簡単なからだのつくりをしている動物ではウズムシ(プラナリア)のように**体表**から酸素をとり入れたり，クラゲやカイメンのようにえらをもたずに体内にとり込んだ水から酸素をとり入れる動物もいる。

陸上生活をする昆虫は肺をもたず，腹部にある**気門**から空気をとり入れてからだの各部分で酸素をとり込んでいる。

③ 子のうまれ方

無脊椎動物はいずれも卵生である。卵がふ化するまで親が守る動物も一部いるが(図5)，子にえさをあたえたり保護したりする種はとても少ない。また，ウズムシやイソギンチャクなど，からだを分裂させてふえることができるものもいる。

図3　イソギンチャク

図4　ウズムシ
体長20mm程度で，水のきれいな川やわき水にすむ。

図5　卵を保護するヤリイカ

発展　体温の保ち方

無脊椎動物はすべて外界の温度にしたがって体温が変化する**変温動物**である。

TRY!

思考力

無脊椎動物と脊椎動物の共通点を2つあげなさい。

（ヒント）動物全体の共通点を考える。

（解答例）筋肉を使ってからだを動かす，腸などの内臓をもつ。

節足動物① 昆虫類

着目 ▶昆虫類などの節足動物は，外骨格をもち，多くの節があるグループである。

要点
- **節足動物の分類** 昆虫類，甲殻類およびクモやムカデなどのなかまである。
- **からだのつくり** 外骨格をもち，からだやあしには多くの節がある。
- **子のうまれ方と成長** 卵生で，子は脱皮をしながら成長する。

1 節足動物

節足動物は，昆虫類やカニ・エビなどの甲殻類，その他クモやムカデなどからなるグループである。

節足動物は，**外骨格**をもち，からだやあしが多くの節に分かれている。外骨格には，からだを支えたり，からだの内部を保護したりするはたらきがある。筋肉は，外骨格の内側についており，筋肉のはたらきでからだやあしは節の部分で曲がり，運動をすることができる。

2 昆虫類

昆虫類は陸上にすみ，あらゆる生物の中でもっとも多くの種類が知られている動物である。

A からだのつくり

からだは，**頭部・胸部・腹部の3つ**に分かれている。頭部には，よく発達した目[*1]・触角・口があり，胸部には，4枚（2対）のはね[*2]と6本（3対）のあしがある。腹部には，**気門**というあなが複数見られ，気門から空気をとり入れて呼吸を行う。

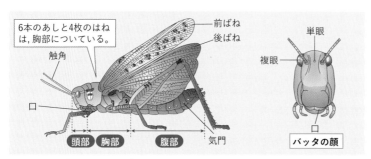

図1 **昆虫類（トノサマバッタ）のからだのつくり**

*1
昆虫類の目には，無数の小さな目が集まってできている複眼と，小さな1つの目からなる単眼がある。

*2
ハエのようにはねが2枚（1対）のものや，アリのようにはねがないものもいる。

参考 昆虫類の呼吸のしかた

腹部にある**気門**は，**気管**という管とつながり，細かく枝分かれしている。また，気管の一部は**気のう**という袋になっており，ここに空気がたくわえられている。昆虫類は，肺やえらといった特定のつくりではなく，からだの各部分で空気から酸素をとり入れている。

（ハチ）

図2 昆虫類の呼吸にかかわるつくり

Ｂ 子のうまれ方と成長

じょうぶな膜に包まれた卵を，おもに陸上にうむ卵生である。親は非常に多くの卵をうむ(図3)。卵は自然にかえり，卵からかえった子は自分で食物をとって生活する。子は，親の世話を受けずに育つため，親になるまで育つのはわずかである。

うまれた子は，**脱皮**をくり返しながら成長していく。昆虫類は，脱皮するときに，からだのつくりが大きく変わる変態が起こり，**卵→幼虫→さなぎ→成虫**と変化する**完全変態**のものと，さなぎの期間を経ずに幼虫から成虫になる**不完全変態**のものがいる。

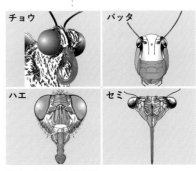

図3 オビカレハ（ガの一種）の卵

参考 昆虫類の口の形

昆虫類には，肉食性のものと草食性のものがおり，口はそれぞれの食物に適した形をしている。

❶ **チョウの口** ふだんは，ぜんまいのように丸めているが，花の蜜を吸うときはのばして長い管状にする。

❷ **バッタの口** かたい草をかみ切ることができるようなじょうぶなつくりをしている。

❸ **ハエの口** ものをなめるのに適した形をしている。

❹ **セミの口** 植物の茎につきさして樹液を吸いやすい針のような形をしている。

チョウ　バッタ　ハエ　セミ

図4 昆虫類の口の形

TRY! 思考力

トノサマバッタなどの昆虫類について，からだのつくりの特徴を簡単に説明しなさい。

ヒント　昆虫類は節足動物であるから，まず節足動物のからだの特徴について考える。そして，昆虫類だけのからだの特徴であるからだの分かれ方やあしの数などを書く。

解答例　昆虫類は，外骨格をもち，からだやあしに多くの節があり，頭部・胸部・腹部の3つに分かれている。あしは6本，はねは4枚あり，いずれも胸部から出ている。

UNIT

節足動物② 甲殻類など

着目 ▶ 節足動物は昆虫類のほか甲殻類や，クモ，ムカデなどが含まれる。

要点

● **からだのつくり** 外骨格をもち，からだやあしには多くの節がある。頭胸部・腹部の 2 つに分かれているものや，頭部・胸部・腹部の 3 つに分かれているものがいる。

● **子のうまれ方と生活場所** 水中生活するものは水中，陸上生活するものは陸上に卵をうむ卵生。

1 甲殻類

A からだのつくり

甲殻類のからだは，エビやカニのように頭胸部・腹部の 2 つに分かれているものや，ダンゴムシ[1]やフナムシ，オオグソクムシのように頭部・胸部・腹部の 3 つに分かれているものがいる。

このほか，フジツボやカメノテのように全身が大きな殻で包まれているものや，からだを岩などに固着させて生活するものもいる。

エビやカニは，頭胸部に発達した目や触角，10 本（5 対）のあしがついている（図 1，図 2）。水中生活をする甲殻類のからだにはえらがあり，**えら呼吸**を行う。[2]

*1
陸上で生活するダンゴムシやワラジムシは，あしにある気門から空気をとり入れて呼吸を行う。

*2
陸上生活をするカニはえらのある部屋を水で満たしてえら呼吸を行う。

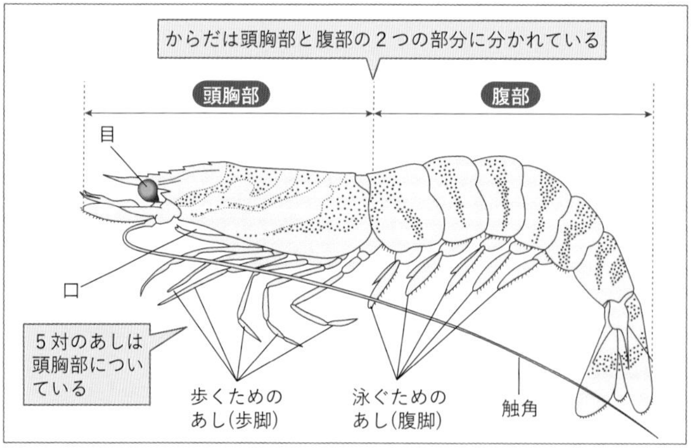

からだは頭胸部と腹部の 2 つの部分に分かれている

頭胸部 | 腹部

目

口

5 対のあしは頭胸部についている

歩くためのあし（歩脚）

泳ぐためのあし（腹脚）

触角

図 1 エビのからだのつくり
エビには，頭胸部の 5 対のあし（歩脚）のほかに，腹部に泳ぐためのあし（腹脚）がついている。

はさみ（第 1 のあし）

頭胸部

腹部

カニは腹部を小さく折りたたんだようなからだのつくりをしている

図 2 カニのからだのつくり
5 対のあしのうち第 1 のあしははさみになっている。

図3 さまざまな甲殻類

甲殻類は, からだの大きさや形, 生活場所や食べ物のとり方にさまざまなものがある。

Ⓑ 子のうまれ方と成長

水中生活をする甲殻類は水中に卵をうみ, 陸上生活をする甲殻類は陸上に卵をうむ卵生である。カニやエビなどの卵からかえった子は, 親の世話を受けずに育つ。親とは異なる姿でうまれるが, **脱皮**をくり返しながら少しずつ形を変え(図4), やがて親と同じ姿になる。昆虫とは異なり, 親と同じ姿になっても脱皮をくり返して大きく成長していく。

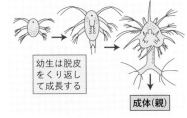

幼生は脱皮をくり返して成長する

成体(親)

図4 エビの幼生の成長のようす

2 その他の節足動物

昆虫類と甲殻類のほかに, 節足動物には**クモ, サソリ, ダニ, カブトガニ, ムカデ, ヤスデ**などが含まれる。

クモのなかまのからだは, 頭胸部と腹部の2つに分かれていて, 頭胸部には, 目や4対(8本)のあしがついている。

ムカデのなかまのからだは, 頭部と胴部の2つに分かれている。胴部には多くの節があり, それぞれの節の部分からムカデは1対, ヤスデは1対または2対のあしが出ている。

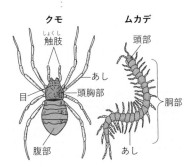

クモ

触肢

目

腹部

頭胸部

あし

ムカデ

頭部

胴部

あし

図5 クモのなかま, ムカデのなかまのからだのつくり

TRY!
思考力

カニやトノサマバッタなどの節足動物が成長するときの特徴について, からだの特徴と関連づけて説明しなさい。

ヒント 節足動物はある1つのからだの特徴によって, 脊椎動物と比べて成長が制限される。

解答例 節足動物は外骨格におおわれているため, 脱皮をくり返して成長する。

軟体動物① 貝のなかま

UNIT 12

着目 軟体動物は，骨格や節がなく，内臓をおおう外とう膜があり，卵生である。

要点
- **軟体動物のからだのつくり**　骨格や節がなく，内臓をおおう外とう膜がある。
- **貝殻をもつ軟体動物のなかま**　アサリなどの二枚貝やサザエなどの巻貝がいる。
- **貝のなかまの特徴**　貝殻の内側に外とう膜があり，多くは水中生活をし，えら呼吸をする。

1　軟体動物

　軟体動物は，**アサリ**や**ホタテガイ**，**サザエ**などの**貝**のなかまと，**イカ**や**タコ**のようにあし(腕)をもち自由に泳ぎ回るなかまで，からだのようすや生活のしかたが大きく異なるなかまを含むグループである。ほとんどは水中生活をするが，マイマイのように陸上生活をするものもいる*1

　節足動物は外骨格をもち，からだとあしに節が見られたが，軟体動物のからだには外骨格も節もない。そして軟体動物に共通する大きな特徴は，内臓をおおう**外とう膜**というやわらかい膜である。

2　貝のなかま

　貝のなかまは，2枚の貝殻をもつ二枚貝のなかまとらせん状に巻いた貝殻をもつ巻貝のなかまに分けられる。

Ⓐ 二枚貝のからだのつくり

　二枚貝はアサリ，ハマグリ，シジミ，ホタテガイ，シャコガイなどのなかまである。貝殻の内側には**外とう膜**があり，心臓や消化管などが外とう膜におおわれている(図2)。2枚の殻を筋肉でできた貝柱で開閉し，すき間からからだを移動させるためのあしや入水管などを出す。

　水中生活をするアサリやハマグリにはえらがあり，入水管と出水管で水を出し入れして**えら呼吸**を行う。同時に水といっしょに入ってきたプランクトンをえらでこしとり，粘液の流れで口まで運んで食べる。

図1　**アサリ**

*1
マイマイは一般にカタツムリとよばれる陸にすむ巻貝のなかま。

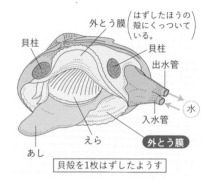

図2　**アサリのからだのつくり**

外とう膜　はずしたほうの殻にくっついている。
貝柱　貝柱
出水管
水
入水管
えら
あし
外とう膜

貝殻を1枚はずしたようす

サザエ

マイマイ

アオウミウシ

ハダカカメガイ
（クリオネ）

図3　貝のなかま

B 巻貝のからだのつくり

　巻貝はサザエ，タニシ，ホラガイ，マイマイなどのら
せん状に巻いた貝殻をもつなかまである。心臓や消化管
などの**内臓は，外とう膜によってつくられた貝殻の中に
おさまっている**（図4）。あしを殻から出して筋肉状のひ
だを波打つように動かして移動する。[*2] ほとんどの種類
はえら呼吸をするが，陸上で生活するマイマイは肺呼吸
をする。

　巻貝のなかまには，ナメクジ，ウミウシ，アメフラシ，
ハダカカメガイ（クリオネ）など殻をもたないものもいる。

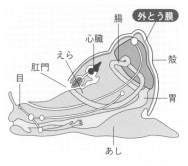

図4　**水中生活する巻貝のからだのつくり**

＊2
殻から出たあしが胴のよう
に見えることから，巻貝の
なかまは腹足類とよばれる。

参考　　**貝殻は外骨格ではないのか**

　二枚貝や巻貝はかたい殻で身を守っているが，これは外骨格ではないの
だろうか。外骨格は皮膚と一体化していて，温度やものに触れた感触を感
じるつくりなどをもつが，貝殻は軟体動物の外とう膜から出された物質（お
もに炭酸カルシウム）がからだの外部で固まったものである。

TRY!
思
考
力

**タニシとマイマイは，外見は似ているが，からだのつくりで大きくちがう部分がある。ど
のようなちがいがあるかを，生活場所に着目して説明しなさい。**

ヒント　タニシは水中で生活するのに対してマイマイは陸上で生活する。

解答例　水中生活をするタニシはえらで呼吸するが，陸上生活をするマイマイにはえらのかわり
に肺があり，肺で呼吸する。

UNIT
13

軟体動物② イカやタコのなかま

着目 ▶ 軟体動物は，骨格や節がなく，内臓をおおう外とう膜があり，卵生である。

要点

● **イカやタコのからだのつくり** 頭部からあし（腕）が出て，反対側に外とう膜に包まれた内臓をもつ胴部がある。

● **イカやタコの生活のしかた** 水中生活をしてえら呼吸をする。卵生である。

1 イカやタコのなかま

軟体動物には貝のなかまのほか，10本（5対）のあし（腕）をもつイカや8本（4対）のあし（腕）をもつタコのように水の中を自由に動き回ることのできるなかまも含まれる。

A イカのからだのつくり

頭部には，発達した目やろうとがあり，10本（5対）のあし（腕）がついている*¹

頭部のあしがついている反対側には，心臓や肝臓などの内臓をおさめた胴部がある。内臓は，外とう膜におおわれており，外とう膜のふちから海水をとり込み，えら呼吸を行うほか，ろうとから海水を吹き出すことで水中をすばやく移動する。

あしには多数の吸盤があり，食物となる動物をつかまえ，口に運んで食べる。10本あるイカのあしのうちの2本は食物をつかまえる触腕である。

B 貝殻と腕の両方をもつ軟体動物

イカのなかまにはコウイカのように外とう膜の中にうすい貝殻のような甲をもつ種類があるほか，オウムガイのように巻貝のような殻とたくさんのあし（腕）をもつ軟体動物もいる。

また，化石で見られるアンモナイト（→ p.282）は，今から約6500万年以上前の海に生息していた軟体動物のなかまである。

*1
イカやタコは頭部からあしが出ていることから，頭足類とよばれる。

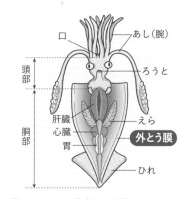

図1 **イカのからだのつくり**
外とう膜を切り開いた図。イカやタコは，頭を上に，内臓のある胴部を下にかく。

図2 **コウイカ**

図3 **オウムガイ**

参考 外とう膜とは何か

❶ 内臓を包む膜

外とう膜の外とう(外套)とは，衣服の外側に着る上着のことである。外とう膜は，貝のなかまでは貝殻にはりついているうすい膜であるが，タコやイカでは筋肉で厚くじょうぶにできている。

軟体動物の外とう膜は内臓をおおう膜であるが，脊椎動物や節足動物の内臓が皮膚や外骨格で完全に包まれているのとは大きく異なる(図4)。

二枚貝の殻を開けると内臓がむき出しになるし，殻を閉じていてもアサリの入水管から吸い込まれた海水はえらのほか心臓，胃などの内臓にも直接ふれている。

これはイカやタコでも同様で，内臓は外とう膜のふちから入ってくる外部の海水と接している。

❷ 貝殻をつくる膜

貝のなかまでは外とう膜は貝殻をつくる役割をもち，貝殻の内側に美しい真珠層をつくるアコヤガイは，外とう膜に包まれるように人工真珠の核を入れることで養殖真珠をつくることに利用されている(図5)。

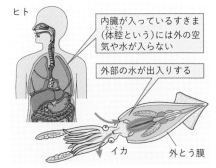

図4 **脊椎動物のからだと軟体動物の外とう膜**
脊椎動物は内臓が皮膚や内臓でつくられた壁(体壁とよばれる)で完全に包まれているが，軟体動物の外とう膜は外部に対して閉じられていない。

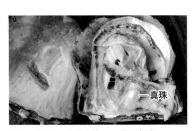

図5 **アコヤガイの外とう膜と真珠**

② 軟体動物の子のうまれ方

軟体動物はいずれも卵をうむ卵生である。卵からかえった子は親とちがう姿でうまれて多くは水中生活をしたあと，変態して親と同じ殻をもつ姿になり水底で生活する。節足動物とはちがって外骨格をもたないため脱皮は行わない。マイマイのように大きな卵をうみ，親と同じ姿でうまれるものもいる。

TRY! 表現力

水中生活をするイカとエビのからだのつくりを比べたとき，どのようなちがいがあるか，説明しなさい。

(ヒント) イカは軟体動物，エビは節足動物であるから，その大きなちがいについて答える。

(解答例) 軟体動物であるイカには内臓をおおう外とう膜はあるが，骨格や節はない。一方，節足動物であるエビには外骨格や節はあるが，外とう膜はない。

UNIT
14 その他の無脊椎動物

着目 ▶無脊椎動物は，節足動物や軟体動物のほかに，多数の種類が存在する。

要点
● その他の無脊椎動物　無脊椎動物には，表面にとげと管足があるウニ，多数の節からなる細長いからだのミミズ，からだが扁平なウズムシ，海水中を浮遊して生活するクラゲ，食物をこしとって食べるカイメンなどのなかまがいる。

1 その他の無脊椎動物

無脊椎動物には，節足動物や軟体動物のほか，ウニ・ヒトデ・ナマコのなかま(棘皮動物)，ミミズのなかま(環形動物)，ウズムシのなかま(扁形動物)，クラゲ・イソギンチャクのなかま(刺胞動物)，カイメンのなかま(海綿動物)などがいる。いずれも卵生で，変温動物である。

2 ウニ・ヒトデ・ナマコのなかま

海で生活する動物のなかまで，からだの表面は小さなかたい殻(骨片)が集まって内部を守り，とげと管足がある。管足はのび縮みする細長い管状のつくりで，ウニ・ヒトデ・ナマコのなかまは管足を使って海底を移動する。

ナマコは細長いからだの一方に口，反対側の端に肛門があるが，ウニやヒトデはからだの中央の下側に口があり，上側の肛門に向かって消化管が通っている。

図1　ムラサキウニ

3 ミミズのなかま

土の中で生活するものが多いが，イトミミズやゴカイのように水中で生活するものもいる。

からだは細長い形をしていて，先端に口があり，反対側の端に肛門がある。細長いからだには骨格がなく，多数の節があり，からだの表面に剛毛という細かい毛がはえている。移動するときには剛毛を土にひっかけ，筋肉によってからだをのび縮みさせて進む(図2)。ミミズのなかまの多くは皮膚で呼吸する。

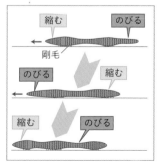

図2　ミミズの運動のしかた

④ ウズムシのなかま

　うすく平たいからだをしていて，えらや血管などはもたない。口はからだの中心にあり，肛門はなく，体内の不要なものは口から出す。

　卵をうむほか，からだを分裂させてふえることもできる。

　ウズムシはきれいな川やわき水で生活するが，コウガイビルのように陸上で生活するものや，サナダムシのように動物の体内で生活するものもいる。

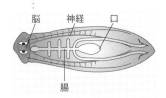

図3　ウズムシのからだのつくり

⑤ クラゲ・イソギンチャクのなかま

　クラゲは海水中を浮遊して生活し，イソギンチャクは水底で固着生活をする。いずれも卵から親と異なる姿でうまれて変態する。

　からだの中央に口があり，そのまわりを触手がとり巻いている。触手にはたくさんの刺胞とよばれるつくりがあり，毒針を出してえものをとらえる。

　肛門はなく，口から胃腔に入った食物を消化し，消化できなかったものは口からはき出される。

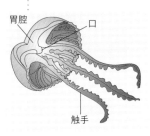

図4　クラゲのからだのつくり

⑥ カイメンのなかま

　多くは海で生活し，岩などにからだを固定している。

　筋肉や神経はなく，からだの表面の多数の小さな穴から，上方の大きな穴へ水流を起こし，食物をこしとって食べる。

図5　カイメン

TRY!
思考力

ウニとイソギンチャクとヒトデのうち同じなかまにあたる動物を2つ選び，その理由を説明しなさい。

（ヒント）　同じ2つの動物ともう1つの動物には，からだの表面のつくりにおいてちがいが見られる。

（解答例）　ウニとヒトデ。この2つは，からだの表面がとげのあるかたい殻でおおわれている。

UNIT 15 動物全体の分類

着目 ▶ 動物は，からだのつくりとはたらきなどによって分類することができる。

要点

● **動物の分類** 動物は，背骨をもつ脊椎動物と背骨をもたない無脊椎動物に分けられる。
● **脊椎動物の分類** 魚類，両生類，は虫類，鳥類，哺乳類に分けられる。
● **無脊椎動物の分類** 節足動物（昆虫類，甲殻類など），軟体動物，その他に分けられる。

1 動物の分類

ここまで動物について背骨をもつ脊椎動物と背骨をもたない無脊椎動物に分けて学習してきた。脊椎動物は，**子のうまれ方・呼吸のしかた・体表のようす・体温の変化**などのからだのつくりとはたらきにより，**魚類，両生類，は虫類，鳥類，哺乳類**の5つのグループに分けられる。

無脊椎動物は，**外骨格または外とう膜の有無・呼吸のしかた**などのからだのつくりとはたらきにより，**節足動物（昆虫類，甲殻類**など），**軟体動物**，その他の無脊椎動物に分けられる。

これらをまとめると，表1のようになり，図1の検索表は，ある動物がどの動物のなかまに分類されるのかを調べることができる。

表1 動物の分類

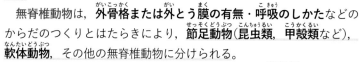

	脊椎動物					無脊椎動物	
	魚類	両生類	は虫類	鳥類	哺乳類	節足動物	軟体動物
生活場所	水中	幼生：水中 成体：陸上	陸上			陸上，水中	おもに水中
体表	うろこ	湿った皮膚	うろこ	羽毛	毛	外骨格	外とう膜が内臓を包む
子のうまれ方	卵生			胎生		卵生	
呼吸のしかた	えら	幼生：えら,皮膚 成体：肺,皮膚	肺			陸上：おもに気管 水中：おもにえら	おもにえら
体温の変化	変温動物			恒温動物		変温動物	

動物検索表

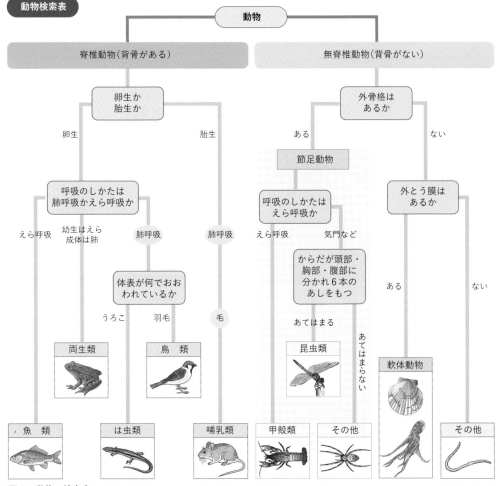

図1 動物の検索表

TRY! 表現力

動物の分類において，ペンギンはどのなかまに分類されるか。そのように分類した理由と合わせて説明しなさい。

ヒント ペンギンは，くちばしをもち，翼やからだは羽毛でおおわれている動物である。そのような動物のなかまには，どのような共通点があるだろうか。

解答例 ペンギンは背骨をもつ脊椎動物で，殻のある卵を陸上にうむ卵生であり，肺呼吸をし，羽毛をもつ鳥類である。

分類をまちがえやすい動物

ザトウクジラ

シロナガスクジラ

哺乳類

クジラ　魚のようなからだの形をして水中で生活するが，ときどき水面に顔を出して肺呼吸をする。鼻の穴が頭の上側にあいていて，体外へ吹き出した息が湯気のように見えるものが「クジラの潮吹き」である。

バンドウイルカ

哺乳類

イルカ

クジラと同じなかまで，およそ体長4m以下のものをイルカとよぶ。水中で出産し，子は乳を飲んで育つ。

ウサギコウモリ

哺乳類

コウモリ

翼を広げて空を飛ぶことができる。翼は前あしの皮膚がのびたもので，からだは体毛におおわれ，歯がある。

哺乳類

カモノハシ

水かきとくちばしをもっている哺乳類で，卵をうみ，かえった子を体表からしみ出た乳で育てる。

サバンナセンザンコウ

哺乳類

センザンコウ

全身が鎧のようなうろこでおおわれ，ふちが鋭い。アリを主食とし，長い尾を振り回すことで攻撃する。

ペンギン

キングペンギン **鳥類**

胴体を立てて歩く。翼は羽根が短く水中を泳ぐために形を変え，がんじょうなつくりをしている。

タツノオトシゴ

オオウミウマ **魚類**

うろこがなく，からだが骨板でおおわれている。尾が海藻などに巻きつけられる特殊なつくりをしている。

イモリ

アカハライモリ **両生類**

名前や姿がヤモリと似ているが，水中で生活して幼生はえら呼吸，成体は肺呼吸をし，皮膚呼吸も行う。

ヤモリ

ニホンヤモリ **は虫類**

イモリと似ているが，つめがあり，陸上で肺呼吸をする。家屋の壁や天井に張り付いて移動できる。

カメノテ

甲殻類

つめ状の殻とうろこ状の外骨格で包まれ，見た目がカメのあしに似ている。海辺の岩などに固着して生息する。

サンゴ

刺胞動物

クラゲと同じなかまで，小さな個体の集合体（群体）。珊瑚礁をつくる種類は藻類が体内にすみ光合成を行う。

定期テスト対策問題

解答 ➡ 別冊 p.3

問 **1** 哺乳類のからだのつくりとふえ方

次の文は，哺乳類のからだのつくりやふえ方について説明したものである。ほとんどの哺乳類について正しい文をすべて選び，記号で答えなさい。

ア 哺乳類のからだの表面は，熱が外部へ逃げやすいように，全身の皮膚が裸出している。

イ 哺乳類は，発達した肺をもっており，肺で呼吸する。

ウ 哺乳類のあしは，からだから横向きに出ているものが多く，すばやい動きは苦手である。

エ 哺乳類は親のからだの中である程度大きくなってからうまれ，うまれた子は親が出す乳を飲んで育つ。

問 **2** 肉食動物と草食動物

右の図は，2種類の哺乳類ア，イの頭骨である。ア，イの頭骨は，それぞれ肉食動物と草食動物のどちらかに特徴的な形をしている。これを見て，次の問いに答えなさい。

ア   イ

(1) 肉食動物に特徴的な形の頭骨をもっているのは，**ア**，**イ**のどちらか。記号で答えよ。

(2) **ア**，**イ**のうち，両目が顔の側面にあり，広い範囲を見ることのできるようになっていることが推測されるのはどちらか。記号で答えよ。

問 **3** 背骨のある動物の特徴

右の表は，背骨のある10種類の動物をア～オの5つのグループに分けたものである。これについて，次の問いに答えなさい。

(1) 背骨のある動物を，まとめて何というか。

(2) **ア**～**オ**のグループのうち，水中に卵をうむグループはどれか。すべて答えよ。

(3) **ア**～**オ**のグループのうち，親が子の世話をするグループはどれか。すべて答えよ。

グループ	動物名
ア	ヘビ・カメ
イ	ハト・ワシ
ウ	カエル・イモリ
エ	イヌ・ネコ
オ	イワシ・タイ

4 トノサマバッタのなかまの特徴

右の図は，トノサマバッタのからだのつくりを表したものである。これについて，次の問いに答えなさい。

(1) トノサマバッタのからだは，図の**A〜C**のように3つの部分に分かれている。それぞれ何というか。

(2) **C**の部分には，各節ごとに気体の出入りをする**X**のようなあなが開いている。このあなを何というか。

(3) **X**のあなからつながっていて，呼吸を行っている器官を何というか。

(4) トノサマバッタやアリ，カニ，クモなどは，からだやあしが多くの節に分かれているなどの共通の特徴をもっている。これらの動物のなかまを何というか。

(5) (4)のなかまではない無脊椎動物を，次の**ア〜エ**からすべて選び，記号で答えよ。

　ア ダンゴムシ　　**イ** ミミズ
　ウ ムカデ　　　　**エ** マイマイ

 5 エビのなかまの特徴

右の図は，エビのからだのつくりを表したものである。これについて，次の問いに答えなさい。

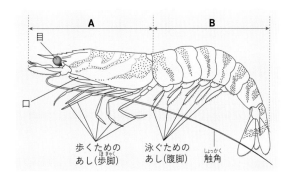

(1) エビの全身はかたい殻でおおわれている。この殻を何というか，名前を答えよ。

(2) エビのからだは，図の**A**，**B**のように2つの部分に分かれている。それぞれ何というか。

(3) エビは親とは異なる姿でうまれるが，あることを行うことで少しずつ形を変えながら大きくなっていく。あることとは何か答えよ。

(4) エビはどのように呼吸を行っているか。呼吸を行っている器官の名前を答えよ。

(5) エビやカニと同じなかまに分類されるワラジムシは，陸上で生活している。ワラジムシはどのように呼吸を行っているか。空気をとり入れる器官の名前を答えよ。

(6) エビやカニ，ミジンコ，ワラジムシ，フジツボなどのなかまを何というか。漢字3文字で答えよ。

問 **6** イカのなかまの特徴

右の図は，イカのからだの中のつくりを表したものであり，Aはイカのからだ全体を包む膜のようなつくりである。これについて，次の問いに答えなさい。

(1) Aのつくりを何というか。

(2) イカのあしは，おもに何でできているか。

(3) イカのように，からだがAのつくりで包まれ，あしには節も骨格もない動物を何というか。

(4) (3)のなかまでない無脊椎動物を，次の**ア～カ**からすべて選び，記号で答えよ。

ア	アサリ	**イ**	ウミウシ
ウ	エビ	**エ**	ザリガニ
オ	ミジンコ	**カ**	サザエ

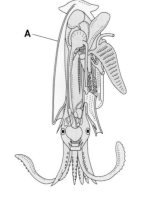

問 **7** 動物のなかまわけ

次の表は，動物をグループに分けたとき，いくつかのグループA～Gに分類される動物のおもな特徴をまとめたものである。ただし，A～Eのグループ名は○○類，F，Gのグループ名は○○動物となっている。

		脊椎動物					無脊椎動物	
	A	B	C	D	E	F	G
生活場所	陸上	陸上	陸上	X	水中	陸上，水中	おもに水中
体表	毛	羽毛	うろこ	湿った皮膚	うろこ	外骨格	外とう膜
呼吸のしかた	肺	肺	肺	Y	えら	陸上：おもに気管 水中：おもにえら	おもにえら
動物の例	ウサギ イヌ	ハト ニワトリ	トカゲ カメ	カエル イモリ	メダカ サケ	トンボ エビ	アサリ タコ

(1) A～Gにあてはまるグループの名前をそれぞれ答えよ。

(2) A～Gのうち，ほとんどのグループのうまれ方は卵生（卵としてうまれる）だが，1つのグループだけは例外である。

　① 例外となっているグループをA～Gから選び，記号で答えよ。

　② ①のグループは，どのような子のうまれ方をしているか答えよ。

(3) 表中のX，Yに入る内容は，たがいに関係が深い内容である。どのような内容が入るか，関連づけて簡単に説明せよ。

KUWASHII

SCIENCE

2

章

中1
理科

身のまわりの物質

UNIT

1

身のまわりの物質とその性質

着目 → 身のまわりの物質は，性質のちがいによって分類することができる。

要点

● **物体と物質** 機能や形で区別したものを物体といい，物体をつくっている材料を物質という。

● **有機物と無機物** 炭素を含む物質を有機物，有機物以外の物質を無機物という。

● **金属と非金属** 金属には共通する性質があり，金属以外の物質を非金属という。

1 物体と物質

今，あなたの目の前にある「もの」は何だろうか。机，三角定規，カップ，ハンカチ，窓，壁，ペン，時計…。こういった**用途や使用目的，大きさや形などの外見で区別された**名前がついている「もの」は，物体である。

コップという物体を考えてみよう。コップをつくっている「もの」に着目してみると，ガラスや銀，紙，プラスチックでできているものなどいろいろある。このように，**物体をつくっている素材や材料**につく名前を，物質という（図1）。

机は木，1円硬貨はアルミニウムでできている。このとき，机と1円硬貨が物体，木とアルミニウムが物質である。[*1]

図1 **物体と物質**

*1
「水」や「氷」のように，物質名やその状態の名称で物体を示す場合もある。

2 有機物と無機物

物質は，その性質のちがいによって分類することができる。その1つとして，燃えて**二酸化炭素**が発生する物質とそうでない物質に分けるという方法がある。

加熱するとこげて黒い炭になったり，燃えると**二酸化炭素**が発生したりする物質は**炭素**を含んでいて，有機物という。有機物の多くは，水素を含んでいるので，燃えると水もできる（図2）。

有機物以外の物質は，すべて**無機物**とよばれる。無機物は燃えない

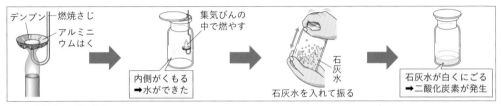

図2 有機物の確認実験

か，スチールウール（鉄）のように燃えても二酸化炭素が発生しない。

　有機物には，砂糖，デンプン，プラスチック，ロウ，エタノール，紙などがある。

　無機物には，鉄，アルミニウム，銅，食塩，ガラス，水などがある。炭素と一酸化炭素[*2]は，炭素を含み，燃えて二酸化炭素を発生させるが，無機物に含まれる。

2
章
身のまわりの物質

*2
燃料の不完全燃焼などで発生する気体で，有毒である。

③ 金属と非金属

　鉄，銅，アルミニウム，金などは，次の性質を共通してもっていて，ほかの物質と区別できる。

① みがくと，特有の輝き（**金属光沢**）が現れる。

② 電気をよく通す。

③ 熱を伝えやすい。

④ 引っぱるとのびたり（**延性**），たたくと広がったり（**展性**）する。

この性質をすべてもっている物質を，**金属**という。

　金属以外の物質は，すべて**非金属**とよばれる。無機物は金属と非金属に分けられるが，有機物はすべて非金属である。

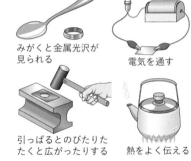

みがくと金属光沢が見られる　電気を通す

引っぱるとのびたりたたくと広がったりする　熱をよく伝える

図3　金属に共通する性質の調べ方

物質 ┬ 有機物 ── 非金属………**砂糖，プラスチック，ロウ，エタノール，紙など**
　　 └ 無機物 ┬ 金属………**鉄，アルミニウム，銅，金など**
　　　　　　　 └ 非金属………**食塩，ガラス，水など**

TRY!
表現力

砂糖と食塩のうち，有機物はどちらか。また，そのように判断した理由を説明しなさい。

ヒント　有機物を燃やすと何ができるかを考える。

解答例　砂糖は炭素を含み，燃やすと二酸化炭素ができることから，砂糖が有機物である。

いろいろな粉末の区別

着目 ▶ 見かけが同じ粉末も，性質を調べることによって区別することができる。

要点

- **白色の粉末の区別** 粒の特徴，水への溶け方，加熱後のようすなどから区別することができる。
- **有機物と無機物** 燃えなければ無機物，燃えたあとに炭が残り，二酸化炭素ができていれば有機物である。

1 身近な白色の粉末

どの家の台所にも砂糖，食塩，片栗粉，小麦粉といった料理の材料，調味料があるだろう。これらはいずれも白色の粉末でよく似ているが，区別するにはどのような方法があるだろうか。

図1 身近な白色の粉末

砂糖は**ショ糖**，食塩は**塩化ナトリウム**，片栗粉は**デンプン**という物質でおもにできている。小麦粉はデンプンにタンパク質などが混ざっている。ショ糖，塩化ナトリウム，デンプンの3つについて区別する方法を考えてみよう。

同じような粉なのに，細かく見るとちがうんだ。

2 ショ糖・塩化ナトリウム・デンプンの粉末

どれも食品で安全だから，味を調べれば区別できる。しかし，食品以外の物質を調べるときにも応用できるやり方はないだろうか。

指先でこすった手ざわりやルーペを使って粒のようすを調べたり，水に溶けるか溶けないかを，水に少量入れてよくかき混ぜてみたりすることで区別することができる（表1）。

表1 ショ糖・塩化ナトリウム・デンプンの区別

調べたこと	ショ糖	塩化ナトリウム	デンプン
手ざわり	ざらざらする	ざらざらする	さらさらでこするとキュッと音がする
粒のようす	形や大きさがいろいろ	四角く角張ったものが多い	細かく形はわからない
水に入れてかき混ぜたとき	溶けて見えなくなる	溶けて見えなくなる	白くにごって溶けない

③ 物質の種類による区別

ショ糖・塩化ナトリウム・デンプンは，有機物か無機物かでも区別できる。

調べる物質を図2のように加熱し，火がついたら石灰水を入れた集気びんに入れ，火が消えたあと，とり出してから集気びんをよく振って石灰水の変化を調べる。[*1] このとき，**燃えたあとに炭が残り，二酸化炭素ができていれば有機物であるとわかる。**

有機物でも，ロウのようにとけてから出る気体に火がつき炭素のすすを出しながら燃えるものや，木のように煙を出して燃えたあと炭が残るものなどのちがいで区別できるものもある。

表2の結果から，塩化ナトリウムは無機物，ショ糖とデンプンは有機物であることがわかる。

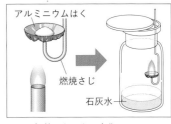

図2　加熱したときの変化

*1
石灰水が白くにごれば二酸化炭素ができたことがわかる（→ p.99）。

表2　ショ糖・塩化ナトリウム・デンプンの区別

調べたこと	ショ糖	塩化ナトリウム	デンプン
加熱後のようす	とけて透明な液体になってから茶色になっていき，やがて煙を出して燃えた	熱しても変化がなかった	黒く焦げていきながら煙を出して燃えた
十分に加熱したあとに残ったもの	黒い炭	加熱前と同じ	黒い炭
石灰水のようす	白くにごった	―	白くにごった
有機物か無機物か	有機物	無機物	有機物

TRY!
表現力

火を近づけても有毒な気体が出ないことがわかっている粉末がある。これが有機物であることを確かめるには，どんな実験を行い，どんな結果になればよいかを説明しなさい。

ヒント　無機物でも燃えるものがあるので，有機物が燃えた場合だけ発生するものを調べる。

解答例　燃焼さじにのせてガスバーナーで加熱し，火がついた場合は石灰水を入れた集気びんの中で燃やし，そのあとふたをしてびんの中の気体と石灰水を振り混ぜる。このとき石灰水が白くにごって二酸化炭素が発生したことが確認できれば有機物である。

UNIT
3

密度と物質の見分け方

着目 ▶純粋な物質は密度のちがいで区別でき，ものの浮き沈みも密度によって決まる。

要点

● **質量と重さ** 質量はてんびんで，重さはばねばかりではかることができる量。
● **物質の密度** 1 cm³あたりの物質の質量の大きさである密度の値は，物質によって定まっている。
● **密度と浮き沈み** 密度が液体より小さな固体は浮き，大きな固体は沈む。

1 質量と密度

小学校では，同じ体積のいろいろなものの重さを調べて比べた。「重さ」のちがいで物質を見分け，区別することはできるだろうか。

Ⓐ 「重さ」と物質の質量

日常では，ものの量を表す際に「重さ」という言葉を使う。しかし，理科ではこれから先，上皿てんびんや電子てんびんではかることができる物体そのものの量は質量という。

理科でいう重さは，厳密には重力によって物体が地球の中心に向かって引き寄せられる力の大きさ(→ p.214)で，ばねばかりではかることができる。重さは同じものをはかっても測定する場所によって大きさが異なる[*1]ため，物体の質量は，質量がわかっている分銅と比べることで測定していく。[*2]

Ⓑ 密度＝体積あたりの物質の質量

わたしたちはふだん，「鉄は木よりも重い」「発泡ポリスチレン[*3]はとても軽い」といった言い方をするが，体積の異なるものどうしで比べると，体積の大きい発泡ポリスチレンのほうが体積の小さい鉄よりも質量が大きいということもある(図1)。物質を質量で区別するには，同じ体積で比べなければいけない。

一定の体積あたりの物質の質量を密度といい，ふつう1 cm³あたりの質量で表す。密度〔g/cm³〕は，次の式で求められる。

$$密度 〔g/cm^3〕 = \frac{物質の質量 〔g〕}{物質の体積 〔cm^3〕}$$

*1
地球の重力は赤道に近いほど，また地球の中心から離れるほどわずかに小さくなる。また，月面での重力は地球上の約$\frac{1}{6}$倍の大きさである。

*2
電子てんびんも，基準となる分銅を装置の中に備えていて，測定前に調整(補正)を行っている。

*3
発泡スチロールとよばれることも多い。

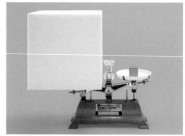

図1 **大きい体積の発泡ポリスチレンと小さい体積の鉄の質量の比較**

② いろいろな物質の密度

Ⓐ 密度と物質の質量

表1のように，密度は物質によって決まっているので，物質が同じであれば密度も同じである。

また，密度が一定のとき物質の質量は体積に比例するので，物質の密度と体積がわかれば，質量を求められる。

物質の質量〔g〕＝密度〔g/cm³〕×物質の体積〔cm³〕

Ⓑ 密度と物体の浮き沈み

液体に固体を入れたとき，**液体の物質と比べて固体の物質のほうが密度が小さいときは浮き，密度が大きいときは沈む。**

固体の水である氷の密度は約0.9g/cm³で，1g/cm³の液体の水より小さいので水には浮くが，約0.8g/cm³のエタノールには沈む。また，液体の金属である水銀は，密度が約14g/cm³で非常に大きいため，鉄・銅・銀などの金属を浮かべることができる（図2）。

表1　いろいろな物質の密度
（水と氷以外のものは20℃での値）

	物　質	密度〔g/cm³〕
固体	氷(0℃)	0.92
	鉛	11.34
	銅	8.93
	鉄	7.86
	金	19.32
液体	水(4℃)	1.00
	エタノール	0.79
	水銀	13.55

図2　水銀に浮かぶ鉄球

例題 1　同じ物質の体積・質量と密度の関係

図は，物体A〜Gの体積・質量の値を座標とする点を表している。次の問いに答えなさい。

(1) 物体**A**をつくる物質の密度は何g/cm³か。

(2) 同じ物質でできていると考えられる物体はどれか。

(3) 液体の水に入れると，水面上に浮く物体はどれか。

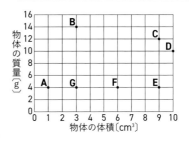

解き方

各点と原点を結んだ直線の比例のグラフの傾きがその物体をつくる物質の密度を表す。

(1) $\dfrac{4.0\,\text{g}}{1.0\,\text{cm}^3} = 4.0\,\text{g/cm}^3$ ……答

(2) CとGを表す点は，同じ比例のグラフ上にある。
　　答　**C, G**

(3) 密度が水より小さい物質でできた物体を表す点は，D(密度1.0g/cm³)を表す点と原点を結んだグラフよりも，傾きが小さいグラフ上にある。　答　**F, E**

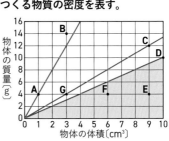

UNIT 4

空気の成分となっている気体

着目 ▶ 空気中には，窒素や酸素，二酸化炭素などが含まれている。

要点
- **空気の成分** 乾燥した空気で，窒素，酸素，アルゴン，二酸化炭素の順で体積の割合が大きい。
- **窒素と酸素の性質と密度** 色もにおいもなく，密度は窒素が空気より小さく酸素が大きい。
- **気体の集め方** 水に溶けにくい気体は水上置換法で集め，水に溶けやすい気体は密度で分ける。

① 空気の成分

　乾燥した空気中に含まれる気体の体積の割合を比べると，図1の円グラフのように，**窒素が約78％**，**酸素が約21％**である。このことから，空気はほとんど窒素と酸素からなるといってもよい。残りの約1％のうち約0.93％が**アルゴン**[*1]という気体で，**二酸化炭素**はわずか約**0.04％**である。[*2]

　空気中にはこれらのほか水蒸気（→ p.132）も混じっているが，場所や時刻によって含まれる割合が大きくちがうので，一般に空気の成分という場合，水蒸気は除いて考える。

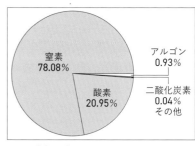

図1　空気の成分

（円グラフ）
窒素 78.08％
酸素 20.95％
アルゴン 0.93％
二酸化炭素 0.04％ その他

② 空気の成分に共通する性質と密度

Ⓐ 空気の性質と密度

　空気の成分であるそれぞれの気体は，ただ混ざっているだけで，それぞれもとの気体の性質を失っていない。

　空気には，色もにおいもない。これは，空気のおもな成分がいずれも色やにおいがない気体であるからである。

Ⓑ 窒素の性質

　窒素には，次のような性質がある。

① 色はなく，においもない。

② 空気よりもわずかに密度が小さく，水に溶けにくい。

③ ものを燃やすはたらき（**助燃性**）も気体自身が燃える性質（**可燃性**）もない。

*1
アルゴンは水に溶けにくく変化しにくい（安定しているという）性質の気体で，空気より密度が大きい。

*2
このほかにもネオンやヘリウムという気体なども含まれているが，すべて合わせても0.003％に満たない。

③ 気体の性質と集め方

Ⓐ 水上置換法

　水に溶けにくい性質を利用して，気体を集める方法は，水上置換法とよばれる。図2のように，水面上に底を上にして出した容器内に満たされている水と置きかえて，空気の混じらない気体を集めることができる。

　このため，水に溶けやすい場合以外は，水上置換法で気体を集めることが望ましい。

Ⓑ 上方置換法と下方置換法

　水に溶けやすい気体のうち，空気よりも密度が小さい気体を集める方法は，上方置換法とよばれる。

　水に溶けやすい気体のうち，空気よりも密度が大きい気体を集める方法は，下方置換法とよばれる。上方置換法や下方置換法では，図2のように，容器の中の空気を追い出して，空気と置きかえて気体を集める。

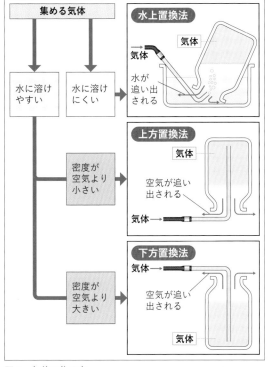

図2　気体の集め方

水に溶けにくい気体は，ふつう水上置換法で集めるよ！

上方置換法で集める必要のある気体は，どのような性質をもっているといえるかを，「水」と「空気」の2つの語句を用いて説明しなさい。

（ヒント）　水上置換法で集めることができない性質で，空気と比べたときの密度によって上方置換法か下方置換法で集めるかが決まる。

（解答例）　水に溶けやすく，密度が空気より小さい性質。

UNIT 5 酸素の性質

(着目) 水に溶けにくいため水上置換法で集められ，ものを燃やすはたらきがある。

要点
- **一般的な性質** 色もにおいもなく，水に溶けにくく，密度は空気よりも少し大きい。
- **集め方** 水に溶けにくいため，水上置換法で集められる。
- **特徴的な性質** ものを燃やすはたらきがあるため，酸素中ではものが激しく燃える。

1 一般的な性質

色やにおい，空気と比べた密度の大小などの一般的な性質から気体を区別する手がかりになることがある。

酸素には，次のような性質がある（表1）。

① 色はない。

② においはなく，においをかいで区別することはできない。

③ 水に溶けにくい。[*1]

④ 密度は空気より少し大きいが，空気との差が小さいので空気に簡単に混ざりやすい。[*2]

表1 **酸素の性質**

色	におい	水への溶け方	空気と比べた密度 （空気＝1.00）
なし	なし	溶けにくい	1.11

*1
酸素は全く水に溶けないわけではない。20℃の水 $1cm^3$ には $0.031cm^3$ 溶け，温度が低いほど多く溶ける。

*2
気体どうしは，密度差があっても時間さえおけば，完全に混ざり合う。

2 酸素の集め方

酸素は，**水に溶けにくい**ので，**水上置換法**で集める（図1）。酸素の密度は空気より大きいが，この密度のちがいは下方置換法で集めることができるほど大きくない。

(注意) **水上置換法の操作**

水上置換法で集めるとき，はじめに集める容器の中を水で満たしておく。また，最初に出てくる気体には気体の発生装置に残っていた空気が混じっているので，しばらくしてから集め始めるようにする。

図1 **酸素の集め方**

③ 酸素の特徴的な性質

　ものは，酸素がないと燃えない。酸素以外の気体を満たした集気び
んの中に火のついたマッチを入れると，火が消える[*3]ことから，そ
れが確かめられる。酸素を満たした集気びんの中に入れると，空気中
よりも**ものを燃やすはたらき**（助燃性）が強くなり，空気中よりも燃え
方が激しくなる（図2）。

　燃え方の変化が一目でわかる，**火のついた線香を酸素中に入れる**実
験が，酸素を判別する実験として，よく用いられる。

*3
たとえよく燃える性質のあ
る気体であっても，酸素が
いっしょになければ，「燃
える」という現象が起こら
ない。

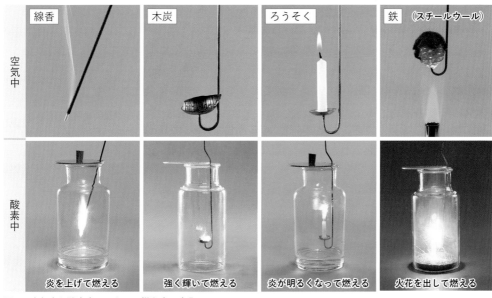

空気中

| 線香 | 木炭 | ろうそく | 鉄（スチールウール） |

酸素中

炎を上げて燃える　　強く輝いて燃える　　炎が明るくなって燃える　　火花を出して燃える

図2　空気中と酸素中でのものの燃え方の変化

TRY!
表現力

**線香を燃やすとき，空気中と酸素で満たした容器の中とでは，線香の燃え方はどのように
異なるかを，説明しなさい。**

（ヒント）　酸素中では空気中よりも酸素の「ものを燃やすはたらき」が強くなる。

（解答例）　空気中では赤くなり煙を出すだけだが，酸素中では炎を上げて激しく燃える。

酸素の発生方法

UNIT 6

着目 ▶ おもに過酸化水素水を用いて発生させることができる。

要点

● **おもな発生方法** うすい過酸化水素水(オキシドール)を二酸化マンガンに加える。二酸化マンガンは，過酸化水素から酸素が発生する変化をうながす。

● **身のまわりのものを利用する方法** ジャガイモのいもやレバー，酸素系漂白剤などが用いられる。

① 二酸化マンガンを用いる発生方法

　保健室には，消毒薬として無色透明の液体の**オキシドール**が置いてある。市販のオキシドールは約3%の過酸化水素の水溶液である**過酸化水素水**[*1]の薬品名で，傷口につけると泡を出して殺菌や洗浄するはたらきがある。

　図1のように，三角フラスコに黒色の粒状の**二酸化マンガン**を入れ，活せんを開いてろうと管に入れたうすい**過酸化水素水**を加えると，**酸素**が発生する。

　二酸化マンガンは，過酸化水素から酸素が発生する変化をうながすだけで，それ自体は変化しない[*2]このため，この実験では，加えるうすい過酸化水素水の量を活せんで調節するだけで，発生する酸素の量を調整することができる。

*1
過酸化水素水は無色透明の液体である。

*2
二酸化マンガンのように，それ自体は変化せずに物質の変化をうながす物質を，**触媒**という。

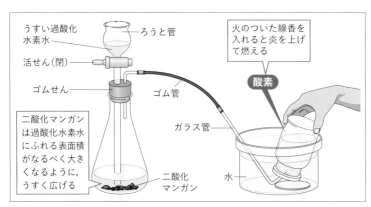

うすい過酸化水素水
ろうと管
活せん(閉)
ゴムせん
二酸化マンガンは過酸化水素水にふれる表面積がなるべく大きくなるように，うすく広げる
ゴム管
ガラス管
二酸化マンガン
水
火のついた線香を入れると炎を上げて燃える
酸素

図1　気体発生装置による酸素の発生

② 身のまわりのものを利用する方法

Ⓐ 生物とオキシドールを用いる方法

オキシドールを傷口につけたとき酸素の泡が発生する。これは，生物のからだに含まれている**カタラーゼ**という物質が二酸化マンガンと同じはたらきをするからである。

ジャガイモのいもや**ダイコンの根**，ブタやウシの**レバー**（肝臓）などを刻んで表面積を大きくしたものを入れたペトリ皿に，市販の**オキシドール**を注ぐと，二酸化マンガンに過酸化水素水を加えたときと同じ変化が起こって，**酸素が発生する**（図2）。

図2　レバーとオキシドールによる酸素の発生

Ⓑ 酸素系漂白剤を用いる方法

白色の**酸素系漂白剤**[*3]の粉末を40〜60℃の**湯**に入れてかき混ぜると，アルカリ性の過酸化水素水ができ，過酸化水素が変化して**酸素**が発生する。

*3
過酸化水素と炭酸ナトリウムを混ぜてできる，通称**過炭酸ナトリウム**とよばれる物質。

> **注意**　過酸化水素水のとり扱い
>
> あまり高温にすると，酸素が一気に発生して液が飛びはねるおそれがある。また，過酸化水素水は100℃以上にすると爆発する危険があるので，ガスバーナーで直接加熱しない。

Ⓒ 酸化銀を加熱する方法

図3のように，黒色の**酸化銀**の粉末を試験管に入れて**加熱**すると，**酸素**が発生してあとに銀が残る。

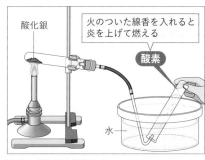

酸化銀

火のついた線香を入れると炎を上げて燃える

酸素

水

図3　酸化銀を加熱する

TRY! 表現力

二酸化マンガンに過酸化水素水を加えて酸素を発生させる実験では，二酸化マンガンは乾かして何度でも再利用することができる。この理由を説明しなさい。

（ヒント）　それ自体が変化しないものは再利用できる。

（解答例）　二酸化マンガンは，過酸化水素水の変化をうながすはたらきだけを行い，それ自体が変化しないから。

UNIT

7 二酸化炭素の性質

着目 ▶空気より密度が大きく下方置換法でも集められ，石灰水をにごらせる。

要点
● **一般的な性質**　色もにおいもなく，水に少し溶け，密度は空気よりも大きい。
● **集め方**　水上置換法のほかに空気より密度が大きいため，下方置換法でも集められる。
● **特徴的な性質**　石灰水に通すと，白くにごる。

1 一般的な性質

　二酸化炭素は空気中に含まれる割合は非常に小さい(→ p.92)が，小学校で学習したように，木や紙などを燃やすと発生する気体であり，生物が呼吸したときに排出される気体で，私たちにかかわりが深い。
　二酸化炭素には，次のような性質があり，まとめると表1のようになる。
① 色はない。
② においはなく，においをかいで区別することはできない。
③ 水に少し溶ける(図1)。水に溶けてできた水溶液は**炭酸水**[*1]とよばれ，飲料として利用されている。
④ 密度は空気より大きく，空気にすぐには混ざらない。図2のように，ビーカーの中で高さをずらしてろうそくに火をつけ，そこに二酸化炭素を入れていくと，二酸化炭素は底からたまるので，底に近いほうから火が消える。

*1
密閉した容器内で発生させるなど，二酸化炭素を小さな容積に大量につめ込む状態にすると，より多く溶けるようになる。このことを利用して炭酸水がつくられている。

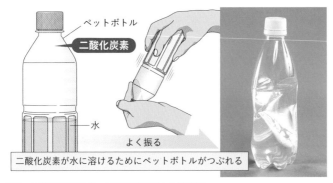

ペットボトル
二酸化炭素
水
よく振る
二酸化炭素が水に溶けるためにペットボトルがつぶれる

図1　二酸化炭素の水への溶け方を確かめる実験

図2　二酸化炭素の密度が空気より
大きいことを確かめる実験

表1　二酸化炭素の性質

色	におい	水への溶け方	空気と比べた密度（空気＝1.00）
なし	なし	少し溶ける	1.53

② 二酸化炭素の集め方

二酸化炭素は，**水に少し溶けるだけ**なので，ふつうは**水上置換法**で集める。**密度が空気より大きいので，下方置換法で集める場合**[*2]もある。

*2
装置が水上置換法より簡単なので，下方置換法で二酸化炭素を集めることはよくある。

図3　二酸化炭素の集め方

③ 二酸化炭素の特徴的な性質

二酸化炭素が水に溶けてできる**炭酸水**は，**弱い酸性**を示す。**いろいろな粉末の区別**（→ p.88）で有機物を調べるときに用いた石灰水は，水酸化カルシウムの水溶液である。**二酸化炭素を石灰水に通すと，白くにごる**（図4）。これは，二酸化炭素が水に溶けてできた炭酸と水酸化カルシウムが反応して，水に溶けにくい白色の固体である**炭酸カルシウム**の小さな粒が無数にできるためである。

図4　二酸化炭素を見分ける方法

TRY!
表現力

二酸化炭素は何という液体がどうなることでほかの気体と見分けることができるか，説明しなさい。

ヒント　砂糖などが燃えたあとに二酸化炭素ができたことを確かめるのに，どのようにしたかを思い出す。

解答例　石灰水に通すと白くにごることで，ほかの気体と見分けることができる。

UNIT

二酸化炭素の発生方法

着目 ▶ 炭酸を含む物質を利用して発生させることができる。

要点

● **おもな発生方法** うすい塩酸を石灰石に加えたり，炭酸水を加熱したりする。
● **身のまわりのものを利用する方法** 貝殻やたまごの殻，重そうに酢を加えたり，発泡入浴剤を湯の中に入れたりする。

① 二酸化炭素のおもな発生方法

Ⓐ 石灰石を用いる方法

白色の固体である**石灰石**は，炭酸カルシウムが主成分である。

図1のように，三角フラスコに白色の固体の**石灰石**を入れ，活せんを開いてろうと管に入れたうすい**塩酸**[*1]を加えると，石灰石が溶けながら泡を出して**二酸化炭素**が発生する。石灰石が十分にあれば，加えるうすい塩酸の量を活せんで調節することで，発生する二酸化炭素の量を調整することができる。

Ⓑ 炭酸水を用いる方法

二酸化炭素は，その水溶液である**炭酸水を加熱する**ことで，とり出すこともできる。ただし，炭酸水は振ったり手であたためたりするだけで二酸化炭素が容易に出てくるので，火などで強くあたためると，二酸化炭素が急激に発生してふきこぼれる危険もある。

*1
うすめた酢酸や硫酸などでもよい。

*2
沸騰石は，小さな穴が多くあいている素焼きのかけら。液体全体が一気に気体になる**突沸**を防ぐはたらきがある。

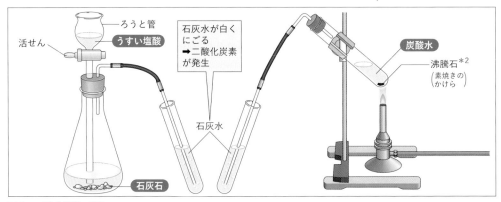

図1 二酸化炭素の発生

2 身のまわりのものを利用する方法

石灰石の主成分と同じ物質を多く含むものや，塩酸のかわりに酸性の水溶液を用いれば二酸化炭素を発生させることができる（図2）。

貝殻や**たまごの殻**をくだいて気体発生装置のフラスコに入れ，ろうと管に入れた酢酸を主成分とする**酢（食酢）**を注ぐと，炭酸カルシウムが酸性の水溶液に溶ける変化が起こって，二酸化炭素が発生する。貝殻やたまごの殻とは主成分が異なるが，**重そう（重曹）**[3]を用いても二酸化炭素が発生する。

発泡入浴剤や**ベーキングパウダー**には，重そうと，水に溶けると酸性を示す物質が混ざっている。**発泡入浴剤**や**ベーキングパウダー**の粉末を40℃ぐらいの湯に入れてかき混ぜると，重そうに酢を加えたときと同じような変化が起こり，二酸化炭素が発生する。

*3
重そうは，炭酸水素ナトリウムの別名である重炭酸ソーダの略称。酸性の食品の発泡やそうじに使われる，白色の粉末である。

発展　炭酸水素ナトリウムの加熱

図3のように，白色の炭酸水素ナトリウムの粉末を試験管に入れて加熱すると，二酸化炭素が発生する。このとき，水蒸気も発生し，あとに炭酸ナトリウムという白い固体が残る。この変化は中学2年で学習する。

*4
試験管の口を少し下げるのは試験管が割れるのを防ぐためである（→p.105）。

卵の殻

貝殻

食酢

図2　二酸化炭素を発生させる身近なもの

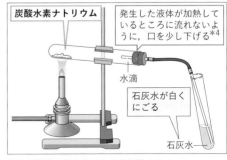

炭酸水素ナトリウム

発生した液体が加熱しているところに流れないように，口を少し下げる[4]

水滴

石灰水が白くにごる

石灰水

図3　炭酸水素ナトリウムを加熱する

TRY! 判断力

二酸化炭素を発生させるには，どのような方法があるか。「石灰石」という語句を用いて説明しなさい。

ヒント　石灰石にどんな液体を加えたのかを思い出す。

解答例　石灰石に（うすい）塩酸を加える。

アンモニアの性質

UNIT 9

着目 ▶ 水によく溶け空気より密度が小さいため上方置換法で集め，特有の刺激臭がある。

要点

● **一般的な性質** 色はなく，特有の刺激臭があり，水によく溶け，密度は空気よりも小さい。

● **集め方** 水によく溶けて空気より密度が小さいため，上方置換法で集められる。

● **特徴的な性質** 特有の刺激臭があり，水溶液はアルカリ性。

1 一般的な性質

アンモニアは現在，化学工業でいろいろな物質の原料として広く用いられている気体で，次のような性質がある。

① 色はない。

② 特有の刺激臭があり，においをかいで区別することができる。

③ 20℃の水1cm³には702cm³[*1]と，水に非常によく溶ける。水に溶けたものは**アンモニア水**[*2]とよばれる。

④ 密度は空気より小さく（約6割），密度に差があるので，空気にふれてもすぐには混ざらない。

*1
気体は温度が低いほど水に多く溶ける。

*2
ヘアカラー剤や虫刺され薬の原料などとして利用されている。

表1 アンモニアの性質

色	におい	水への溶け方	空気と比べた密度
なし	特有の刺激臭	非常によく溶ける	0.60

注意 気体のにおいの調べ方

気体のにおいをかぐときには，有害な気体もあるので，鼻を近づけて直接吸い込んではいけない。図1のようにして，においがわかる最小限の量で調べること。

手であおぐようにしてかぐ

図1 においの調べ方

2 集め方

アンモニアは非常に水に溶けやすいため，水上置換法で集めることができない。また，**密度が空気より小さいので，上方置換法**でのみ集めることができる（図2）。

アンモニア

乾いた試験管

図2 アンモニアの集め方

③ 特徴的な性質

アンモニア臭ということばがあるように，アンモニアはその特有のにおいだけで，ほかの気体と区別することができる。

また，アンモニアは非常に水に溶けやすく，アンモニアの水溶液であるアンモニア水は，**弱いアルカリ性**を示すことから図3のような実験ができる。逆さにした丸底フラスコの中をアンモニアで満たしてスポイトで水を入れると，その水に約700倍の体積のアンモニアが溶けるため，フラスコ内の気体が急激に減少して下の水槽から勢いよく水が吸い上げられる。この水にもフラスコ内のアンモニアが溶けるため，水槽の水にフェノールフタレイン溶液を加えておくとフラスコ内に吸い上げられたとたんに無色から赤色に変化し，赤い噴水となる[*3]。

アルカリ性になると緑色から青色に変化するBTB溶液を使って図4のような実験もできる。

*3
アルカリ性の水溶液は無色のフェノールフタレイン溶液を赤色に変える。

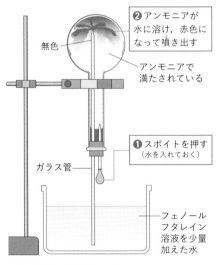

❷アンモニアが水に溶け，赤色になって噴き出す

無色

アンモニアで満たされている

❶スポイトを押す（水を入れておく）

ガラス管

フェノールフタレイン溶液を少量加えた水

図3　アンモニアの噴水実験

フェノールフタレイン溶液はアルカリ性で赤くなる！

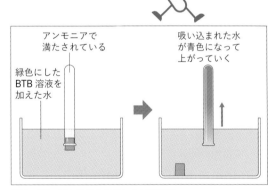

アンモニアで満たされている

緑色にしたBTB溶液を加えた水

吸い込まれた水が青色になって上がっていく

図4　アンモニアが水を吸い上げる実験

TRY! 表現力

試験管に入ったアンモニアのにおいの調べ方を，説明しなさい。

ヒント　気体のにおいを調べるときは大量に吸い込まないようにしなければならない。

解答例　手に持った試験管の口付近を，もう一方の手であおぐようにしてにおいをかぐ。

UNIT 10 アンモニアの発生方法

着目 アンモニア水やアンモニアを含む物質を利用して発生させることができる。

要点
- **アンモニア水を用いた発生方法** アンモニア水を加熱する。
- **塩化アンモニウムを用いた発生方法** 塩化アンモニウムと水酸化カルシウムの混合物を加熱する。または，塩化アンモニウムに水酸化ナトリウムを加え，さらに水を加える。

1 アンモニア水を用いた発生方法

アンモニアは，その水溶液である**アンモニア水**[*1]を**加熱**することでもっとも簡単にとり出される。

アンモニアは，アンモニア水を振ったり手であたためたりするだけでは出てこないほど水に溶けやすいため，アンモニア水を図1のように加熱しても急激に発生してふきこぼれることはない。

アンモニアを集めた試験管の口付近に，水で湿らせた赤色リトマス紙を近づけると，青色に変化する。

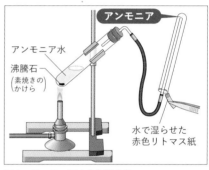

図1　アンモニア水を加熱する

*1
アンモニア水は，水酸化アンモニウムとよばれることもある。

2 塩化アンモニウムを用いた発生方法

A 水酸化カルシウムを用いた方法

化学肥料の原料となる白色の**塩化アンモニウム**と，**水酸化カルシウム**を混ぜ合わせたものを，図2のように**加熱**すると，**アンモニア**が発生して白色の固体が残る。

B 水酸化ナトリウムを用いた方法

図3のように，試験管に入れた**塩化アンモニウム**に混ぜないように**水酸化ナトリウム**を加え，さらに少量の**水**を加えると，**アンモニア**が発生する。

水酸化ナトリウムに少量の水を加えた部分は，水酸化ナトリウムの濃い水溶液になっているので，水酸化ナトリウムと塩化アンモニウムが接しているところで発生したアンモニアは，水に溶けずに上に出てくる。

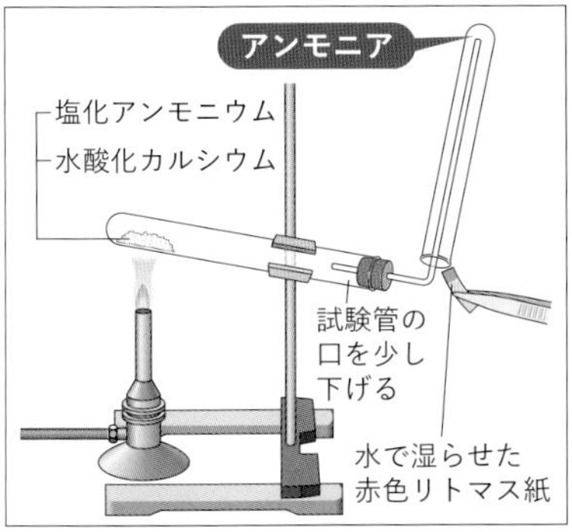

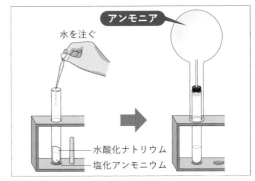

図2 塩化アンモニウムと水酸化カルシウム
を加熱する

図3 塩化アンモニウムと水酸化ナトリウムに水を加える

:::注意::: 試験管の口を下げる理由

　図2のように固体を熱するとき，試験管の口は少し下げておく。これは，発生した水が試験管の底のほうに流れて試験管が割れるのを防ぐためである。

3 炭酸アンモニウムを用いた発生方法

　図4のように，白色の炭酸(たんさん)アンモニウムの粉末を試験管に入れて**加熱**すると，二酸化炭素と**アンモニア**が発生して，あとに何も残らない。

　水酸化ナトリウム水溶液にはアンモニアは溶けない。一方，二酸化炭素は溶けて炭酸ナトリウムに変化することで水酸化ナトリウム水溶液によってとり除かれることになる。

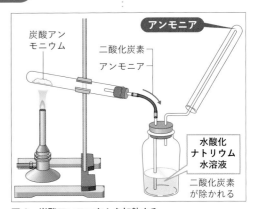

図4 炭酸アンモニウムを加熱する

:::TRY! 表現力:::

塩化アンモニウムと水酸化カルシウムを用いてアンモニアを発生させるとき，2つの物質にどのような操作を行って発生させるか。説明しなさい。

(ヒント) 混ぜるのか混ぜないのか，加熱するのか水を加えるのかを説明する。

(解答例) 混ぜ合わせて試験管に入れ，試験管の口を少し下げて試験管の底を加熱する。

水素の性質と発生方法

UNIT 11

着目 ▶ 水に溶けにくく密度が小さい。空気中で火をつけると音を立てて燃える。

要点

- **性質と集め方** 色もにおいもなく，水に溶けにくいため水上置換法で集める。密度は最小の気体。
- **特徴的な性質** 可燃性があり，空気と混ぜて火をつけると爆発して水ができる。
- **おもな発生方法** 鉄や亜鉛などの金属に，うすい塩酸を加える。

1 一般的な性質

水素は燃料電池やロケットの燃料などとして使われている。

水素には，次のような性質がある。

① 色はない。

② においはなく，においで区別することはできない。

③ **水に溶けにくい。**[*1]

④ **密度は物質のなかでもっとも小さい。**

⑤ **非常に燃えやすい。**

*1
20℃の水 1 cm^3 に水素は0.018 cm^3 溶け，温度が低いほど多く溶ける。

表1 水素の性質

色	におい	水への溶け方	空気と比べた密度 (空気 = 1.00)
なし	なし	溶けにくい	0.07

参考 もっとも密度の小さい気体・水素

水素は空気を 1 としたときの密度が 0.07 と非常に小さく，水素で風船やシャボン玉をふくらませると図1のようによく浮き上がるため，かつては飛行船に用いられていた。しかし，1937年にドイツのヒンデンブルク号が爆発する大事故が起こり，飛行船自体があまり使われなくなった。現在使われている飛行船には，燃えにくい**ヘリウム**が使われている。

2 水素の集め方

水素は水に溶けにくいので，**水上置換法で集める。** 水素はもっとも密度の小さい気体であるが，空気中にもれると爆発の危険があるため，とくに火のとり扱いには注意する。

図1 水素のシャボン玉

③ 特徴的な性質

　水素を助燃性のある酸素を含む**空気と混ぜて火をつけると，音を立てて爆発して燃え（可燃性）**，水ができる。

　図2のように，**水素を満たした試験管などの口を上にして開き，マッチの火を近づけて点火する**実験が，水素を判別する実験として，よく用いられる。

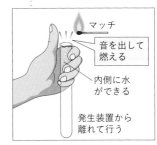

図2　水素の特徴を示す実験

 参考　**気体の可燃性と爆発**

　密度が空気より小さく可燃性のある気体には水素のほかにメタンなどがあるが，図2と同じようにマッチの火を近づけても爆発はしない。

④ 亜鉛や鉄などの金属を用いた発生方法

　水素は，図3のように，試験管に入れた**亜鉛や鉄，マグネシウム**などの金属にうすい**塩酸**[*2]を加え，ガラス管つきゴムせんで密閉して発生させる。空気との混合気体に火をつけると爆発する危険があるため，試験管に少量集めるようにする。

*2
銅や銀などは酸性の水溶液に溶けない金属のため，水素を発生する材料としては使えない。

水素

うすい塩酸のかわりにうすい硫酸を用いてもよい
濃い硫酸は水素が発生しない変化が起こる場合があるので用いない

うすい塩酸

亜鉛

水

図3　水素の発生方法

水素は激しく燃えるから，とり扱いには要注意！

TRY!
表現力

集めた気体が，水素であることを確かめるための方法を簡単に説明しなさい。

ヒント　水素は，可燃性の非常に高い気体である。

解答例　試験管の口にマッチの火を近づけたとき，音を立てて（爆発して）燃えれば，水素であるといえる。

UNIT

12 塩素・塩化水素・二酸化硫黄

着目 塩素・塩化水素・二酸化硫黄は水に溶けて酸性を示す気体で，刺激臭がある。

要点
- **塩素** 黄緑色で特有の刺激臭があり，水に溶けると漂白・殺菌作用があり，水溶液は酸性を示す。
- **塩化水素** 無色で特有の刺激臭があり，水に非常に溶けやすい。水溶液の塩酸は強い酸性を示す。
- **二酸化硫黄** 無色で特有の刺激臭があり，水によく溶けて水溶液は弱い酸性を示す。

1 塩素

身近で**塩素**といえば，「混ぜるな危険！」といわれている塩素系漂白剤と酸性タイプの洗剤が混ざったときに発生する**有毒**な気体である。

塩素の性質をまとめると次のようになる。

① 色は**黄緑色**である(図1)。

② **特有な刺激臭***1があり，**有毒**。

③ 水に溶けやすく，水溶液は**酸性**を示す。

④ **漂白**や**殺菌**に利用される。

⑤ 密度は空気よりも大きい(空気を1としたとき約2.5)。

2 塩化水素

小学校から用いてきた**塩酸**は，**塩化水素**が水に溶けた水溶液である。したがって，塩酸のにおいは，水溶液から気体となって出てきた塩化水素のにおいである。

塩化水素には，次のような性質がある。

① 色はない。

② **特有な刺激臭**があり，**有毒**。

③ 水に非常に溶けやすく，*2水に溶けた塩酸は強い**酸性**を示す。学校の実験でもよく用いられる。

④ 密度は空気よりも大きい(空気を1としたとき約1.3)。

図1 塩素の色

*1
塩素系漂白剤やプールのにおいは，塩素そのものではなく塩素が水に溶けてできる**次亜塩素酸**という物質のにおいである。

*2
濃い塩酸の入ったびんのふたを開けると，塩化水素が多く空気中に広がり，空気中の水蒸気を集めて溶けて塩酸の小さい粒が多数でき，白煙が生じる。

③ 二酸化硫黄

二酸化硫黄は，硫黄を含む石油や石炭が燃えたときに発生する**有毒**な気体で，大気汚染や酸性雨のおもな原因となる。また，火山の噴火（図2）で噴出される火山ガス（→ p.233）に，水蒸気や二酸化炭素の次に多く含まれ，非常に離れた場所でもそのにおいを感じることができる。

二酸化硫黄には，次のような性質がある。

① 色はない。

② **特有な刺激臭**[*3]があり，**有毒**。

③ 水によく溶け，水に溶けたもの[*4]は弱い**酸性**を示し，**漂白**や**抗菌・酸化防止**に利用される。

④ 密度は空気よりも大きい（空気を1としたとき約2.2）。

*3
花火に用いられる黒色火薬にも硫黄が含まれている。線香花火に火をつけたときのにおいが二酸化硫黄のにおいである。

*4
亜硫酸という。この水溶液名から，二酸化硫黄は亜硫酸ガスとよばれることもある。亜硫酸は水溶液中にわずかに溶けた酸素と反応し，硫酸が生じる。

図2 火山の噴火と噴煙

図3 二酸化硫黄の漂白作用
赤色のバラが白く漂白されている。

 参考 **酸性雨**

ふつうに降ってくる雨は弱い酸性[*5]だが，二酸化硫黄が溶け込んだ**硫酸**に変化すると，強い酸性に変化する。

工場からの排出ガスには，二酸化硫黄などの**硫黄酸化物**や，**窒素酸化物**とよばれる物質が含まれている。これらが雨に溶け込むと，雨が強い酸性を示す**酸性雨**に変わり，森林などに悪影響をあたえるようになる。

*5
おもに空気中の二酸化炭素が溶け込んでいるため。

 TRY! 表現力

塩素，塩化水素，二酸化硫黄の性質を調べるときに絶対に行ってはいけないことは何か。理由と合わせて答えなさい。

ヒント どれも有毒な気体なので，事故が起こらないように，実験を行う必要がある。

解答例 いずれも有毒な気体であるため，直接吸い込んでにおいをかいで調べるのは危険なため絶対に行ってはいけない。

UNIT
13 気体の性質と見分け方

着目 ▶ 集め方でしぼり込み，判別法のあるもの以外は性質の組み合わせで判断する。

要点
- **集め方でわかる性質** 水に溶けやすいかどうか，空気と比べた密度の大小がわかる。
- **判別法のある気体** 酸素，二酸化炭素，水素は判別するための実験方法がある。
- **BTB溶液を用いた実験** 水への溶けやすさと水溶液が酸性かアルカリ性かを調べる。

1 集め方でわかる性質

　正しい方法で容器に集められた気体があったとき，その集め方がわかればその気体の性質を推定することができる(図1)。
　水上置換法で集められた気体[*1]なら，酸素や水素のように水に溶けにくい気体であることがわかる。
　上方置換法で集められた気体なら，アンモニアのように水に溶けやすく，密度が空気より小さい気体であることがわかる。
　下方置換法で集められた気体なら，塩素・塩化水素・二酸化硫黄のように水に溶けやすく，密度が空気より大きい気体であることがわかる。

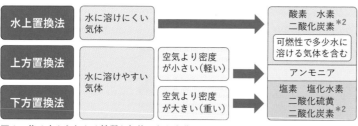

図1　集め方からわかる性質と気体のなかま分け

*1
窒素も水に溶けにくいので，水上置換法で集めることのできる気体である。

*2
二酸化炭素は密度が空気より大きく，水に少ししか溶けないので，下方置換法でも水上置換法でも集められる。

2 特徴的な性質のある気体の見分け方

A 酸素

　酸素は，ものを燃やすはたらき(助燃性)があるかを確かめる。
　酸素であれば，気体を満たした試験管の中に火のついた線香を入れると，**線香が炎を上げて激しく燃える**(図2❶)。

Ⓑ 二酸化炭素

二酸化炭素を確かめる試薬は**石灰水**である。

二酸化炭素であれば，気体を満たした試験管に石灰水を入れて振ると，石灰水が**白くにごる**（図2❷）。

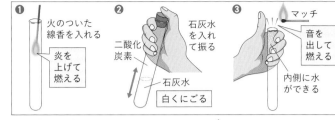

図2 気体の確認法

Ⓒ 水素

水素は，特徴のある爆発のしかたをする**可燃性**を確かめる。

水素であれば，気体を満たして上に向けて開いた容器の口に火のついたマッチを近づけると，**気体が音を出して燃える**（図2❸）。

③ BTB溶液を用いた実験

水への溶けやすさの程度や，水に溶けて酸性・アルカリ性のどちらを示すかを手がかりに判別できることがある。

緑色に調整したBTB溶液の中に気体を満たした試験管の口を入れてせんをはずすと，**水に溶けやすい気体ほど試験管の底のほうまでBTB溶液が吸い込まれる**（図3）。

二酸化炭素のように水に溶けて**酸性**を示す気体なら**黄色**に変化し，アンモニアのように水に溶けて**アルカリ性**を示す気体なら**青色**に変化する。

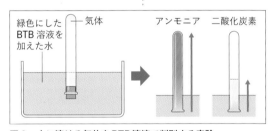

図3 水に溶ける気体をBTB溶液で判別する実験

TRY! 表現力

試験管に入っている無色の気体に火のついた線香を入れると，線香が炎を上げて燃えた。この気体は，何であるといえるか。理由と合わせて説明しなさい。

ヒント 空気中よりも燃え方が激しくなっているかどうかで，助燃性のある気体を確かめることができる。

解答例 ものを燃やすはたらき（助燃性）が空気中より強くなっていることから，酸素であるといえる。

実験器具の使い方①

上皿てんびんと電子てんびんの使い方

● 上皿てんびんの使い方

① 上皿てんびんを，振動の少ない水平な台の上に置き，うでの番号にあった**皿**をのせる。

② うでの**調節ねじ**を回して，**指針**が目盛りの中央で**左右に同じに振れるようにする。**

③ 左の皿（左利きの場合は右の皿）にはかりたいものをのせて，右の皿に質量が少し大きそうな**分銅**をのせ，つり合うように分銅を変えていく。分銅のほうが軽くなったら，小さい分銅を加えてつり合うように調整していく。粉末の物質をはかるときは，②のあとで両方の皿に**薬包紙**をのせる。

④ 使い終わったら，皿を片方のうでに重ねておく。

● 電子てんびんの使い方

① 電子てんびんを，振動の少ない水平な台の上に置く。

② 電源を入れ，表示が0になっているのを確認する。

③ はかるものを静かにのせ，表示された数字を読む。粉末の物質をはかるときは，②で薬包紙をのせ，**リセットスイッチ**を押し，表示された数字を0にする。

注意 電子てんびんが示す値は，はかるものにはたらく重力によるものなので，同じものをはかっても場所によってわずかに値が異なることになる。そのため，同じ質量のものに対しては必ず同じ値を示すよう，電源を入れたときやリセットボタンを押したときに機器の中に入れてある分銅を使って調整（補正，校正）を行うものもある。

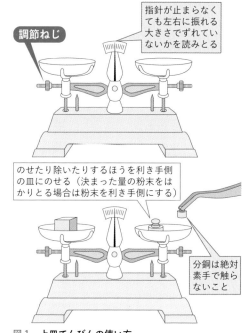

調節ねじ

指針が止まらなくても左右に振れる大きさでずれていないかを読みとる

のせたり除いたりするほうを利き手側の皿にのせる（決まった量の粉末をはかりとる場合は粉末を利き手側にする）

分銅は絶対素手で触らないこと

図1　上皿てんびんの使い方

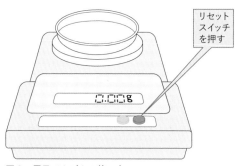

リセットスイッチを押す

図2　電子てんびんの使い方

ガスバーナーの使い方

● **ガスバーナーのしくみ**

　ガスバーナーは右の図のような
しくみになっている。下のほうに
ある**ガス調節ねじ**を回すと，ガス
の量を調節することができる。上
にある**空気調節ねじ**を回すと，空
気の量を調節することができる。

● **火のつけ方**

① ガスもれによる事故を防ぐため，
必ずガス調節ねじと空気調節
ねじが閉まっていることを確
認する。

② ガスの**元せん**を開く。**コック**
つきの場合はコックも開く。

③ マッチまたはガスマッチに火
をつけ，ガス調節ねじ（下のね
じ）を少しずつ開きながら点火
する。

● **炎の調節**

① ガス調節ねじをさらに開いて，
炎を適当な大きさに調節する。

② ガス調節ねじを押さえて，空
気調節ねじ（上のねじ）だけを
少しずつ開き，**安定した青色
の炎にする。**

● **火の消し方**

① ガス調節ねじを押さえて，空
気調節ねじを閉める。

② ガス調節ねじを閉めて火を消す。
コックつきの場合はコックも
閉める。

③ 元せんを閉める。

●ガスバーナー
　のしくみ

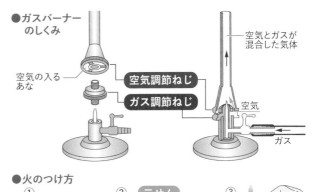

空気の入る
あな

空気調節ねじ

ガス調節ねじ

空気とガスが
混合した気体

空気

ガス

●火のつけ方

① ② 元せん ③

閉まって
いるか確
認

ガス調
節ねじ

●炎の調節

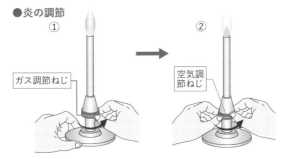

① ②

ガス調節ねじ 空気調
節ねじ

●火の消し方

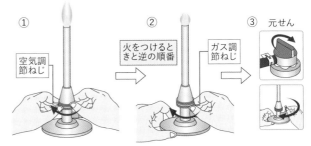

① ② ③ 元せん

空気調
節ねじ

火をつけると
きと逆の順番

ガス調
節ねじ

図3　ガスバーナーの使い方

定期テスト対策問題

解答 → 別冊 p.4

問 1 身のまわりの物質とその性質

身のまわりの物質とその性質について，次の問いに答えなさい。

(1) 加熱したときに，燃えて，二酸化炭素が発生する物質を何というか。

(2) (1)のような物質を，次の**ア〜オ**から2つ選べ。

　　ア 砂糖　　**イ** ガラス　　**ウ** 鉄　　**エ** 紙　　**オ** 食塩

(3) ある金属の小さなかたまりの質量を上皿てんびんではかったところ，54.0gであった。次に，この金属のかたまりを水の入ったメスシリンダーの中に入れたところ，水面の位置がメスシリンダーの目盛りで20.0cm³ぶん上がった。この金属の密度は何g/cm³か。

問 2 二酸化炭素の発生と性質

二酸化炭素を発生させるために，右の図のような装置をつくった。これについて，次の問いに答えなさい。

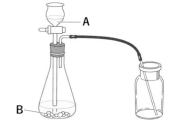

(1) 右の図で，**A**の液体と**B**の固体は何か。代表的なものを答えよ。

(2) 図のような二酸化炭素の集め方を何というか。

(3) 二酸化炭素の性質を書いた次の文の{ }の中の正しいものをそれぞれ選び，記号で答えよ。

　　二酸化炭素は，水に①{**ア** まったく溶けず　　**イ** 少し溶け　　**ウ** 非常によく溶け}，その水溶液は②{**ア** 酸性　　**イ** 中性　　**ウ** アルカリ性}を示す。また，石灰水に溶けると，石灰水が③{**ア** 白く　　**イ** 黒く}にごる。

問 3 酸素の発生と性質

酸素を発生させるために，右の図のような装置をつくった。これについて，次の問いに答えなさい。

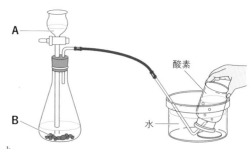

(1) 右の図で，**A**の液体と**B**の固体は何か。代表的なものを答えよ。

(2) 図のような酸素の集め方を何というか。

(3) 酸素の性質を書いた次の文の{ }の中の正しいものをそれぞれ選び，記号で答えよ。

　　酸素には，物を燃やすはたらきが①{**ア** ある　　**イ** ない}。また，酸素は，②{**ア** 燃える　　**イ** 燃えない}気体である。

問 4 水素の発生と性質

水素の発生方法と性質について，次の問いに答えなさい。

(1) 2つの物質を合わせたとき水素が発生するものを，次の**ア〜エ**から1つ選べ。

ア 過酸化水素水と二酸化マンガン　　　**イ** うすい塩酸と石灰石

ウ アンモニア水と鉄　　　　　　　　**エ** うすい塩酸と亜鉛

(2) 水素の性質を書いた次の文の { } の中の正しいものをそれぞれ選び，記号で答えよ。また，□□□にあてはまる物質名を答えよ。

水素は①{**ア** 無色の　**イ** 色のついている} 気体であり，においが②{**ア** ある　**イ** ない}。また，気体のなかでいちばん密度が③{**ア** 高く　**イ** 低く}，水に溶け④{**ア** やすい　**イ** にくい}。そのため，⑤{**ア** 上方置換法　**イ** 下方置換法　**ウ** 水上置換法} で集める。水素は酸素が混ざった状態で火にふれると，⑥{**ア** 激しく爆発して　**イ** 静かに} 燃え，□⑦□ができる。

問 5 アンモニアの発生と性質

アンモニアの性質を調べるために，図1のような装置をつくり，発生したアンモニアを図2のフラスコに入れて実験を行った。

(1) 図1の試験管**A**には，塩化アンモニウムとある物質を混ぜ合わせたものが入っている。塩化アンモニウムと混ぜ合わせた物質とは何か。次の**ア〜エ**から1つ選べ。

ア うすい塩酸　　　**イ** 石灰石

ウ 二酸化マンガン　**エ** 水酸化カルシウム

(2) 右の図1のような気体の集め方を何というか。

(3) この実験では，図1のように試験管**A**の口の部分を少し下げて加熱する。その理由を，次の**ア〜ウ**から1つ選べ。

ア 混合物の一部を熱するため。

イ 純粋な気体を得るため。

ウ 試験管**A**が割れるのを防ぐため。

(4) 右の図2のように，水でぬらしたろ紙をつけたガラス管をゴムせんにさしてふたをし，ガラス管にゴム管をつなぎ，ピンチコックでゴム管をとめたあと，ガラス管をフェノールフタレイン液を加えた水につけた。このあと，ピンチコックをはずすと，フラスコ内でどのような変化が見られるか。

(5) (4)のようになるのはなぜか。その理由を簡単に説明せよ。

(6) アンモニアは，空気中にほとんど含まれていない。空気中にもっとも多く含まれている気体は何か。

図1

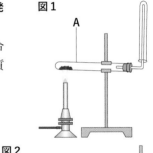

A

図2

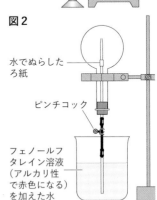

水でぬらしたろ紙

ピンチコック

フェノールフタレイン溶液（アルカリ性で赤色になる）を加えた水

もの溶け方と水溶液

着目 溶質が溶媒に均一に溶けている溶液は透明で濃さが均一，溶質は沈まない。

要点
- **物質が水に溶けるようす** 溶質の粒の間に水の粒子が入り込み，粒子を均一へと広げる。
- **溶液に共通する性質** どれも無色とは限らないが透明で，濃さが均一，溶質は沈まない。
- **水溶液** 溶質には固体に限らず，液体や気体のものもある。

1 水溶液

A 溶液と溶媒・溶質

食塩水は水に食塩が溶けた液体である。このように溶液は液体に別の物質が溶けたものである。食塩のように**溶けているほうの物質**を溶質といい，水のように食塩を**溶かしている液体**を溶媒という（図1）。溶媒が水である溶液を，とくに水溶液という。

1種類の物質からできている物質を**純粋な物質（純物質）**といい，2種類以上の物質が混じり合った物質を**混合物**という。

溶液は，溶質と溶媒が一様に混ざった**混合物**である。たとえば，食塩水は，塩化ナトリウムと水の混合物といえる。

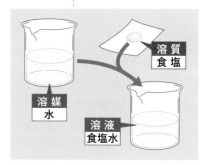

図1 溶質・溶媒・溶液

B 溶液のなりたち

物質が液体に溶ける溶解は，図2のように，溶質をつくる**粒子**[*1]の間に，溶媒の粒子が入り込み，溶質の粒子を1つ1つばらばらにしていくことで起こる。引き離された溶質の粒子は，溶媒によって均一に広げられ続けるため，溶媒よりも密度が大きい物質でも沈むことはない。

*1
すべての物質は，ふつうの顕微鏡では見えない小さな粒が集まってできている。くわしくは中学2年で学習する。

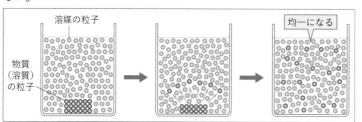

図2 **物質（溶質）が液体（溶媒）に溶けるしくみ**

② 溶液に共通する性質

溶液は，次にあげる３つの性質すべてをもっている。どれか１つでもあてはまらなければ，溶液とはいえない。

① 色はあってもなくても**透明**で，溶質の粒子は目に見えない。
② 溶質を溶媒に加えてしばらくすると，どの部分も**均一な濃さ**になる。
③ 時間がたっても，溶質が沈んで再び出てくることはない。

泥水は不透明で，静置しておくとやがて泥の粒が沈むので水溶液ではない。牛乳や墨汁は，濃さが均一で，[*2]時間がたっても白い成分や黒い成分が沈んでくることはないが，不透明であるため水溶液ではない。これは，含まれているものが水溶液の溶質の粒子より大きいためで，遠心分離機[*3]で水と牛乳や墨汁の粒とを分けることができる。

③ いろいろな水溶液

水溶液には無色のものだけでなく，色のついたものもある(図3)。また，表1のように，溶質が，固体だけではなく，液体や気体の水溶液もある。水と溶質の混合物であるそれぞれの**水溶液の特徴となる性質は，溶質によって決まる。**

*2
しぼりたての牛乳はしばらく静置しておくと脂肪分が浮かんでクリーム状の層をつくる。市販の牛乳の多くは脂肪の粒子を細かくして均一化し，分離しないようにする加工が行われている。

*3
遠心分離機は液体を高速で回転させて大きな遠心力を起こし，それによって粒子を分離させる装置である。

図3 硫酸銅水溶液

表1 いろいろな水溶液とその溶質

	溶質	水溶液	特徴となる性質
固体	塩化ナトリウム(食塩)	食塩水	しょっぱい味がする
	ショ糖(砂糖)	砂糖水	あまい味がする
	硫酸銅	硫酸銅水溶液	青色
液体	過酸化水素	過酸化水素水(オキシドール)	傷につけると酸素が発生する
	酢酸	酢酸水溶液(食酢)	酸性　酸っぱい味がする
気体	二酸化炭素	炭酸水	酸性　容易に発泡する
	塩化水素	塩酸	酸性　金属を溶かして水素を生じる
	アンモニア	アンモニア水	アルカリ性

TRY!
思考力

液体であるエタノールと水を混ぜたものは水溶液といえるか，簡単に説明しなさい。

ヒント　溶質が液体や固体の水溶液もある。水溶液である液体はすべて透明である。

解答例　透明な液体で，時間をおいてもエタノールと水に分離しないので水溶液といえる。

一定量の水に溶ける固体の量

> (着目) 固体が水に飽和する量は水の量に比例し, 固体の種類ごとに決まっている。

(要点)
- **物質が水に溶ける量** 一定量の水に物質が溶ける量が限度に達した状態を飽和という。
- **水の量と飽和する量** 水に溶ける限度の量は, 水の量に比例する。
- **固体の種類と飽和する量** 固体の種類によって飽和する量は異なる。

1 物質が水に溶ける量

　食塩(塩化ナトリウム)を決まった量の水に溶かすとき, 図1のように, 食塩の量が少ないと全部溶けるが, 食塩の量をふやしていくとやがて溶け残りができる。溶け残りができたとき, 食塩は水に限度の量まで溶けて飽和しているという。

　このことは食塩だけでなく, ほかの物質についてもいえる。つまり, 水の量が決まっている場合, 物質の溶ける量には限度がある。

　溶け残りを図2のようにろ紙でろ過してとり除いたろ液は, 食塩で飽和している水溶液で, このような水溶液を飽和水溶液という。

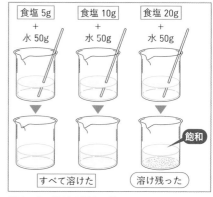

図1 **水に溶ける限度の量**

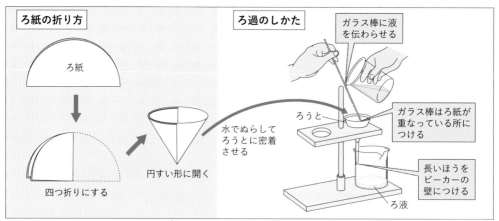

図2 **ろ過のしかた**(くわしくはp.129で扱う)

② 水の量と飽和する量

図3のように，ビーカーに入れた水50gと水100gを用意し，同じ温度で，それぞれ食塩を飽和するまで加えて飽和水溶液をつくった。このとき，水50gには17.9gの食塩が溶けたのに対して水100gには35.8gと，2倍の量の食塩が溶けた。

水の量を3倍，4倍にしても同じように，溶ける食塩の量も3倍，4倍となる。すなわち，**ある物質を，水に飽和するまで溶かすことができる質量は，温度が同じなら水の量**[*1]**に比例する。**

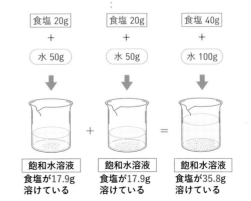

図3　水の量と飽和する溶質の質量

*1
水の密度は一定なのでこの量は質量でも体積でもよい。

③ 固体の種類と飽和する量

図4のように，同じ温度の一定量の水に，同じ質量の食塩，ミョウバン，ホウ酸の3種類の物質をそれぞれ加えてよくかき混ぜると，溶け残る量はホウ酸がもっとも多く，食塩がもっとも少なかった。溶け残っている量が少ないほど，飽和水溶液に溶けている質量が大きいといえるので同じ量の水に溶ける質量は食塩が多く，ホウ酸は少ないことがわかる。

このように，**一定量の水に飽和する質量は，物質の種類によって異なっている。**

溶け残りの量

| 食 塩 | ＜ | ミョウバン | ＜ | ホウ酸 |

飽和している物質の質量の大小関係

| 食 塩 | ＞ | ミョウバン | ＞ | ホウ酸 |

図4　溶質の種類と飽和する質量

---

2 章 身のまわりの物質

TRY!
判断力

ミョウバンが水100gに対して溶ける限度の量が何gかを調べるには，どのような実験を行えばよいか。

ヒント　溶け残りがあるときは，飽和しているといえる。

解答例　水に溶け残りができるまでミョウバンを少しずつ加えて飽和水溶液をつくり，加えたミョウバンの質量から溶け残ったミョウバンの質量を引けばよい。

溶解度と溶解度曲線

着目 ▶ 固体の溶解度は水の温度が高くなるほど大きくなるものが多い。

要点
- **溶解度** 溶解度は，水100gに溶ける限度の質量。
- **水の温度と溶解度** 固体の物質の多くは，水の温度が高くなるほど溶解度が大きくなる。
- **溶解度曲線** 溶解度曲線の傾きが大きいほど，水の温度変化による溶解度の変化が大きい。

1 溶解度

　一定量の水に飽和している物質の質量の大きさを溶解度という。固体の物質ではふつう，**水100gに溶ける質量**[*1]で表される。

　溶解度は，ある温度の**飽和水溶液**で，**水100gあたりに溶けている物質の質量**を表していることになる。溶解度は，表1のように，物質の種類によって異なる決まった値になる。

表1 水の温度が20℃のときの溶解度（水100gに溶ける質量）

ホウ酸	ミョウバン[*2]	塩化ナトリウム（食塩）
5.0g	11.4g	37.8g

*1
気体の溶解度は，水1cm³に溶けている体積（cm³）で表すことが多い。

*2
ミョウバンにはいろいろなものがある。表1では，カリウムミョウバンの焼いていない結晶での質量で示してある。

2 水の温度と溶解度

　溶解度は，水の温度によって変化する。**固体の物質の多くは，水の温度が高くなるほど，溶解度が大きくなる。**[*3]表2のように，ホウ酸は20℃から60℃に温度を上げると溶解度が約5gから約15gと約3倍にも大きくなるが，塩化ナトリウムは約1.2g大きくなるだけである。このように，水の温度のちがいによる溶解度の変わり方も物質によって大きく異なる。

*3
水酸化カルシウムのように，水の温度が高くなるほど溶解度が小さくなる物質もある。

表2 水の温度と溶解度（水100gに溶ける質量）

物質＼水の温度	0℃	20℃	40℃	60℃	80℃	100℃
ホウ酸〔g〕	2.7	5.0	8.7	14.8	23.6	40.3
ミョウバン〔g〕	5.7	11.4	23.8	57.4	321.6	—
塩化ナトリウム（食塩）〔g〕	37.6	37.8	38.3	39.0	40.0	41.1

なお，炭酸水や塩酸などのように気体が水に溶ける場合には，一般に，固体とは逆に水の温度が高くなるほど溶解度が小さくなる。

③ 溶解度曲線

A 溶解度曲線

水の温度と溶解度の関係は，**横軸に水の温度を，縦軸に100gの水に溶ける物質の質量をとったグラフで表す**ことができる（図1）。このグラフは溶解度曲線とよばれる。

溶解度曲線で，**右上がりの傾きが大きいほど，水の温度による溶解度の増加が大きい**物質である。食塩のように，水の温度が高くなっても溶解度の変化が小さい物質の溶解度曲線は，横軸に対して平行に近い線になる。

B 溶解度曲線の読みとり方

ある温度の水100gに溶かすことができる物質の量を調べたいとき，図2の赤色の矢印のように横軸から上に見ていくとよい。この場合，60℃の水に溶けるホウ酸の量は15gであるとわかる。

ある質量の物質が水100gにすべて溶ける温度が何℃以上のときかを調べたいときは，図2の青色の矢印のように，縦軸から横に見ていくと調べることができる。この場合，30gのホウ酸は，90℃のときに水100gにすべて溶けて飽和することがわかる。

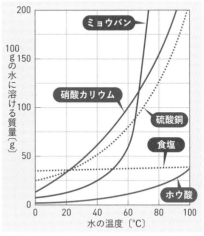

図1　いろいろな固体の物質の溶解度曲線

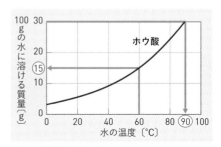

図2　溶解度曲線の使い方

TRY!
表現力

表1より，100gの水に塩化ナトリウムはミョウバンの質量の約3倍溶けることがわかる。このことから塩化ナトリウムはミョウバンより溶解度が大きい物質であるといえるか。

（ヒント）　溶解度曲線の形や傾きの大きさは物質によって異なる。

（解答例）　水の温度が20℃のときは正しいが，温度が高くなったときの溶解度の変化はミョウバンと塩化ナトリウムで異なるため，塩化ナトリウムが必ずミョウバンより溶解度が大きいとはいえない。

UNIT 4 再結晶

着目 ▶ 飽和水溶液の温度や水の量を変えると，溶けていた固体が結晶となって出てくる。

要点

● **水溶液から固体の溶質をとり出す** 飽和水溶液の温度を下げるか，水を蒸発させる。
● **結晶** 再結晶で水溶液から現れる溶質の結晶は，物質によって形や色が決まっている。
● **溶解度曲線と再結晶** 温度による溶解度の差から，再結晶する溶質の質量がわかる。

1 温度の変化と溶け方の変化

Ⓐ 飽和水溶液の温度を上げたとき

図1のように塩化ナトリウム（食塩），ミョウバン，ホウ酸を20℃の水100gにそれぞれ20g加えると，p.120表1の溶解度から，食塩は全部溶けるがミョウバンとホウ酸は溶け残ることがわかる。

溶解度と溶解度曲線（→ p.120）で学習したように温度が上がると固体の溶解度も大きくなるため，水をあたためると図2のように，ミョウバンは約38℃で，ホウ酸は約72℃ですべて溶ける。

Ⓑ 飽和水溶液の温度を下げたとき

これらの，溶質を全部溶かした水溶液をそれぞれもとの20℃に冷やすと，水溶液からミョウバンとホウ酸の固体の粒が再び出てくる。

食塩水は，温度を低くしてもあまり食塩の固体の粒は出てこないが，**水溶液から水を蒸発させていく**と，水溶液から**固体の粒が再び出てくる**。

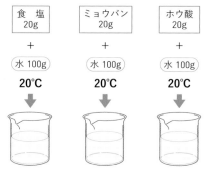

図1 水100gに異なる物質を20g溶かす実験

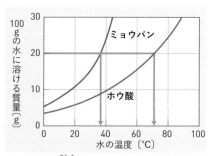

図2 20gで飽和する温度の調べ方

2 結晶と再結晶

水溶液からそれぞれ再び固体となって出てきた溶質の粒は，表1のように，それぞれ**面で囲まれた規則的な形**をしている。このような固体を**結晶**という。結晶はふつう，**1種類の物質**でできた**純粋**な物質がつくる固体で，物質の種類によって**形や色が決まっ**ている。

表1　いろいろな結晶の形と色

食塩	ミョウバン	ホウ酸	硫酸銅
立方体で無色	正八面体で無色	六角形の板状で無色	板状で青色

固体の溶質を水に溶かした水溶液から，溶質を**再び結晶としてとり出す**ことを，**再結晶**という。時間をかけてゆっくり再結晶を行うと，大きい結晶ができる[*1]

＊1
深成岩中で見られる等粒状組織の粒が大きくなるのも同じ理由である（→p.240）。

③　溶解度曲線と再結晶

100gの水に溶質が溶けている水溶液の温度を下げるとき，**溶解度の差**から何℃にすると何gの固体を再結晶によってとり出せるかを次の式で考えることができる。

$$\begin{matrix}\text{再結晶する}\\\text{質量}\end{matrix}=\begin{matrix}\text{水100gに溶}\\\text{けている質量}\end{matrix}-\begin{matrix}\text{下げたあとの}\\\text{温度の溶解度}\end{matrix}$$

100gの水に20gのホウ酸が溶けている80℃の水溶液を60℃まで冷やす。すると，図3より，20－15＝5gのホウ酸が再結晶により出てくる。20℃まで冷やすと5gで飽和するので最初の水溶液から20－5＝15gのホウ酸が再結晶により出てくる。

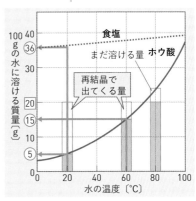

図3　再結晶で出てくる量の考え方と溶解度曲線

TRY! 判断力

水溶液から溶質を再結晶によってとり出したいとき，温度を下げるほかにどのような方法があるか。その方法が向いている溶質の性質と合わせて答えなさい。

(ヒント)　温度を下げても再結晶しにくい物質をとり出す方法を考える。

(解答例)　溶解度曲線の傾きが小さい物質は，水溶液から水を蒸発させる。

UNIT
5
水溶液の濃度

着目 水と溶質，または水溶液と溶質の質量の関係で，水溶液の濃さが決まる。

要点
- **水溶液の質量** 水に溶けても溶質はなくならないので，水と溶質の質量の合計が水溶液の質量。
- **濃い水溶液** 同じ質量の水溶液で比べたときに多くの溶質が溶けている水溶液。
- **水溶液の濃さ（濃度）** 水溶液全体の質量に対する溶質の質量の割合で決まる。

1 水溶液の質量

Ⓐ 水に溶けた溶質の質量

　物質を水に完全に溶かすと，溶けた物質（溶質）は見えなくなる。これは，溶質が目には見えない小さな粒となって，水の中に一様に散らばるからである。一度水に溶かした溶質を**再結晶**（→ p.123）でとり出せることからわかるように，**物質を水に溶かしてもなくなるわけではない。**したがって，水に溶かした物質の**質量**がなくなることはない。

Ⓑ 水溶液の質量

　図1からわかるように，**水溶液の質量は，溶媒である水と溶質の質量の和**となる。ものの溶け方と水溶液（→ p.116）で学んだ粒子のモデルのように，水も溶質も水溶液にする前とあとでそれぞれの粒子もその数も変化しないからである。

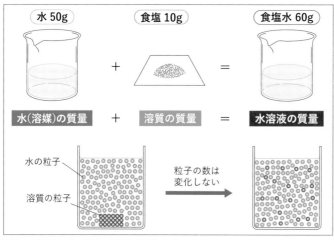

図1　水溶液と水，溶質の質量の関係

見えなくなっても，無くなったわけではないんだね。

② 水溶液の濃さ

100gの食塩水が2つあり，一方には20gの塩化ナトリウムが溶けていて，もう一方の食塩水には10gの塩化ナトリウムが溶けているとき，20g溶けているほうを濃い食塩水という。このように，同じ量で比べたときに多くの溶質が溶けている水溶液を**濃い水溶液**という（図2）。

濃い水溶液とは，水溶液全体の質量に対する溶質の質量の割合が大きい水溶液といえる。 逆に，うすい水溶液とは，水溶液全体の量に対する溶質の量の割合が小さい水溶液のことである。

このように，水溶液の**濃さ**（濃度）は，水溶液全体の量に対する溶質の量の割合で決まる。濃度にはいろいろな表し方があるが，**水溶液全体の質量と溶質の質量との割合**をもとにすることが多い。

中学校で学習する濃度は**質量パーセント濃度**といい，**水溶液の濃度の求め方**（→ p.126）でくわしく学習する。

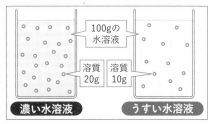

図2　水溶液の濃さ

濃い水溶液 ／ うすい水溶液
100gの水溶液
溶質 20g ／ 溶質 10g

参考　**水溶液の濃さと性質**

濃い食塩水とうすい食塩水では，濃い食塩水のほうがより塩辛く感じる。このように，同じ種類の溶質でできた水溶液どうしを比べると，**濃い水溶液ほどその溶質の性質が強く出る**ことが多い。

たとえば，色のついた水溶液では，その溶質の割合が大きいほど水溶液の色も濃い（図3）。

また，**亜鉛を塩酸に入れて水素を発生させる実験**（→ p.107）では，濃い塩酸に入れたほうがうすい塩酸に入れたときより勢いよく水素が発生する。

図3　硫酸銅水溶液の濃さ

色の濃いほうが濃い硫酸銅水溶液で，水を加えてうすめていくと，色がだんだんうすくなる。

TRY!
思考力

20℃と30℃のミョウバンの飽和水溶液の濃さを比べたとき，どのようなことがいえるか。理由と合わせて説明せよ。

 ヒント　ミョウバンは温度が高くなるほど溶解度が大きくなる。

解答例　30℃の飽和水溶液のほうが，水溶液全体の質量に対する溶質の質量の割合が大きいので，30℃の飽和水溶液のほうが濃い。

6 水溶液の濃度の求め方

着目 ▶ 濃さは水溶液に対する溶質の質量の割合を百分率で表す。

要点
● **質量パーセント濃度** 水溶液の質量に対する溶質の質量の割合を，水溶液100gあたりの溶質の質量(百分率)で表したもの。

● **質量パーセント濃度の計算** 水溶液の質量が100の倍数や約数の場合は計算を簡略化できる。

① 水溶液の濃度の表し方

Ⓐ 濃度を比べる

9gの食塩(塩化ナトリウム)が溶けている60gの食塩水 **A** と，100gの塩化ナトリウムが溶けている500gの食塩水 **B** とではどちらが濃いだろうか。

水溶液の濃さは，水溶液全体の質量に対する溶質の質量の割合で決まる[*1]そのため，食塩水 **A** と食塩水 **B** で比べると，$\dfrac{9g}{60g} = \dfrac{3}{20}$，$\dfrac{100g}{500g} = \dfrac{4}{20}$で，食塩水 **B** のほうが濃いとわかるが，もっとわかりやすく比べる方法はないだろうか。

[*1]
同じ溶質が溶けているとき，水溶液全体に対して溶質の質量が大きいほど濃い溶液といえる。

Ⓑ 質量パーセント濃度

水溶液の濃度の表し方には，いろいろな方法があるが，そのうち，中学校で学習するのは，**質量パーセント濃度**である。質量パーセント濃度というのは，水溶液全体の質量に対する溶質の質量の割合を百分率(パーセント，記号で%)[*2]で表したもので，これを式で表すと，次のようになる。

[*2]
パーセントの「パー」は「〜あたり」，「セント」は100の意味である。

$$質量パーセント濃度 〔\%〕 = \dfrac{溶質の質量〔g〕}{溶液の質量〔g〕} \times 100$$

Ⓒ 濃度を求める公式の変形

水溶液の質量は，水(溶媒)の質量と溶質の質量の和であるから，上の公式は次のように表すこともできる。

$$質量パーセント濃度 〔\%〕 = \dfrac{溶質の質量〔g〕}{溶媒の質量〔g〕 + 溶質の質量〔g〕} \times 100$$

② 質量パーセント濃度の計算

　水溶液の質量が200gや50gなど100の倍数や100の約数の場合は，

**　　水溶液の質量：溶質の質量＝100：求める百分率の値**

と考え，溶質の質量の値を整数でわったりかけたりする計算で求めることができる。たとえば，水溶液の質量が50gのとき，2倍すれば100gになるので溶質の質量〔g〕を2倍して％をつければ水溶液の質量パーセント濃度となる。

　それ以外の場合は質量パーセント濃度を求める式にあてはめて計算するが，割合を求める分数の部分で約分して式を簡単にする。このとき，分母の水溶液の質量が最後にかける100との間で約分できないかを調べることで，簡単に答えを求めることができる場合もある。

質量パーセント濃度の計算

　水溶液の濃度に関する次の問いに答えなさい。

(1) 食塩水200gに食塩が50g溶けているときの質量パーセント濃度は何％か。

(2) 水100gに食塩を25g加えてつくった食塩水の質量パーセント濃度は何％か。

(3) 溶解度が20gであるときの温度の水237gに，ミョウバンを溶けるだけ溶かした。このミョウバンの飽和水溶液の質量パーセント濃度は何％か。小数第2位を四捨五入して求めよ。

解き方

水溶液の質量が100の倍数のときは溶質の質量をその値でわり，100の約数のときは溶質の質量にその値をかける。式を用いるときは，割合を求める分数の部分で約分する。

(1) 200gは100gの2倍であるから，2でわれば100gに溶けている質量になる。

　　$50 \div 2 = 25$　よって，**25%** ⋯⋯⋯⋯答

(2) $\dfrac{25g}{100g + 25g} \times 100 = \dfrac{25}{125} \times 100$

　　　　　　　　　　　$= \dfrac{1}{5} \times 100 = 20$　よって，**20%** ⋯⋯⋯⋯答

　水100gを水溶液100gと読みまちがえないように注意する。

(3) 飽和水溶液の濃度は，水の量に関係なく，100gの水に何g溶けるかで考えればよい。

　　$\dfrac{20g}{100g + 20g} \times 100 = \dfrac{20}{120} \times 100$

　　　　　　　　　　　$= \dfrac{1}{6} \times 100$

　　　　　　　　　　　$= 16\dfrac{2}{3} \rightarrow 16.66\cdots$　よって，**16.7%** ⋯⋯⋯⋯答

実験器具の使い方②

試験管の扱い方

● 持ち方
　親指・人差し指・中指の3本の指で試験管の上部を持つ。

● 薬品の注ぎ方
　試験管を傾け，試薬びんの**ラベルを上にして**注ぐ。このとき，試験管内の液体は$\frac{1}{5}$〜$\frac{1}{4}$までとし，注ぎすぎないようにする。

● 固形の物質の溶かし方
　試験管の上のほうはあまり動かさず，そして上下にゆらさないように，下のほうを振って溶かす。

● 試験管の洗い方
　ブラシで突いて割ってしまわないよう，試験管の下部を人差し指で下から抱えるように持つ。もう一方の手でブラシを持ち，ブラシを上下に動かしてこする。

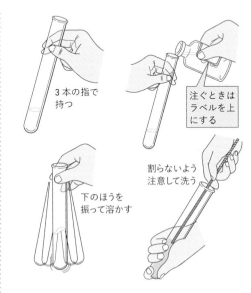

3本の指で持つ

注ぐときはラベルを上にする

下のほうを振って溶かす

割らないよう注意して洗う

図1　**試験管の扱い方**

メスシリンダーの使い方

　水などの液体の体積は，メスシリンダーで次のようにしてはかる。

① 水平な台の上に置き，中の水面が静かになったところで，**目を水面と同じ高さにして**目盛りを読む。

② 目盛りは**水面の中央の平らなところ**で読む。

③ **最小目盛りの$\frac{1}{10}$まで目分量で読む。**水面と目盛りが重なっているときは，8.0のように，0をつける。（図2の場合，37.5cm³）

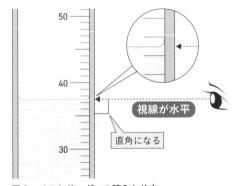

視線が水平

直角になる

図2　**メスシリンダーの読みとり方**

こまごめピペットの使い方

　こまごめピペットは，少量の液体を必要な量だけとるときに使う器具である。

① 小指・薬指・中指でガラス部分の端^{はし}をにぎり（中指はゴム球の口と重なる），人差し指の横と親指でゴム球をはさむように持つ。

② 指でゴム球を押^おして，ピペットの先を液体に入れる。

③ 親指をゆるめて，まず必要量より多めの液体を吸い込む。このとき，ゴム球まで液体を吸い込まないようにする。

④ 親指でゴム球を押して，必要な量に液面を合わせる。

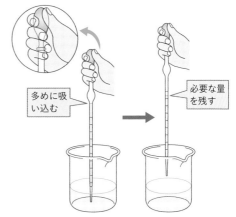

多めに吸い込む

必要な量を残す

図3　こまごめピペットの使い方

ろ過のしかた

　ろ紙^しを使って，液体の中に混じっている固体の粒^{つぶ}をこしとる方法を**ろ過**^かという（→ p.118）。また，ろ紙の目を通りぬけた液体のことを**ろ液**^{えき}という。ろ過では次のことに注意する。

① ビーカーの壁^{かべ}にろうとのあしのとがったほうがつくようにする。これによってろ液がビーカーの壁を伝って静かにたまる。

② ろ紙は四つ折りにして水でぬらし，ろうとにつける。

③ ろ過する液体はろうとのろ紙に直接注ぎ込むのではなく，液体が飛びはねるのを防ぐため，ガラス棒を伝わらせる。**ガラス棒はろ紙が重なり合っているところにつける**こと。

④ ろ過する液体はあふれないよう，注ぐ深さは円すい形の**ろ紙の8割**までとし，入れすぎないように注意する。

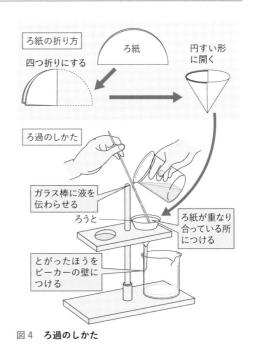

ろ紙の折り方

ろ紙

四つ折りにする

円すい形に開く

ろ過のしかた

ガラス棒に液を伝わらせる

ろうと

ろ紙が重なり合っている所につける

とがったほうをビーカーの壁につける

図4　ろ過のしかた

定期テスト対策問題

解答 → 別冊 p.5

問 1 水溶液の特徴

水溶液の特徴について，次の問いに答えなさい。

(1) 次の**ア〜オ**から，水溶液の特徴を正しく表しているものを2つ選び，記号で答えよ。

ア 溶けている物質は，ろ過によりこしとることができる。

イ 色のついているものもあるが，透明である。

ウ にごっているものもあるが，物質が水の中に均一に散らばっている。

エ しばらく放置しておくと，溶けていた物質が粒となって容器の底に沈む。

オ 液のどの部分をとっても，濃さは同じである。

(2) ビーカーの中の水100gに砂糖10gを入れてガラス棒でかき混ぜ，砂糖をすべて溶かした。その後，そのまま1時間放置した。この砂糖水の中の砂糖の粒のようすを模式的に表したモデル図としてもっとも適当なものを，次の**ア〜エ**から1つ選び，記号で答えよ。ただし，○は砂糖の粒を表しているものとする。

ア	イ	ウ	エ
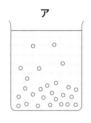	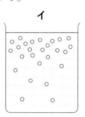	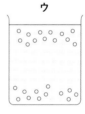	

問 2 水の温度と物質の溶ける量

右の図は，いろいろな温度の水100gに溶ける食塩とミョウバンの限度量（溶解度）を示したものである。この図を見て，次の問いに答えなさい。

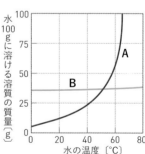

(1) グラフ**A，B**は，食塩，ミョウバンのどちらか。

(2) 水の温度が60℃のとき，**A，B**のどちらが多く溶けるか。

(3) 40℃でつくったそれぞれの飽和水溶液を20℃まで冷やすと，**A，B**のどちらの固体が多く出てくるか。

(4) (3)で，水溶液中に出てきた固体には溶かす前より大きな粒が含まれていて，規則正しい形をしている。これを何というか。

(5) (3)のように，一度溶かした物質を再び(4)としてとり出すことを何というか。

問 3 メスシリンダーの使い方

メスシリンダーの使い方について，次の問いに答えなさい。

(1) メスシリンダーの目盛りを読むときの正しい目の位置を表しているものはどれか。次の**ア**〜
エから1つ選び，記号で答えよ。

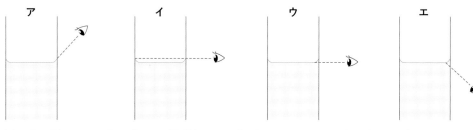

(2) 右の図のメスシリンダーの1目盛りは1cm³である。このメスシリンダー
に入っている液体の体積は何cm³か。

問 4 水溶液の濃度

下の表は，水の温度とホウ酸の溶解度（100gの水に溶ける物質の質量）の関係を示している。こ
れについて，あとの問いに答えなさい。ただし，答えがわり切れない場合は，小数第2位を四捨
五入して，小数第1位まで求めなさい。

温　度　〔℃〕	0	20	40	60	80	100
ホウ酸の溶解度〔g/水100g〕	2.8	4.9	8.9	14.9	23.5	38.0

(1) 20℃の水100gにホウ酸10gを入れてガラス棒でよくかき混ぜたところ，ホウ酸が少し溶け
残った。これ以上ホウ酸を溶かすことができないとすると，このときできたホウ酸の水溶液の
質量パーセント濃度は何%か。

(2) 60℃の水100gにホウ酸10gを入れてガラス棒でよくかき混ぜたところ，ホウ酸はすべて溶
けた。このときできたホウ酸の水溶液の質量パーセント濃度は何%か。

(3) (2)でできたホウ酸の水溶液を冷やして温度を40℃にしたところ，溶けていたホウ酸の一部
が溶けきれなくなって出てきた。このとき，ホウ酸の水溶液の質量パーセント濃度は何%にな
ったか。

(4) (3)の水溶液の温度を再び60℃に上げてホウ酸をすべて溶かし，温度を60℃に保ったまま水
を50g蒸発させたところ，再び溶けていたホウ酸の一部が溶けきれなくなって出てきた。この
とき，ホウ酸の水溶液の質量パーセント濃度は何%になったか。

UNIT

物質の3つの状態

着目 ▶ 物質は，温度によって固体・液体・気体の3つの状態に変化する。

要点
● **物質の3つの状態** 形や体積が変わらない固体，形が変わる液体，形も体積も変わる気体がある。
● **状態変化** 加熱によって固体→液体→気体，冷却によって気体→液体→固体と状態変化する。
　　　　　　　状態によって，物質をつくる粒子の間隔が変化しても，物質の種類は変わらない。

1 物質の3つの状態

　身のまわりの物質には，鉄やガラス，ロウなどのような**固体**のもの（図1），水銀や水，エタノールなどのような**液体**のもの（図2），酸素や窒素のような**気体**のものがある。これら固体・液体・気体は物質の状態を表すだけで，物質の種類を分けるものでない。

　水が気体の**水蒸気**，液体の水，固体の**氷**となるように，金属と非金属，無機物と有機物などの物質の種類に関係なく，すべての物質に，固体・液体・気体の3つの状態がある（図3）。

　固体は，物体として**一定の形があり**，力を加えても**体積は変化しない**。つまり，固体は「かたさ」をもつ状態である。

　液体は，**一定の形はなく**入れる容器に合わせて形が変わるが，注射器に入れてピストンを押して力を加えても**体積は変わらない**。

　気体は，液体と同じように，**一定の形はなく**入れる容器に合わせて形が変わる。いっぽう，液体とちがって，容積の変わる容器に入れて力を加えると，押し縮めることができ，**体積も変えることができる**。

図1　固体の鉄

図2　液体の水

固体

決まった形があり
体積も変化しない

液体

形は容器によって変化するが
体積は変化しない

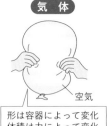

気体

空気

形は容器によって変化
体積は力によって変化

図3　固体・液体・気体のちがい

② 状態変化

　水が水蒸気や氷に変化するように，物質の状態は，温度によって変化する。物質の**状態が，温度によって，固体⇄液体⇄気体と*¹変化することを，状態変化**という。**固体，液体，気体**の状態のちがいで，物質をつくっている粒子の間隔や運動のようすがちがう。

　固体の粒子はすき間なく並んでいるため，決まった形があり，力を加えても体積は変化しない。

　固体を加熱すると，粒子が比較的自由に動くようになり，粒子の間隔は広くなる。これが液体の状態である。

　液体を加熱していくと，粒子の運動がさらに自由になり，粒子は自由に飛び回るようになる。これが気体の状態である。

　冷却によって温度が低くなると，粒子の運動が小さくなって逆の変化が起こり，**気体→液体→固体**と状態変化が起こる(図4)。

　状態変化によって，物質をつくる粒子自体は変化せず，その数も変化しないから，**物質の種類や質量が変化することはない。**

　水は，例外的に液体のほうが固体(氷)より粒子の間隔がせまく，体積が小さい。

*1
二酸化炭素は，液体の状態になることなく，固体⇄気体と状態変化する。また，衣類の防虫剤として使われる**ナフタレン**も，固体から気体に直接変化する。

2章　身のまわりの物質

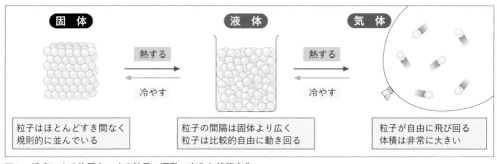

固 体	液 体	気 体
熱する → ← 冷やす	熱する → ← 冷やす	
粒子はほとんどすき間なく規則的に並んでいる	粒子の間隔は固体より広く粒子は比較的自由に動き回る	粒子が自由に飛び回る体積は非常に大きい

図4　温度による物質をつくる粒子の運動の変化と状態変化

TRY! 表現力

液体は，固体と気体とどのようにちがうのか，「形」，「体積」という語句を用いて説明しなさい。

（ヒント）「形」と「体積」が変わりやすいか，変わりにくいかを書く。

（解答例）液体は形が変わりやすい点が固体と異なり，液体は体積が変わらない点が気体と異なる。

いろいろな物質の状態変化

着目 温度を変化させると，どんな物質でも状態変化する。

要点
- **固体の物質の状態変化** 塩化ナトリウムや金属も，非常に高温にすると液体に状態変化する。
- **気体の物質の状態変化** 酸素や窒素も，非常に低温にすると液体に状態変化する。
- **液体の物質の状態変化** エタノールも，高温にすると気体に，低温にすると固体に状態変化する。

1 固体の物質の状態変化

塩化ナトリウムや**鉄**などのような，ふだん**固体**の状態しか目にしない物質も，**非常に高温**にすると，**液体**に状態変化する。

図1のように，固体の塩化ナトリウム（食塩）をガスバーナーで加熱すると，とけて液体に変化する。

鉄などの**金属**は，学校で使用するようなガスバーナーの温度では，どれだけ加熱しても液体にならないものも多い。[*1]

ガスバーナーで加熱しただけでは液体にならない金属でも，溶鉱炉などの特別な装置を使って数千℃まで加熱すれば，液体の状態にすることができる（図2）。

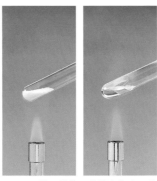

図1 固体→液体と状態変化する食塩

図2 液体になった鉄（溶鉱炉）

*1
鉄や銅を空気中で加熱すると，酸素と結びついて，それぞれ**酸化鉄**や**酸化銅**という別の物質に変化する。これについて，くわしくは中学2年で学ぶ。

参考 溶接

自動車などの工業製品をつくるとき，鉄鋼など金属の材料どうしを接着するために，**溶接**という方法が使われる。溶接は，金属材料を部分的に加熱して[*2]とかすことで，材料どうしをくっつける方法である。

*2
よく使われる**アーク溶接**では，電気のエネルギーを使って5000℃以上もの高温を発生させ，金属材料をとかしている。

2 気体の物質の状態変化

窒素や**酸素**のような，ふだん**気体**の状態しか目にしない物質も，**非常に低温**にすると，**液体**に状態変化する。

液体窒素や液体酸素は，−200℃ほどを保つよう断熱しておけば，液体のまま保管することができる。

二酸化炭素は，ふつうの環境では液体にならず，気体から直接固体に変化する。二酸化炭素の固体を**ドライアイス**といい，−80℃ぐらいの温度を保つので，冷却剤や保冷剤として用いられている。

図3　液体窒素

③　液体の物質の状態変化

エタノールや**水銀**[*3]などのような，ふだん**液体**の状態しか目にしない物質も，**高温にすると気体**に，**非常に低温にすると固体**に状態変化する。

少量のエタノールをポリエチレンの袋に入れて口を閉じ，熱湯をかけて加熱すると，気体に変化する（図4）。また，液体のエタノールの入った試験管を保温容器に入れた**液体窒素**につけて冷却すると，やがてかたまって固体になる。

水銀は，常温では液体の金属であるが，図5のように，液体の水銀を**ドライアイス**でつくった型に流し込んで冷却すると，かたまって固体の金属になる。**金属に共通する性質**（→ p.87）のうち，ふだんは確かめることのできない**延性・展性**も確認できる。

*3
水銀は，加熱しなくても表面から少しずつ**蒸発**（→p.144）する。蒸気を吸い込むと，脳などに重度の障害が起こるおそれがあるので，注意すること。

図4　液体→気体と状態変化するエタノール

図5　液体→固体と状態変化する水銀

TRY! 判断力

水銀を身のまわりにある，または入手可能なものを用いて固体に状態変化させる方法を，物質名をあげて具体的に説明しなさい。ただし，水銀が固体になる温度は−39℃である。

（ヒント）　氷よりも温度の低いもので冷却する。

（解答例）　液体の水銀は，ドライアイスで冷却すると固体にすることができる。

UNIT

3

水の状態変化

着目 → 水は氷になると体積が少し増え，水蒸気になると体積がいちじるしく増加する。

要点

● **水の状態変化** 氷を加熱すると氷→水→水蒸気と，水を冷却すると水→氷と状態変化する。

● **水→氷の変化と体積・質量** 体積は約1.1倍に増加しても質量は変わらないため密度は減少。

● **水→水蒸気の変化と体積・質量** 体積は約1700倍に大きく増加するが密度は減少。

1 水の状態変化

A 氷→水の変化

図1のように，ビーカーに氷と**沸騰石**[1]を入れて加熱していくと，氷がとけていく。つまり，**氷→水**という状態変化が起こる。

やがて氷が水に浮かび，浮かんだ氷が小さくなっていく。氷が水に浮くことから，固体の**氷の密度**は液体の**水の密度1g/cm³より小さい**ことがわかる。

B 水→水蒸気の変化

氷がすべてとけてしばらくすると，沸騰石から出ていた小さな気泡がしだいに大きな水蒸気の泡となって全体が沸騰し始め，**水→水蒸気**の状態変化が起こって水面の位置がしだいに下がっていく。

沸騰して水中からさかんに水蒸気が出ている水面の少し上から白い**湯気**がたくさん立ち上る。湯気は，水蒸気が空気中で冷やされてできた小さな**水滴**が集まって白く見えるものである。ビーカーから広がった湯気は，やがて**蒸発**して**水蒸気**となって見えなくなる。

*1
沸騰石は，小さな穴が多くあいている素焼きのかけら。液体全体が一気に気体になる**突沸**を防ぐはたらきがある。

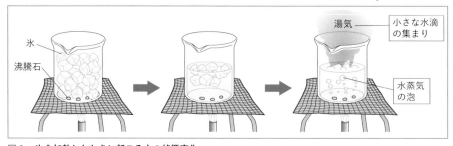

図1 氷を加熱したときに起こる水の状態変化

ⓒ 水→氷の変化

図2のように，液体の水を試験管の中に入れ，氷と食塩を混ぜ合わせた**寒剤**で冷却していくと，試験管の壁に近い方から水がこおって，氷に変化していく。つまり，**水→氷**という状態変化が起こる。

すべてこおったとき，氷の中央がもり上がって**体積が液体の水のときよりふえる**。水が氷になっても質量は変わらないので，**氷の密度が水の密度より小さい**ことがいえる。

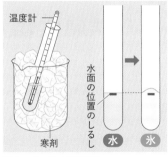

図2　水→氷の状態変化

参考　寒剤

まぜ合わせることで低温をつくり出す物質を**寒剤**という。**氷と食塩**を質量比でおよそ 3：1 の割合で混ぜ合わせた寒剤では，手軽に −20℃近くまで冷却することができる。

2　水の状態変化と体積・質量の変化

水→氷，水→水蒸気の状態変化で，体積がどれだけふえるかを具体的に調べると，図3のようになっている。体積は**水→氷**の状態変化で約**1.1倍**，**水→水蒸気**の状態変化で約**1700倍**になる。

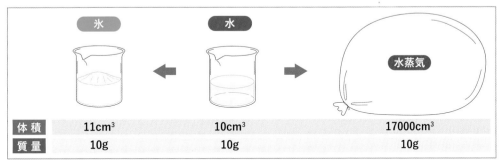

	氷	水	水蒸気
体積	11cm³	10cm³	17000cm³
質量	10g	10g	10g

図3　水の状態変化と体積・質量の変化

TRY! 表現力

氷が液体に状態変化するとき，体積・質量・密度はどのように増減するか，説明しなさい。

ヒント　増加・変化しない・減少から選んで，密度が体積・質量とどのような関係になっているかわかるように書く。

解答例　質量は変化しないが体積が減少するため，密度は増加する。

UNIT

4

状態変化と体積・質量

(着目) 体積は，液体→気体の変化でいちじるしく増加し，液体→固体の変化で減少する。

(要点)
- **液体→気体の状態変化と体積・質量** 物質によって異なる割合で体積はいちじるしく増加する。
- **液体→固体の状態変化と体積・質量** 水以外の多くの物質では体積は減少し，質量は変わらないため密度は大きくなる。

(1) 液体⇄気体の状態変化と体積の変化

A 液体→気体の状態変化と体積の増加

水の状態変化(→ p.136)で学習したように，水は**液体の水から気体の水蒸気**の状態変化で体積が約**1700倍**になるが，ほかの物質でも，同じように体積がいちじるしく増加するのだろうか。

粒子のモデル(→ p.133)で考えると，粒子の数が同じで同じ質量のとき，引き合って一定距離以上に離れられない液体のときよりも，1つ1つがばらばらに飛びまわっている気体になったときのほうが，体積がいちじるしく大きくなりそうである(図1)。

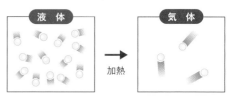

図1 **液体→気体の状態変化のモデル**

エタノールが**気体から液体**と状態変化するとき，体積は約**490倍**となっていて，水の場合よりも体積の増加率は低い。

B 気体→液体の状態変化と体積の減少

気体を冷やして液体へと状態変化するとき，体積は**液体から気体**へと状態変化するときの逆になり，いちじるしく減少する。水の場合は約 $\frac{1}{1700}$ 倍になり，エタノールの場合は約 $\frac{1}{490}$ 倍になる。

図2のように，スチール缶に少量の水を入れて沸騰させ，スチール缶の中を水蒸気で満たしたのち密閉すると，やがて温度が下がり，缶内に満ちている水蒸気が液体の水にもどってスチール缶がつぶれる。このことから，気体から液体へ変化したときの体積のいちじるしい減少を実感することができる。

図2 **体積の減少を確かめる実験**

② 液体⇄固体の状態変化と体積の変化

水は，**水から氷**への状態変化で，図3のように，あとから固まる中央付近がもり上がって，体積が約**1.1倍**になる。ほかの物質でも，同じように体積が増加するのだろうか？

図4のように粒子のモデルで考えると，粒子の数が同じで同じ質量のとき，一定距離内であっても粒子が自由に動くことができる液体のときよりも，粒子間の間隔がせまく，ぎっしりと粒子が並んでいる固体になったときのほうが，体積が小さくなりそうである。

ロウは，液体から固体へと状態変化するとき，あとから固まる中央付近が氷とは逆にへこんで，体積が減少する（図5）。水以外の多くの物質は，**液体から固体**への状態変化で体積が減少する。

質量が変化しないのに体積が減少すると，密度は大きくなる。水以外の多くの物質の固体は，同じ物質の液体に入れると，沈む。

物質が固体から液体へと状態変化するとき，体積の変化は**液体から固体**へと状態変化するときとは逆に増加し，密度は固体のときよりも小さくなる。

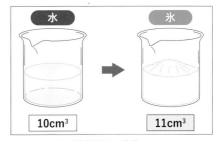

図3 **水→氷の状態変化と体積**

水 10cm³ → 氷 11cm³

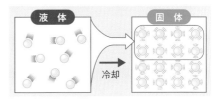

図4 **液体→固体の状態変化のモデル**

液体 → 冷却 → 固体

図5 **ロウの液体→固体の状態変化**

とけたときに体積が小さくなる水は例外だったんだ。

TRY! 表現力

ロウが固体から液体に状態変化するとき，体積・質量・密度はどのように増減するか，説明しなさい。

（ヒント）密度が体積・質量とどのような関係になっているかわかるように書く。

（解答例）質量は変化しないが体積が増加するため，密度は減少する。

UNIT 5 氷⇄水の状態変化と融点

着目 ▶ 固体→液体を融解，液体→固体を凝固といい，融解する温度を融点という。

要点

● **氷の融解と融点** 氷→水と状態変化することを融解，水が融解する温度 0℃を水の融点という。

● **氷の融解と温度変化** 融解が始まってからすべてとけて水になるまで温度は 0℃で変わらない。

● **融解する時間と質量** 加熱のしかたが同じであれば，時間は質量が大きいほど長くなる。

1 氷の融解と融点

A 融解と融点

図1のように氷100gほどをガスバーナーで加熱して，状態変化が起こった時間と温度の変化を調べる。このときの温度と時間との関係をグラフに表すと，図2のようになる。

固体が熱せられてとけ，液体の状態に変化することを融解といい，融解しているときの温度は変化しない。図2で，1分後から4分後まで，温度は0℃で変化しておらず，この間，氷が水に融解していっている。この間は，固体と液体が混ざった状態になっている。また，物質が融解しているときの温度を融点という。たとえば，水の融点は0℃である。

水のような**純粋な物質**(→ p.116)では，**融点は，物質ごとに決まった温度である**(→ p.143)。

これは，物質が固体から液体に状態変化するのに一定の熱[*1]が必要で，融点では加熱している熱が融解にすべて使われるために温度が変化しないからである。

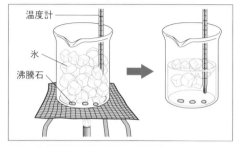

図1　氷が融解する温度を調べる実験

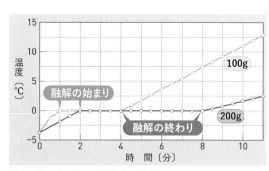

図2　氷→水の状態変化と水の融点

*1
この熱を**融解熱**という。融解熱は，純粋な物質では決まった値になる。

B 融解する時間と質量

同じ実験を氷200gで行うと，図2のように，融解が始まるまでの時間も，融解が終わるまでの時間も，100gのときの2倍かかる。このように，同じ物質であれば，一定質量分が固体から液体に状態変化するのに必要な熱の量は変わらないから，加熱のしかたが同じなら，**融解にかかる時間は，質量が大きいほど長くなる。**なお，融点の温度は変わらない。

発展　水の凝固と融点

図3のように水を寒剤（→ p.137）で冷却して，一定時間ごとに，その状態と温度を調べると，図4のようになる。

水がこおるように，液体が冷やされて固まり，固体の状態に変化することを**凝固**という。すべて凝固するまでの，液体と固体が混ざった状態のときは，寒剤が熱をうばっているのに，温度は**0℃のままで変化していない**。凝固するときの温度0℃は，融点と同じになる。凝固するときの温度は**凝固点**という。

純粋な物質では，融点，凝固点の温度は物質ごとに決まっている。

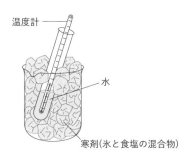

図3　水が凝固する温度を調べる実験

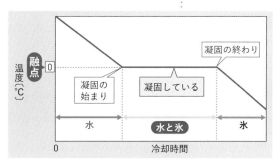

図4　水→氷の状態変化と水の凝固点

TRY! 表現力

氷と水が混ざっているとき，温度についてどのようなことがいえるか，具体的な数値をあげて説明しなさい。

ヒント　氷が融解中のとき，氷と水が混ざった状態になっている。

解答例　氷か水のどちらか一方が，もう一方にすべて状態変化するまで，0℃のまま変化しない。

UNIT

6

いろいろな物質の融点

着目▶融点は，純粋な物質を区別したり混合物かを判断したりする手がかりになる。

要点
- **パルミチン酸の融点** パルミチン酸は，63℃の融点で融解する。
- **純粋な物質の融点** 純粋な物質では，種類ごとに融点が異なり，物質を区別する手がかりになる。
- **混合物の融点** 純粋な物質と異なり，融解中の温度は一定にならずに上昇し続ける。

1 パルミチン酸の融点を調べる

パルミチン酸はバターなどに含まれる白い固体の有機物で，化粧品の原料としても使われる。パルミチン酸の融点は次のように調べる。

A 方法

図1の装置で，5gのパルミチン酸を湯せん（→ p.146）でゆっくりと加熱し，30秒ごとにその状態と温度を調べる。その結果をグラフに表す。

 パルミチン酸の加熱

パルミチン酸を直接加熱してはいけない。また，パルミチン酸の蒸気を逃がすため，コルクせんは切り込みを入れたものを用いる。

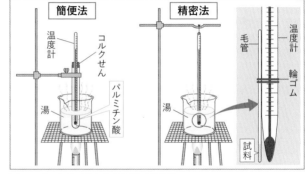

図1 パルミチン酸の融点を調べる実験

B 結果と考察

図2のように，とけ始めるまでは固体のまま温度が上昇し，とけて固体と液体が混ざっている間は温度が一定になり，とけ終わってすべて液体になると再び温度が上昇し始めた。**融解しているときの温度は質量に関係なく63℃で一定**であったことから，パルミチン酸の**融点は63℃**であることがわかる。

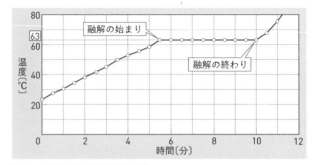

図2 パルミチン酸の融解と融点

2 　純粋な物質の融点

純粋な物質(→p.116)では，**融点は表1**のように物質
の種類によって決まった温度になる。

このため，ふだん固体の状態になっている物質は融解
するときに一定になる融点を，液体の状態になっている
物質は固体になるときに一定になる凝固点を調べると，
物質を区別する手がかりが得られる。

たとえば，水とエタノールはどちらも無色透明である
が，冷凍庫に入れてしばらく置いておき，こおるほうが
水であると判断できる。

表1 　いろいろな純粋な物質の融点

物質	融点〔℃〕
鉄	1535
銅	1083
食塩(塩化ナトリウム)	801
ナフタレン	81
パルミチン酸	63
水	0
水銀	−39
エタノール	−115

3 　混合物の融点

ろうそくのロウは，おもに石油からできるパラフィ
ンなどの**混合物**(→ p.116)である。パルミチン酸と同
じ方法でゆっくりと加熱して，1分ごとにその状態と
温度を調べると，図3のように**温度は一定にならずに**
上昇し続ける。

混合物では，それに含まれる融点の低い物質からと
け始め，固体部分の成分が変化していくため，**融点が**
決まった温度にならないのである。

このことを利用すると，加熱して融解させたときの
温度上昇のグラフから，その物質が純粋な物質なのか混合物なのかを
判別できる。図2のように融解している途中に温度が変わらない時間
があれば純粋な物質，図3のように温度が一定になる時間がなく，だ
らだらと上がり続けていれば混合物である。

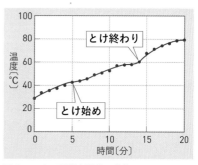

図3 　ロウの融解と温度の変化

TRY!
表現力

ロウ，パルミチン酸の白色の粉末を，それぞれ図1のように加熱したとき，どのようなち
がいが見られるか，説明しなさい。

(ヒント)　純粋な物質は融解しているとき決まった融点で温度が変化しない。

(解答例)　パルミチン酸はとけ始めてからとけ終わるまで温度が変化しないのに対して，ロウはと
け始めてからとけ終わるまで温度が上がり続ける。

7 水⇄水蒸気の状態変化と沸点

着目 ▶ 沸騰中の温度100℃を水の沸点という。

要点
● **水の蒸発と凝縮** 液面で液体が気体になることを蒸発，気体が液体になることを凝縮という。
● **蒸発がさかんになるとき** 液体の温度が高いほどさかんになる。
● **水の沸騰と沸点** 液中で気体になる変化を沸騰といい，沸騰が起こる温度100℃を沸点という。

1 水の蒸発と凝縮

A 気化と蒸発

液体が気体に変化すること全般を**気化**という。洗たく物が乾くときに起こっている水の**蒸発**は，もっとも身近な気化の例である(図1)。

蒸発は，液体が液面から気体に変化することである。水の蒸発は，図2のように，外から熱を受けとって運動がさかんになった水の粒子が，粒子どうしで引き合う力を振り切って，空気中に飛び出していくことによって起こっている。したがって，**水の温度が高くなるほど，蒸発はさかんになる。**

B 凝縮

熱湯からさかんに蒸発した水蒸気が空気中で冷やされて小さな水滴の集まりになった白い湯気[*1](図3)や，冷たい窓ガラスに息をふきかけると小さな水滴で白くくもる(図4)ことなど，気化とは逆に，**気体が液体に変化すること**を凝縮という。

図1 水の蒸発で乾く洗たく物

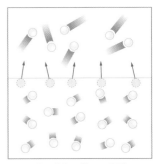

図2 水の蒸発と粒子の運動

*1
湯気は気体ではなく，雲や霧と同じ細かい水滴の集まりである。

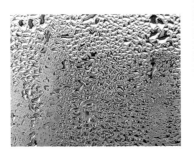

図3 湯気

図4 窓ガラスにつく水滴

② 水の沸騰と沸点

　水をガスバーナーで加熱し続けると，水の粒子どうしが引き合う力を振り切るほど粒子の運動が激しくなって，図5のように**液中で気体になる**沸騰が起こる。**沸騰も**，液体が気体に変化する**気化**の現象である。

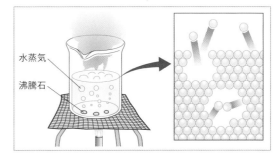

水蒸気
沸騰石

図5　水の沸騰のようすと粒子の運動

　図6のような装置で，水100gを入れ，一定の強さで加熱する。このときの温度の変化を調べ，グラフで表すと，図7のようになる。

　沸騰している間は，加熱しているのに，温度は**100℃のまま変化していない**。沸騰しているときの温度100℃を水の**沸点**という。水のような**純粋な物質**では，加熱している熱が液体から気体への状態変化にすべて使われているので，温度が上がらない。

　沸点も，融点と同じように物質の種類によって決まっている。

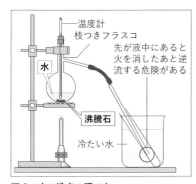

温度計
枝つきフラスコ
水
先が液中にあると火を消したあと逆流する危険がある
沸騰石
冷たい水

図6　水の沸点の調べ方

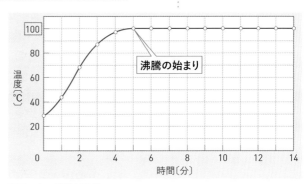

温度〔℃〕
沸騰の始まり
時間〔分〕

図7　水の沸騰と沸点

TRY!
表現力

水が沸騰しているときの温度の変化と水の状態について，具体的な数値をあげて説明しなさい。

（ヒント）　液中で気化が起こることが沸騰で，水は純粋な物質である。

（解答例）　100℃で変化せず，液体の水と気体の水蒸気が混ざった状態になっている。

いろいろな物質の沸点

着目 ▶沸点は，純粋な物質を区別したり混合物かを判断したりする手がかりになる。

要点

● **エタノールの沸点**　エタノールは，約78℃の沸点で沸騰する。

● **混合物の沸点**　純粋な物質と異なり，沸騰中の温度は一定にならずに上昇し続ける。

● **いろいろな物質の沸点**　純粋な物質は種類ごとに沸点が異なり，物質を区別する手がかりになる。

1 エタノールの沸点

　図1のような装置で，**エタノール**20gをゆっくりと加熱して，30秒ごとに，温度を調べた。エタノールは気化しやすくよく燃える物質なので，引火しやすい。このため，加熱する場合は，ガスバーナーで直接加熱せず，100℃以下でゆっくり加熱できる**湯せん**で加熱する必要がある。[*1]

　エタノールが沸騰し始めて温度が一定になったことが確認できたら，加熱をやめる。

　結果をグラフに表すと，図2のようになった。水の沸騰のときと同じように，沸騰し始めるまでは液体のまま温度が上昇し，沸騰し始めてからは加熱していても温度が一定になり，**約78℃で一定**になった。このことからエタノールは純粋な物質で，その**沸点は約78℃である**ことがわかる。

*1
この操作によって100℃以上に温度が上がることを防ぐこともできる。

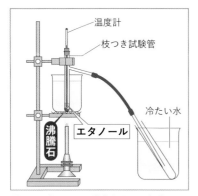

図1　**エタノールの沸点を調べる実験**

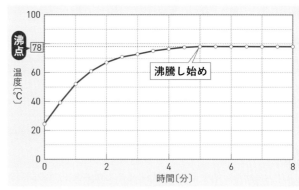

図2　**エタノールを加熱したときの温度変化**

2 混合物の沸点

水とエタノールの**混合物**をエタノールと同じ方法で加熱して，その状態と温度変化を調べると，図3のようになった。

混合物は，それに含まれる沸点の低い物質から気化し，混合物の成分が変化するため，**沸騰中の温度は一定にならずに上昇し続ける**。

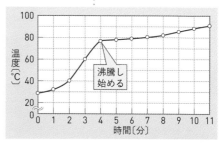

図3　水とエタノールの混合物の沸騰と温度の変化

3 いろいろな物質の沸点

純粋な物質（純物質）では，**沸点**は，表1のように**種類によって決まった温度**になるため，沸点を調べると，物質を区別する手がかりが得られる。融点と沸点がわかれば，その物質がある温度のときに固体・液体・気体のどの状態であるかわかる（図4）。

表1　いろいろな純物質の沸点

物質	沸点〔℃〕	物質	沸点〔℃〕
鉄	2750	パルミチン酸	360
銅	2567	水	100
食塩（塩化ナトリウム）	1413	エタノール	78
水銀	357	酸素	−183
ナフタレン	218	窒素	−196

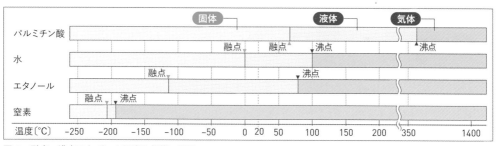

図4　融点・沸点のちがいと温度と状態の関係

TRY! 表現力

80℃のとき，エタノールはどのような状態にあるといえるか。「融点」と「沸点」の2つの語句から必要なものを用いて説明しなさい。

ヒント　融点より低い温度なら固体，沸点より高い温度なら気体になっている。

解答例　エタノールは沸点より高い温度であるためすべて気体になっている。

UNIT

⑨ 蒸留

着目 ▶沸点のちがいを利用して，液体の混合物から成分を分けることができる。

要点
- **蒸留** 沸騰させ，出てきた気体を冷やして液体としてとり出し，液体の混合物を分離できる。
- **水とエタノールの混合物の蒸留** 沸騰して先に蒸留された液体ほど多くエタノールを含む。
- **石油の蒸留** 石油の混合気体を冷却し，沸点の高いものから先に低い位置で蒸留される。

1 蒸留

　液体を加熱して沸騰させ，出てきた気体を冷やして再び液体としてとり出す方法を，**蒸留**という。蒸留によって，**液体と固体の混合物**である海水や泥水から，飲むことのできる純粋な液体の水である蒸留水をとり出すことができる。

　また，ワインやみりんは水やエタノールなどが混ざり合った混合物であるが，このような**液体の物質どうしの混合物**を蒸留すると，**沸点のちがいによって，それぞれの物質をより多く含む液体**[*1]に分離することもできる。

*1
沸点がちがっても蒸発などによって，混合物中の1つの物質の気体だけが出てくることはない。蒸留をくり返すことで純度を高める。

2 水とエタノールの混合物の蒸留

　図1の左の図のように水20cm^{3}とエタノール5cm^{3}の混合物を蒸留し，試験管に2cm^{3}液体がたまるごとに試験管を**A，B，C**の順にとりかえた。試験管**A**〜**C**にとり出された液体にエタノールがどの程度含まれているかを知るため，図1の右の図のようにして，においと可燃性を調べた。

　実験の結果をまとめると，表1のようになる。

　沸騰し始めてから短い時間で蒸留された液体ほど，**沸点が低いほうの物質**であるエタノールをより多く含んでいる。

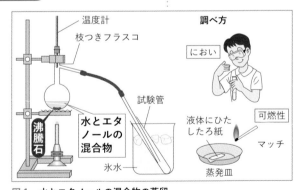

図1　水とエタノールの混合物の蒸留

表1　蒸留された液体の特徴と含まれるエタノールの割合

	試験管A	試験管B	試験管C
におい	強いエタノール臭	エタノール臭	わずかなエタノール臭
可燃性	火がつき，ろ紙まで燃える	ついた火が消えたあと湿ったろ紙が残る	火がつかない
エタノールの割合	多 ▶		少

③ 石油の蒸留

　石油は，沸点の異なる有機物の混合物である。石油を加熱して出てきた混合気体を，図2のような精留塔または蒸留塔という設備の中を，上へ上へと押し出すと，**沸点の高いものから先に**[*2]凝縮してとり出され，より沸点の低い成分の気体は液体となった物質を通ってさらに上へと上がっていく。

　精留塔で行われている操作のように，液体を蒸留することによっていくつもの成分に分けることを**分留**という。

　精留塔では，上のほうでとり出された物質ほど，沸点が低い，すなわち気化しやすくとり扱いに注意が必要な物質である。

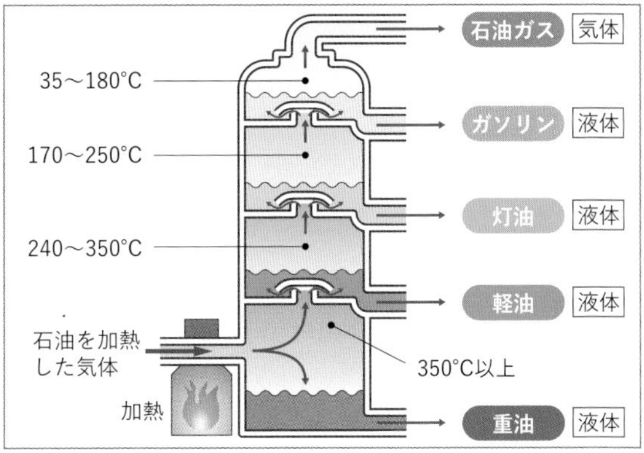

図2　精留塔による石油の蒸留

石油ガス 気体
ガソリン 液体
灯油 液体
軽油 液体
重油 液体

35〜180℃
170〜250℃
240〜350℃
350℃以上

石油を加熱した気体
加熱

*2
図1の実験のような沸騰するときの温度のちがいでなく，凝縮するときの温度のちがいを利用して蒸留している。

TRY! 表現力

水とエタノールの混合物を蒸留すると，エタノールが先に多くとり出される理由を「沸点」の語句を用いて説明しなさい。

（ヒント）　液体を加熱しているとき，沸点の高いほうと低いほうのどちらが先に多く気体になるかを考える。

（解答例）　水とエタノールの混合物が沸騰し始めるとき，沸点の低いエタノールのほうが多く気体に変化しているから。

奈良の大仏のつくり方

● 奈良の大仏は青銅でできている

奈良県奈良市の**東大寺**にある盧舎那仏は，**奈良の大仏**として知られている（図1）。

図1　奈良の大仏

奈良の大仏は，奈良時代の743年から752年にかけて**聖武天皇**がつくらせた仏像である。高さ16.1mで，約400トンもの**青銅**（銅に少量の**スズ**などを混ぜた混合物）からできている。

● 奈良の大仏は金属をとかして つくられた

奈良の大仏は何度か火事による焼失と再建をくり返しているが，最初につくられた当初から，今とほぼ同じ大きさであったと考えられている。

これだけ大きい銅像なので，下のほうから輪切りのように8回に分けてつくられた。具体的には，次のような手順でつくられたと考えられている。

まず，木材を使って骨組みをつくり，その外側に土と石こうを使って**塑像**をつくる。これに対して粘土で型（**外型**）をとり，いったん外型をはがしたあと，内側の塑像をけずって一定のすき間をつくる（図2）。

青銅を1000℃にも達する強い熱でとかして液体に変え，塑像と外型のすき間に流し込む。

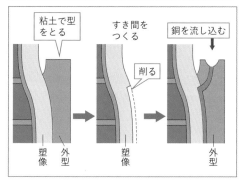

図2　大仏の鋳造

これが冷えて固体にもどることで，像ができあがるのである。

このように，高温でとかして液体にした金属を型に流し込み，それを冷やして固体にもどすことを**鋳造**といい，できあがった製品を一般的に**鋳物**という。

● 奈良の大仏は金ぴかだった

現在見ることのできる奈良の大仏は銅の色をしているが，奈良時代につくられた当時は表面が**金**で**めっき**されていて，金色に輝いていたと伝えられている。

この金めっきは，**水銀**という物質を使って行われた。水銀は，唯一常温で液体の金属である（図3）。金属をよく溶かし込む性質をもっていて，水銀と金を混ぜると混合物の液体ができる。いわば**金の水銀溶液**である。

図3　水銀

　これを像の表面に塗って加熱すると，水銀だけが蒸発して，固体の金が残る。こうやって，表面が金でおおわれるのである。

　水銀は非常に毒性が強い物質である。水銀の気体が発生するこの作業によって，多くの中毒者が出たことが記録から明らかになっている。

● 古代の金はとかした鉛を使って
　精錬していた

　金の鉱石（図4）は，**金鉱床**という地層から採掘される。

図4　金鉱石

　金鉱床からとり出したばかりの鉱石には，**銅**などの不純物が多く含まれている。そのため，不純物をとり除いて目的の物質をとり出す必要がある。この操作を**精錬**という。

　古代，金の精錬には**灰吹法**が使われていた。灰吹法は，次のような方法である。

　まず，**鉛**という金属を高温でとかして液体にする。鉛は釣りのおもりなどにも使われている金属で，金属のなかでは比較的融点が低い。

　次に，とかした鉛の中に鉱石を入れて溶かし込む。さらに，この溶液を凝灰岩（→p.278）などでつくった**るつぼ**に入れて加熱する（図5）。

図5　灰吹法による精錬

　すると，鉛や不純物は空気中の酸素と結びついて非金属の物質に変化する。

　るつぼに使われている凝灰岩の表面には，非常に細かい穴がたくさんあいている（図6）。

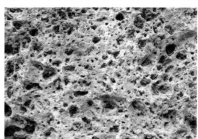

図6　凝灰岩の表面

　鉱物中の不純物はこの穴に吸われていく一方，金属の液体は丸いしずくになろうとする力が強く，細かい穴にも吸われにくい。そのため，るつぼの上に金が残るのである（図7）。

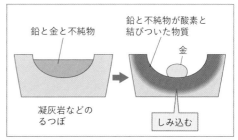

鉛と金と不純物　　　　　鉛と不純物が酸素と結びついた物質

金

凝灰岩などのるつぼ　　　　しみ込む

図7　灰吹法のしくみ

定期テスト対策問題

解答 ➡ 別冊 p.6

問 1 物質の状態

氷，水，水蒸気について，次の問いに答えなさい。

(1) 氷，水，水蒸気のような状態を，それぞれ何というか。

(2) 下の図は，水を熱したときの状態変化と冷やしたときの状態変化を図にまとめたものである。
ア～エの矢印のうち，熱したときの状態変化を表したものを2つ選べ。

(3) 物質のなかには，通常の環境で水のような状態にならず，氷のような状態から水蒸気のような状態に直接変化するものがある。そのような物質を1つあげよ。

問 2 物質の状態変化と体積・質量の変化

水と液体のロウをビーカーに入れて冷やして固体にしたところ，右図のア，イのようになった。これについて，次の問いに答えなさい。

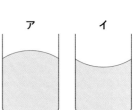

(1) 水がこおったときのようすはア，イのどちらか。

(2) 次の文中の｛ ｝の中の正しいほうを選び，記号で答えよ。
液体を冷やして固体にしたとき，①｛**ア** 水　　**イ** ロウ｝のように，体積が②｛**ア** ふえる　　**イ** 減る｝のは例外で，ふつうは③｛**ア** 水　　**イ** ロウ｝のように，体積が④｛**ア** ふえる　　**イ** 減る｝。しかし，どんな物質の状態変化でも，質量は⑤｛**ア** 変化する　　**イ** 変化しない｝。

(3) 状態変化について述べた次の**ア～エ**のうち，誤っているものを1つ選び，記号で答えよ。

ア 固体の物質が液体に変化するときは，ふつう液体が気体に変化するときよりも体積が大きく変化する。

イ 液体の物質は形が決まっていないが，形を変えても体積は変わらない。

ウ 気体の物質は，同じ物質が固体や気体のときよりも，密度が小さい。

エ 固体を加熱して気体に変化させたあと，もう一度冷やして同じ条件にもどして再び固体に変化させたとき，はじめと同じ質量になる。

③ 状態変化と物質の粒子

下の図は，固体・液体・気体のいずれかのときの，物質をつくる粒子のようすを表したものである。これについて，あとの問いに答えなさい。

ア   イ   ウ

 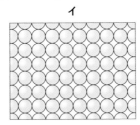 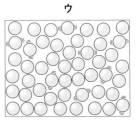

(1) 液体のときのようすを表しているものを，**ア〜ウ**から1つ選べ。

(2) 上の図は，物質をつくる粒子の一部のようすを表したものであるが，物質が状態変化するとき，物質をつくる粒子の全体の数はどうなるか。

 ④ 融点と沸点

右の表は，純粋な物質ア〜オの融点と沸点についてまとめたものである。これについて，次の問いに答えなさい。

(1) 21℃で固体が存在していない物質はどれか。すべて選び記号で答えよ。

(2) 21℃で液体が存在していない物質はどれか。すべて選び記号で答えよ。

(3) 21℃で固体と液体が共存している物質はどれか。すべて選び記号で答えよ。

物質	融点	沸点
ア	−183℃	−89℃
イ	−129℃	36℃
ウ	−26℃	196℃
エ	21℃	302℃
オ	41℃	357℃

 ⑤ 純粋な物質の融点

右のグラフは，ある固体の物質を熱していって融解させたときの温度と時間の関係を表したものである。次の問いに答えなさい。

(1) この物質が融解しているのは，何分から何分までの間か。

(2) この物質の融点は，何℃か。

(3) グラフのA，B，Cの各点では，この物質の状態は，どのようになっているか。それぞれ次の**ア〜ウ**から1つずつ選べ。

   ア 固体   **イ** 液体   **ウ** 固体と液体

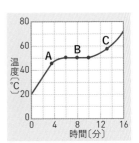

2 章

身のまわりの物質

問 6 純粋な物質の沸点

ある液体10cm³を図1のような装置で加熱した。図2は，そのときの温度と時間の関係を表すグラフである。これについて，次の問いに答えなさい。

(1) 沸騰石を試験管に入れておくのはなぜか。

(2) 熱していると試験管の中の液体が沸騰し始めた。このように，液体が沸騰し始める温度を何というか。

(3) 図2の**ア〜エ**のうち，沸騰が始まったと考えられる点はどれか。

(4) この液体の(3)の温度は何℃か。

図1

温度計
沸騰石
物質
水

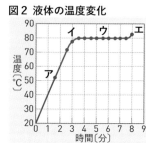

図2 液体の温度変化

問 7 液体混合物の加熱

次の実験について，あとの問いに答えなさい。

右の図1のように，水とエタノールを混合したものを枝つきフラスコに入れ，ガスバーナーで加熱して沸騰させた。さらに気化したものを液体にもどして試験管**A〜D**に順に交換しながら集めたところ，試験管**A**には液体はほとんど集まらなかったが，試験管**B〜D**には液体が集まった。図2はこのときの温度変化と試験管**A〜D**に液体を集めた時間を示している。

(1) 図1のように，試験管を氷水で冷やすのはなぜか。その理由を説明せよ。

(2) 図2の**B**の時間では，おもに水とエタノールのどちらが沸騰しているか。

(3) 図2の**D**の時間では，おもに水とエタノールのどちらが沸騰しているか。

(4) 試験管**B〜D**に集まった液体を蒸発皿に少量とって火を近づけたとき，液体がもっともよく燃えるのはどの試験管に集まった液体か。記号で答えよ。

(5) 図2の試験管**B**に得られた液体と，試験管**D**で得られた液体とでは，含まれるおもな成分が異なっている。このことを利用して，混合物から目的の物質をとり出す操作を何というか。次の**ア〜ウ**から選び，記号で答えよ。

ア 再結晶　　**イ** ろ過　　**ウ** 蒸留

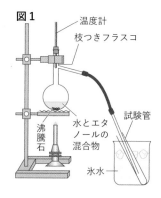

図1

温度計
枝つきフラスコ
沸騰石
水とエタノールの混合物
試験管
氷水

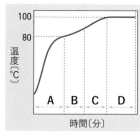

図2

中1
理科

3章

身のまわりの現象

UNIT

光の進み方・光の反射

着目 ▶ 光が反射するとき，入射角と反射角は等しい。

要点
● 光の直進 光源を出た光は四方八方へ直進する。
● 光の反射 光が物体に当たってはね返ることを反射という。
● 反射の法則 光が反射するとき，入射角と反射角が等しいことを反射の法則という。

1 光の進み方

Ⓐ 光の直進

太陽や蛍光灯，ろうそくのように，自ら光を出すものを光源という。光源を出た光は，四方八方にまっすぐに進む。光がまっすぐに進むことを光の直進という[*1]。

明るいところでは光の進むようすはよくわからないが，ブラインドのかげなどを利用すると，光が直進していることがわかる。

Ⓑ ものが見えるわけ

光の届かない場所では自ら光らない物体を見ることができないが，太陽や照明など光源の光が届く場所では見ることができる。

光源を出た光は，まわりのいろいろな方向に直進して広がっていき，その一部は直接わたしたちの目に届く。また，一部は途中でいろいろな物体にぶつかってはね返り，わたしたちの目に届く。

自ら光らない物体でも，明るいところなら見ることができるのは，光源からの光が**物体の表面ではね返って**目に届くからである。

図1 **太陽の光によるブラインドのかげ**

*1
光の進む道すじを1本の直線に置きかえたものを光線ということもある。

2 光の反射

Ⓐ 光の反射

光が物体に当たってはね返ることを光の反射という。図2のような光源装置を使って鏡に光を当て，反射するようすを調べてみよう。

図3のように，机の上に鏡を立て，その前に方眼紙を置く。鏡にななめの方向から光を当て，その光と反射した光の道すじを方眼紙にうつしとる。

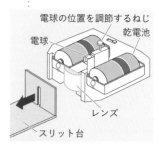

図2 **光源装置**

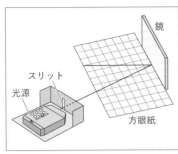

図3　光の反射のしかたを調べる装置　　図4　入射光と反射光

*2
複数の鏡を使って光を反射
させても，それぞれの鏡で
反射の法則が成り立ってい
る（図5）。

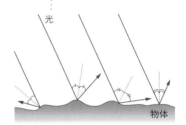

図5　複数の鏡による反射

Ｂ 入射角と反射角

　鏡に入ってくる光を**入射光**，反射して出ていく光を**反射光**という。
鏡の面に垂直な線と入射光との間にできる角を**入射角**，反射光との間
にできる角を**反射角**という（図4）。

　光が反射するとき，**入射角と反射角は等しくなる**。これを，光の**反
射の法則**という。*2

Ｃ 乱反射と正反射

　表面がなめらかな物体は光を決まった向きに反射するので，
鏡のように物体がうつって見えるが，表面がでこぼこした物
体では，光はさまざまな向きに反射する（図6）。

　これを**乱反射**といい，乱反射に対して，鏡のような規則正
しい反射を，**正反射**ともいう。物体に当たった光が乱反射す
ることで，どの方向からも物体を見ることができる。

図6　乱反射

 参考　　アルミニウムはくの表面

　アルミニウムはくの片方の面には光沢があり，鏡のように物体をうつす
ことができる。一方，もう片方の面には光沢はなく，物体はうつらない。
これは光沢のない面がでこぼこしていて，**乱反射**が起こるからである。

TRY!
表現力

　月は自ら光を出さないので光源ではない。光源ではないが明るく光って見えるのはなぜか。
「光源」と「乱反射」ということばを使って説明しなさい。

　ヒント　光源となっているものは何かを考える。

　解答例　太陽が光源となり，その光が月の表面に当たり乱反射してわたしたちの目に届くから。

3
章
身のまわりの現象

UNIT
2

鏡にうつる像

着目 実物と同じ大きさで，鏡に対して実物と対称な位置にできる。

要点
● **像の位置** 像から鏡までの距離は，物体から鏡までの距離と同じ。
● **像の大きさ** 鏡にうつる像は実物と同じ大きさになる。
● **像の位置** 鏡にうつる像は実物と対称な位置にできる。

1 鏡にうつる像

　鏡に物体をうつすと，まるで鏡の奥に物体があるように見える。このような，鏡などにうつって見えるものを，その物体の像という（図1）。

　鏡にうつる像は，物体と同じ大きさで，像から鏡までの距離は，鏡から物体までの距離に等しい。また，鏡にうつる像は，鏡に向かって左にあるものは左に，右にあるものは右に，上にあるものは上に，下にあるものは下に見える。つまり，鏡をはさんで対称の位置に見える。

　以上の関係をまとめると，鏡にうつる像と物体とは，鏡の面に対して**対称**になっているといえる。

図1　鏡にうつる像

2 鏡で反射される光の進み方

Ⓐ 目に入る光の進み方

　鏡にうつる像が見えるのは，物体から出た光が，鏡で反射して目に入ってくるからである。

　物体の表面では，あらゆる方向に光が反射される（→ p.157）。図2で示すとおり，物体上の点Aから出た光aは，鏡の上で反射して，目に入る。これを目で見ると，点Aは目から鏡の反対側にのばした点A′にあるように見える。

　このとき，点Aと点A′は鏡に対して対称の位置にあり，鏡から点A′までの距離は，鏡から点Aまでの距離に等しい。ほかの点についても同じように考えると，**像は鏡に対して対称の位置にできる**ことが確認できる。

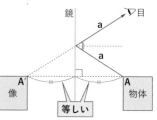

図2　目に入る光の進み方

B 像と光の作図法

図2は次のような手順でかく。

① 点A′は，点Aから鏡に対して垂線をかき，その延長線上で，点A から鏡までと同じ距離の点にかく。

② 光の道すじは，鏡で反射したあと目に入る光を先にかく。これは 点A′と目を結ぶ直線の方向で，この直線と鏡との交点が，光が反 射する点である。

③ この反射点と点Aを結ぶ直線をかく*1

*1
光を出していない物体が見 えるのは，ほかの光源から 出た光が物体に当たり，**乱 反射**して目に入るからであ った（→p.157）。

全身がうつる鏡の大きさを求める問題

身長160cmの人が壁にとりつけた鏡の前に立って全身が見えるようにしたい。できるだけ小 さい鏡を使うときについて，次の問いに答えよ。ただし，目の高さは頭のてっぺんより10cm低 いものとする。

(1) 鏡はどの高さにつければよいか。床から鏡の上辺までの高さで答えよ。

(2) 鏡の縦の長さがいくら必要か答えよ。

解き方

鏡に対して対称の位置に像をかき，目と像を直線で結ぶ。

(1) まず図をかく。鏡の前の人と鏡のうしろの像とは 同じ大きさで，鏡に対して対称の位置にかく。 次に，頭のてっぺんから出て目に入る光の道すじ をかく。この光は，鏡で反射後，目と像の頭のて っぺんを結ぶ直線上を進むから，鏡の点Aを通る。 一方，足の先から出て目に入る光は，上と同じよ うに考えて，図の点Bを通る。 Aの高さは，目と頭のてっぺんとの中間であるから，

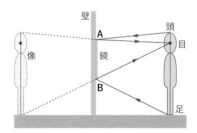

$$160\,cm - \frac{10\,cm}{2} = \textbf{155\,cm} \quad ⋯⋯答$$

このとき，人と鏡の距離を変えても結果は変わらない。

(2) 鏡の縦の長さは，図のAからBまでの長さである。Bの高さは，目と足の先との中間である から，

$$\frac{160\,cm - 10\,cm}{2} = 75\,cm$$

したがって，鏡の縦の長さは，

$$155\,cm - 75\,cm = \textbf{80\,cm} \quad ⋯⋯答$$

ちょうど身長の 半分の長さの鏡 がいるんだね！ !?

2枚の鏡にうつる像

着目 鏡にうつった鏡にも物体の像がうつる。

要点

● **2枚の鏡にうつる像** 鏡にうつった鏡にも物体の像がうつる。
● **垂直に組み合わせた鏡** 像は3つできる。中央の像は1枚の鏡と左右が反対。
● **平行にして向かい合わせた鏡** 無数の像ができる。

---

1 垂直に組み合わせた鏡

　図1のように，2枚の鏡を垂直に組み合わせ，その前に物体を置くと，像が3つできる。それぞれの鏡によって1つずつ像ができるだけなら，像は2つのはずである。第3の像は，どのようにしてできるのだろうか。

Ⓐ 第3の像ができる理由

　図2のように，鏡Aと鏡Bを垂直に組み合わせて，その前に物体を置くと，鏡Aに像1がうつり，鏡Bに像2がうつる。

　ところで，鏡Aには鏡Bもうつる。鏡Bの像を鏡B′とすると，鏡B′には像1の像1′がうつっているのが見える。これが第3の像である。

　鏡Bにうつる鏡Aの像である鏡A′にも，像2の像がうつるので，これを像2′とすると，もう1つ像ができそうであるが，像2′は像1′と同じ位置にできる。

Ⓑ 像の大きさ

　像の大きさはすべて実物と同じである。像1，像2は鏡に対して実物と対称の位置にあり，像1′は鏡B′に対して像1と対称の位置にある。

Ⓒ 像の左右

　鏡A，Bにうつった像1と像2は，実物と左右が反対になっているが，鏡B′にうつった中央の像1′は実物と左右が同じである。

　これは，像1′が像1の像であるため，左右が反対の反対になって，もとにもどるからである。

図1　垂直に組み合わせた2枚の鏡でできる像

それぞれの鏡にうつる像のほかに，第3の像ができる。この像は左右反対でない。

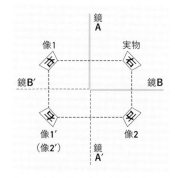

図2　垂直に組み合わせた鏡にうつる像

D 目に入る光の作図

像1と像2の場合は，1枚の鏡の場合と同じように考えて，図3のように光の道すじをかくことができる。

第3の像1′の場合は，図3のように，鏡で2度反射する。最後に目に入ってくる光は像1′から出る方向であるが，その前の光の道すじは像2から出る方向である。

図3　2枚の鏡を垂直に組み合わせたときに目に入る光の道すじ

② 平行にして向かい合わせた鏡

図4のように，2枚の鏡を平行にして向かい合わせ，その間に物体を置くと，たくさんの像が見える。

A 像のでき方

図5のように，鏡Aと鏡Bを平行に向かい合わせて，その間に物体を置いたとする。鏡Aを見ると，像1がうつっており，そのうしろに鏡Bの像である鏡B′がうつっている。鏡B′には，鏡Bにうつっている像2の像2′と，鏡Aの像である鏡A′の像の鏡A″がうつっているのが見える。さらに，鏡A″に物体の像1″と鏡B‴の像とがうつる。このようにして，無限に鏡の像ができていくので，物体の像も無数にできる。

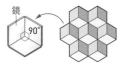

図4　2枚の鏡を平行に向かい合わせたときにできる像

B 像の大きさと位置

像の大きさは，すべて物体と同じ。像の位置は，それぞれの鏡または鏡の像に対して対称になっている。

図5　2枚の鏡を平行にしたときの像のでき方

TRY! 思考力

自転車のリフレクター（反射板）は，コーナーキューブといって，小さな鏡を図3のように垂直に組み合わせたようなものが集まった構造をしている（右図）。その利点を説明しなさい。

ヒント　図3の像1′からの光はどのような向きにもどっていくか考える。

解答例　反射光が光源の方向に向かうので，自動車のライトからの反射光が自動車にもどっていき，自転車の存在を自動車の運転手が発見しやすくなる。

UNIT

4 光の屈折

着目 ▶ 空気→水では入射角＞屈折角，水→空気では入射角＜屈折角となるように進む。

要点

- **光の屈折** ななめに入射する光が異なる物質中を進むとき，境界面で折れ曲がって進む。
- **空気から水・ガラスへ進むとき** 入射角＞屈折角となるように屈折する。
- **水・ガラスから空気へ進むとき** 入射角＜屈折角となるように屈折する。

1 光の屈折

　光が空気から水へななめに入るとき光は水面で折れ曲がって進む。このように透明な異なる物質どうしの境界面を光がななめに進むとき，境界面で光が折れ曲がることを**光の屈折**という。

　屈折して進む光を屈折光といい，**境界面に立てた垂線と屈折光とのなす角**を**屈折角**という。光の屈折が起こるとき，入射光の一部は屈折せずに反射している。

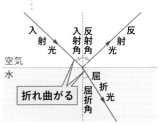

図1　空気から水へ進む光

2 ガラスを通る光の進み方を調べる　実験

Ａ 方法・手順

① 図2のように，方眼紙にそって直方体ガラスを置き，形をうつしとる。
② 直方体ガラスにななめに光を当て，光源からガラスへの進路，ガラスに入る点，ガラスから出た点，ガラスから出たあとの進路を方眼紙に記録する。
③ 図3のように，光がガラスに入る点と出た点を直線で結び，光の全体の進路を直線で表して，入射角と屈折角の関係を調べる。

屈折する光と反射する光に分かれるんだ！

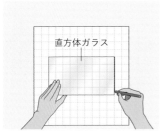

図2　直方体ガラスをうつしとる

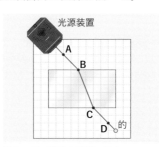

図3　光の進路を直線で結ぶ

B 結果・考察

① 空気からガラスへ進むときは，屈折角は入射角より小さい。

② ガラスから空気へ進むときは，屈折角は入射角より大きい。

③ 入射角が 0°のときは，屈折角も 0°になる。

C 入射角と屈折角

光が異なる物質中を進むとき，入射角と屈折角には図5の
ような関係がある。

① 空気→水やガラス へ進むとき，入射角＞屈折角となる。

② 水やガラス→空気 へ進むとき，入射角＜屈折角となる。

③ 境界面に垂直に入った光は屈折しないで，そのまま直進
する。逆に水やガラスから空気に進む光も同様である。

図4　入射角と屈折角の例

入射角＞屈折角　　　**入射角＜屈折角**

図5　入射角と屈折角の関係

🔖 発展　光が水・ガラスに入る角度と出る角度

空気から水・ガラスへ進む光と，水・ガラスから空気へ進む光は，屈折
角が入射角よりも小さくなったり大きくなったりと逆のことが起こってい
るように思われるが，図5のように並べてかくと，同じ形をしている。

図4のように光が入る境界面と出る境界面が平行な場合，光が入る入
射角と出る屈折角は同じになる。

✏️ TRY! 表現力

p.162の実験で，光の進路を記録するときに，いくつかの点だけを記録すればよいのはな
ぜか。理由を簡単に説明しなさい。

ヒント　光の基本的な性質から考える。

解答例　光は，物質の境界面以外では直進するから。

5 光の屈折と全反射

着目 光が水・ガラスから空気に進むとき，入射角が大きいと，全部の光が反射する。

要点
- **光の屈折による見え方** 水・ガラスを通して見ると実際の位置からずれて見える。
- **全反射** 光が水・ガラスから空気へ進むとき，入射角を大きくすると光は空気へ進むことができなくなり，境界面ですべて反射する。

1 光の屈折による見え方

Ⓐ 曲がる棒

水中にななめに入れた棒は，図1のように，短く折れ曲がって見える。これは，棒の先の点**A**から出た光が水面の点**B**で屈折して目（点**C**）に入るため，あたかも点**A′**から出たように見えるからである。

Ⓑ 浮かぶ硬貨

カップの底に硬貨を置いて，硬貨が見えなくなるぎりぎりの位置からカップの底を見る（図2の左）。そのままの状態で，目の位置は動かさずにカップに水を入れると，図2の右のように，それまでは見えなかった硬貨が見えるようになる。これは，図3のように，**光の屈折**によって硬貨から出た光が目に届くからである。

図2 浮かぶ硬貨

Ⓒ ガラス板を通して見る物体

図4のように，物体を厚いガラスを通して見ると，実際の位置からずれて見える。このように見えるのは，図5のように，物体の点**A**から出て目**D**に入る光が，ガラス面の点**B**，点**C**で屈折するため，点**A′**から出たように見えるからである。

図4 ずれたろうそく

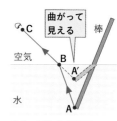

図1 折れ曲がる棒

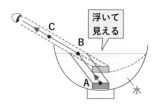

図3 浮かんで見える理由

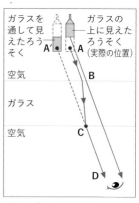

図5 ずれて見える理由

② 光の屈折と全反射を調べる　実験

Ⓐ 方法・手順

図6のように，透明な水槽（とうめい）（すいそう）の底から光を入れ，入射角（にゅうしゃかく）を大きくしていきながら水中から空気中へ出る光の進み方を調べる。

図6　光の進み方の実験

Ⓑ 結果・考察

① 図7のように入射角を変化させると屈折角（くっせつかく）も変化した。

② 図8のように，入射角が，屈折角が90°になる角度を超（こ）えると光はすべて水面で反射し，空気中へは出ていかなくなった。

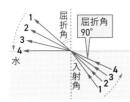

図7　屈折角の変化

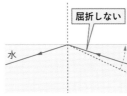

図8　全反射

Ⓒ 全反射

屈折角が90°になる角度より大きい入射角で，水中から水面に向かって光が進むと，光は屈折して空気中に出ることができず，境界面ですべて反射して，水中にもどる（図9）。この現象を**全反射**（ぜんはんしゃ）という。

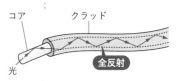

図9　全反射
水中から空気中へ光が進むときは，入射角が約49°以上のとき全反射が起こる。ガラス中から空気中へ光が進む場合は，入射角が約42°以上のとき全反射が起こる。

 参考　光ファイバーのしくみ

光ファイバー（ひかり）はガラスやプラスチックなどでできた細くて透明な線で，中心部の**コア**と，その周囲の**クラッド**が異なる物質でできている。コアに光を通すと，曲がっていても全反射をくり返しながら遠くまで光を伝えることができる。光ファイバーを利用して，多くの情報を速く送ることができる。

図10　光ファイバー

 TRY! 思考力

プールにもぐって遠くの水面を見上げたとき，水面より上に見えるはずの建物などが全く見えないことがある。この理由を説明しなさい。

 ヒント　光は水面で屈折や反射が起こる。

解答例　ななめ上からの光は水面で屈折し，屈折角＞入射角となるように進むので，水面の方向に近い向きに進むことができない一方で，水面の下から全反射で目に届く光が大きくなるから。

UNIT
6 凸レンズと光の進み方

着目 ▶ 凸レンズに光軸と平行な光を当てたとき，光は光軸上の焦点に集まる。

要点
- **凸レンズ** ふちよりも中心のほうが厚く，ふちに向かうほどうすくなるレンズのこと。
- **焦点** 凸レンズに光軸と平行な光を当てたとき，光が集まる光軸上の点。
- **焦点距離** 凸レンズの中心から焦点までの距離。

1 凸レンズ

Ⓐ 凸レンズ

図1のような，ふちよりも中心のほうが厚く，ふちに向かうほどうすくなるレンズを**凸レンズ**という。凸レンズは，2つの球面または球面と平面で囲まれた透明な物体である（図1）。

Ⓑ 凸レンズの光軸

凸レンズの中心を通る光はまっすぐ進むが，それ以外の光は屈折する[*1]。とくに，凸レンズの中心を通り，レンズの面に垂直な直線を，凸レンズの**光軸**という（図2）。

Ⓒ 凸レンズの焦点

凸レンズの光軸と平行な光線が凸レンズを通ったあとは，光軸上の1点に集まる。この点を凸レンズの**焦点**という（図2）。凸レンズのどちら側から平行な光を当てても，光が1点に集まるので，凸レンズの焦点は，凸レンズの両側に1つずつある。

凸レンズの中心から焦点までの距離を**焦点距離**という。凸レンズの両側の焦点距離は等しい。

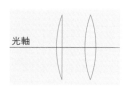

図1 凸レンズ

*1
凸レンズの中心以外では凸レンズに入るときと凸レンズから出るときの2度屈折する。しかし，図にかくときは，凸レンズの中心の線で1回屈折するようにかけばよい。

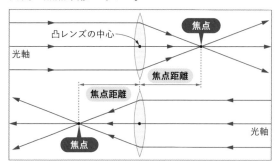

図2 凸レンズの光軸と焦点

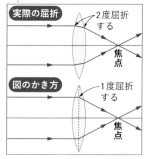

図3 凸レンズを通る光の作図

❹ 凸レンズのふくらみと焦点距離

図4のように，同じ材質でできた凸レンズは，そのふくらみのちがいで焦点距離が変わってくる。ふくらみが大きいレンズほど，屈折のしかたが大きくなり，焦点距離が短くなる。

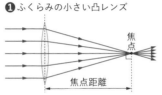

❶ふくらみの小さい凸レンズ

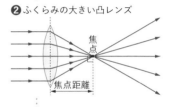

❷ふくらみの大きい凸レンズ

図4　**凸レンズのふくらみと焦点距離**

2 光軸と平行でない光の進み方

図5のように，凸レンズに光軸とはちがう向きに平行な光[*2]が当たったときも，光線はレンズを通ったあと，1点に集まる。

集まる点は焦点ではなく，焦点から光軸と垂直な方向に離れた点である。凸レンズの中心を通る光は屈折せず直進するから，この光線と焦点において光軸に立てた垂線から，光の集まる点が決められる。

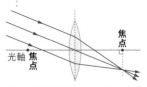

図5　**光軸と平行でない光**

*2
太陽光など，非常に遠くから来た光は，平行な光と考えてよい。

📓 発展　凸レンズと凹レンズ

凸レンズとは逆に，ふちよりも中心のほうがうすく，ふちに近づくほど厚くなるレンズを**凹レンズ**という。凹レンズに光軸と平行な光を当てると，レンズを通ったあと，光は広がる。

凸レンズは遠視用のめがねやルーペなどに使われ，凹レンズは近視用のめがねに使われている。[*3]

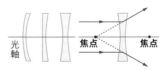

図6　**凹レンズとそのはたらき**

*3
1枚のレンズでは周辺の形がゆがんで見えたり，色が実際の色とちがったり，せまい範囲しか見えなかったりするので，カメラなどでは複数枚の凸レンズと凹レンズを重ねて使っている。

TRY! 表現力

太陽光の下で虫めがねを使うと，紙を焦がすことができる。この理由を説明せよ。

（ヒント）　太陽からの光は平行な光である。

（解答例）　太陽からの光は平行な光なので，虫めがねの凸レンズを通ったあと1点に集まり，その1点を紙に当てることにより，紙を強く加熱するから。

UNIT
7

凸レンズを通る光の作図

着目 ▶ 光軸に平行な光，焦点を通る光，凸レンズの中心を通る光をもとに作図する。

要点
● **光軸と平行な光** 凸レンズ通過後，焦点を通る。
● **凸レンズの中心を通る光** 屈折せず，直進する。
● **焦点を通った光** 凸レンズ通過後，光軸と平行に進む。

1 凸レンズを通る光の作図

凸レンズは光を集めるはたらきがあるので，凸レンズに入ってきた光は，どれも光軸に近づくように屈折する。

凸レンズを通る次の4つの光は，決まった進み方をする。作図するときはこれらの進み方をいくつか組み合わせて作図すると，光軸と平行でない光が集まる点を見つけることができる。

❶ **凸レンズの中心を通る光**

屈折せず，そのまま直進する。

❷ **光軸と平行に進んで凸レンズに入る光**

凸レンズを通ったあと，焦点を通る。

❸ **焦点を通ったあと凸レンズに入る光**

凸レンズを通ったあと，光軸と平行に進む。

❹ **光軸と平行でなく凸レンズに入る光**

凸レンズを通ったあと，焦点から垂直方向に離れた点を通るように進む。

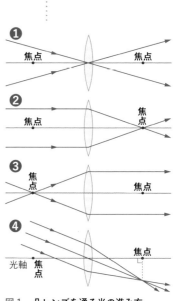

図1 凸レンズを通る光の進み方

例題 2

光軸と平行な光の作図

凸レンズに下の図(1)，(2)に示すような光を当てた。それぞれの光が凸レンズを通ったあと進む道すじを図にかき込みなさい。

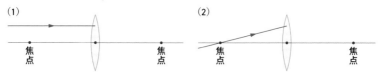

光軸に平行な光は焦点を通り，焦点を通る光は光軸に平行に進む。

答えは下の図のようになる。

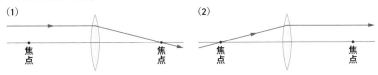

（1）　焦点　　焦点　　（2）　焦点　　焦点

例題 3

光軸と平行でない光の作図

　凸レンズに下の図(1)〜(3)に示すような光を当てた。それぞれの光が凸レンズを通ったあと進む道すじを図にかき込みなさい。

　(3)だけは焦点の位置がわからないので，もう1本の光の進み方を示してある。

（1）　焦点　　焦点　　（2）　焦点　　焦点　　（3）

解き方

光軸と平行でない光は焦点から垂直方向に離れた点に集まる。

答えは右の図のようになる。

(1)，(2)　示された光と平行で，凸レンズの中心を通る光
　　　　　　アと焦点を通る光**イ**をかく。凸レンズを通ったあと，
　　　　　　アは直進し，**イ**は光軸と平行に進む。この2本の
　　　　　　光の交点は，ほかの平行な光もすべて通るから，示
　　　　　　された光もこの点を通るように屈折して進む。

(3)　示された光（赤い線）は凸レンズの光軸に平行だから，
　　　レンズを通ったあと焦点を通る。したがって，焦点
　　　の位置を求めればよい。もう1本の光と平行でレ
　　　ンズの中心を通る光をかき，それとの交点から光軸
　　　におろした垂線の足が焦点だから，それを通るよう
　　　にかけばよい。

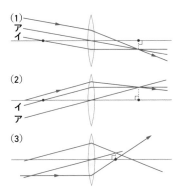

(1)
ア
イ

(2)
イ
ア

(3)

UNIT 8

凸レンズによる実像

着目 ▶ 物体を焦点の外側に置くと，上下左右が逆向きの倒立実像ができる。

要点

● **実像ができる場所** 物体を焦点の外側に置くと，実像ができる。

● **実像の形** 物体とは上下・左右が逆向きの倒立実像ができる。

● **実像の大きさ** 焦点に近いほど大きく，焦点から遠くなるほど小さくなる。

1 凸レンズによる像のでき方を調べる 　実験

Ⓐ 方法・手順

① 光学台の中央に凸レンズを固定し，凸レンズの両側の焦点の位置と焦点距離の2倍の位置に印をつける。

② 物体を光学台の端に置き，スクリーンを動かして像をつくる。[*1] 像ができるときの物体の位置とスクリーンの位置を記録する。

③ 物体の位置を凸レンズに近づけながら，スクリーンを動かして像をつくり，物体の位置とスクリーンの位置を記録する。

*1
スクリーンを少しずつ動かして，像がもっともはっきり見える位置をさがす。

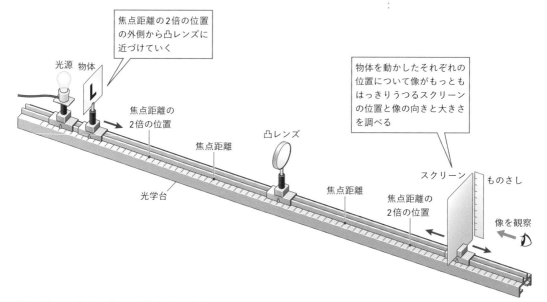

図1　凸レンズによる像のでき方を調べる実験

❸ 結果・考察

① 物体が焦点の外側にあるとき，凸レンズを通った光はスクリーン上に集まって，はっきりとした像ができた。

② 像は上下・左右が物体と逆向きであった。

③ 物体が凸レンズの焦点に近づくほど像は大きくなった。

④ 物体を凸レンズの焦点距離の2倍の位置に置いたとき，像の大きさは物体と同じ大きさになった。

② 凸レンズによる実像

❶ 凸レンズによる実像

　物体を凸レンズの焦点より外側に置いたとき，凸レンズを通った光がスクリーン上につくるはっきりとした像を実像という。[*2] 上下・左右が物体と逆向きの実像を倒立実像という。凸レンズによってできる実像はすべて倒立実像である。

　像の大きさは，**物体が凸レンズの焦点に近いほど大きく，焦点から遠くなるほど小さくなり，焦点距離の2倍のとき物体と同じ大きさ**になる。

*2
凸レンズの光軸と平行な光は焦点を通り，凸レンズの中心を通る光は直進するので，物体が焦点の内側にあるとき1点に集まることができず，実像はできない（→ p.172）。

❷ 倒立実像のでき方

① 物体の点**A**から出た光のうち，凸レンズを通った光はすべて点**A′**に集まる。また，点**B**から出た光も凸レンズを通ったあと，点**B′**に集まる。

② 同じように，点**A**と点**B**の間にある点から出た光は点**A′**と点**B′**の間に集まる。こうして，**AB**間の各点から出た光が凸レンズを通ったあと，最初と同じ順序で**A′B′**間に並ぶので，**A′B′**間に物体の実像ができる。

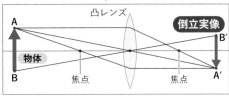

図2　倒立実像のでき方

TRY! 表現力

物体を凸レンズの焦点の位置に置くと実像はできるか，理由とともに説明しなさい。

（ヒント）凸レンズの光軸に平行な光と凸レンズの中心を通る光を考える。

（解答例）物体の1点から出た光は，凸レンズを通過後どれも平行になり，再び集まることがないので実像はできない。

凸レンズによる実像の大きさ

着目 ▶ 焦点距離の2倍の位置にあるとき，物体と同じ大きさの倒立実像ができる。

要点
- **物体を焦点距離の2倍の点より外側に置く** 物体よりも小さい倒立実像ができる。
- **物体を焦点距離の2倍の点に置く** 物体と同じ大きさの倒立実像ができる。
- **物体を焦点距離の2倍の点より内側に置く** 物体よりも大きい倒立実像ができる。

1 物体の位置と実像の大きさ

物体の位置と凸レンズによってスクリーン上にできる実像の大きさについてまとめると，次のようになる（図1）。

❶ 物体が焦点距離の2倍の点より外側にあるとき

レンズの反対側の焦点と焦点距離の2倍の点の間に，物体より小さな倒立実像ができる。物体をレンズから遠ざけるほど，実像は小さくなり，実像ができる位置は焦点に近づく。

❷ 物体が焦点距離の2倍の点にあるとき

レンズの反対側の焦点距離の2倍の点に物体と同じ大きさの倒立実像ができる。

❸ 物体が焦点と焦点距離の2倍の点の間にあるとき

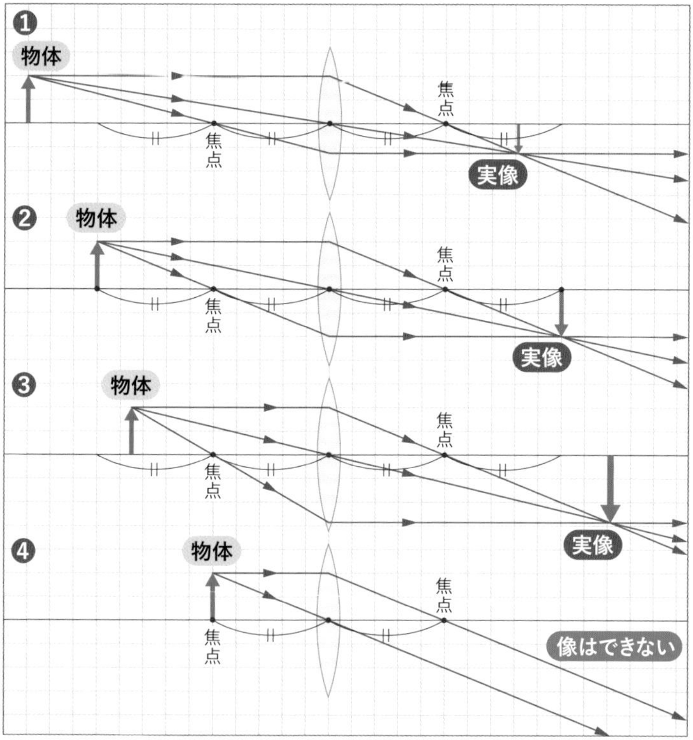

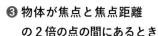

図1 凸レンズによってできる実像の大きさと位置

レンズの反対側の焦点距離の2倍の点の外側に，物体より大きな倒立実像ができる。物体を焦点に近づけるほど，実像は大きくなり，実像ができる位置は凸レンズから遠ざかる。

❹ 物体が焦点上にあるとき

物体の1点から出る光は，凸レンズを通ったあと平行な光になり，1点に集まらない。そのため，このときに実像はできない。

発展

凸レンズの公式

物体とレンズの距離を a，実像とレンズの距離を b，焦点距離を f とおくと，

$$\frac{1}{a} + \frac{1}{b} = \frac{1}{f}$$

という関係が成り立つ。

2 凸レンズのつくる実像のようす

凸レンズと物体の距離と，できる実像の位置・大きさとの関係は以下の表のようになっている。

表1　凸レンズのつくる像のようすのまとめ

物体の位置	実像の位置	実像の大きさ
焦点距離の2倍の点より外	焦点距離の2倍の点〜焦点	物体より**小**
焦点距離の2倍の点	焦点距離の2倍の点	物体と**同じ**
焦点距離の2倍の点と焦点の間	焦点距離の2倍の点より外	物体より**大**

例題4　　　　　　　　　　　　　　　　　　　　図から凸レンズの焦点を求める問題

図は，凸レンズによって物体の倒立実像ができていることを示す。方眼の1目盛りを5cmとして，次の問いに答えよ。

(1) 凸レンズの焦点距離を求めよ。

(2) 像の大きさを物体と同じにするには，物体をあと何cm，どちらに動かせばよいか。

解き方

実像の位置と大きさから，凸レンズを通る光の道すじを作図して求める。

(1) 物体の先端から出て光軸と平行に進む光は，凸レンズで屈折したあと，焦点を通って実像の先端に達する。それで，この光の道すじと光軸との交わる点が焦点となる（下図）。

焦点距離は，$60\,\text{cm} \times \dfrac{10\,\text{cm}}{10\,\text{cm} + 15\,\text{cm}} = \mathbf{24\,cm}$ ……㊜

(2) 像の大きさが物体と同じになるのは，物体が焦点距離の2倍の点にあるときであるから，凸レンズの中心から48cmの点である。よって，**8cm左**に動かす。……㊜

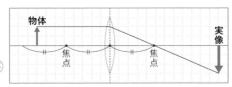

UNIT 10 凸レンズによる虚像・像の作図

着目 ▶ 物体を焦点の内側に置くと，物体より大きな正立虚像が見える。

要点

- **虚像が見える場所** 凸レンズを通して物体と同じ側に虚像が見える。
- **虚像の形** 物体と上下・左右が同じ向きの正立虚像が見える。
- **虚像の大きさ** 物体が焦点に近いほど大きく，焦点から凸レンズに近づくほど小さく見える。

1 凸レンズによる虚像

Ⓐ 物体を凸レンズの焦点の内側に置いたときの像

物体を凸レンズに近づけて，焦点と凸レンズの間に置くと，スクリーンをどこに置いても像はうつらない。そのかわり，物体の反対側から凸レンズを通して物体を見ると，物体より大きな正立の像が見える。このような像を虚像[1]という。

Ⓑ 虚像の見え方

図1のように，物体の先端から出て光軸と平行に進む光と凸レンズの中心を通る光の道すじをかくと，これらは凸レンズを通ったあと広がって進むので，実像はできない。そのかわり，光を進行方向とは逆向きに延長して交わった所に虚像が見える。**ルーペ**では，この虚像を見ている。

実際に光が集まっているわけではないので，この像の見える所にスクリーンを置いても，像はうつらない。

Ⓒ 像の位置と大きさ

凸レンズによる虚像はすべて物体と上下・左右が同じ向きなので，正立虚像という。

虚像の大きさは，物体を焦点に近づけるほど大きくなり，それにつれて，像の位置も凸レンズから離れていく。

*1
虚像は，1点から出た光が集まるのではなく，広がりながら目に入ることで見える。実際に光が集まっているわけではないので，虚像はスクリーンにはうつらない。

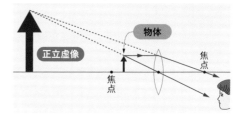

図1 **物体を凸レンズの焦点の内側に置いたときに見える正立虚像**

虚像から光が来たように見えるんだね。

② 凸レンズの像のかき方

像の作図には，図2に示した❶光軸に平行な光，❷凸レンズの中心を通る光，❸焦点を通る光のうちの2本を使う。

作図の順序は次のとおり。

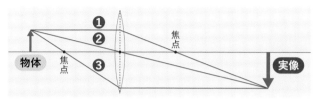

図2　凸レンズの像のかき方

① まず，凸レンズ・光軸・焦点をかく。凸レンズの中心を示す点線をかいておく。光はこの点線上で1回屈折するようにかく。

② 物体を表す矢印を光軸と垂直にかく。このときふつう，物体の矢印は光軸より上にかく。

③ 物体の矢印の先端から光❶〜❸のうち2本をかく。❶，❸は凸レンズの中心の点線まで，❷は直進するので，凸レンズを通りぬけたあとまでかく。光が凸レンズの中を通らないときは，凸レンズの中心を表す点線を延長して，それに交わるまで光の道すじをかく。

④ ❶，❸の凸レンズを通ったあとの光をかき，❷の光との交点を求める。この交点が像の先端の位置である。

凸レンズを通ったあとの光が広がって交点が求められないときは，**虚像**の場合であるから，図1のように，光を反対向きに延長して，交点を求める。凸レンズを通ったあとの光が平行になっているときは，実像も虚像もできない。

⑤ 求めた交点から光軸に対して垂線をひき，矢印をつける。これが**像**である。

参考

カメラのしくみ

デジタルカメラは，焦点よりも遠くにある物体から出た光を凸レンズが集めて**撮像素子**の上に結んだ実像を記録する（→p.176）。
物体と凸レンズとの距離によって実像を結ぶ位置が変わるので，凸レンズと撮像素子の間の距離を動かして**ピント調節**をしている。

図3　カメラのしくみ

TRY!
表現力

物体を凸レンズの焦点の位置に置くと虚像は見えるか，理由とともに説明しなさい。

ヒント　凸レンズの光軸に平行な光と凸レンズの中心を通る光を考える。

解答例　物体の1点から出た光が凸レンズを通過後平行になり，逆向きにたどっても集まる点がないので虚像は見えない。

いろいろな光学機器のしくみ

● フィルム上に小さな倒立実像を つくるカメラ

近年では「レンズ付きフィルム」や一部の愛好家のカメラ以外なかなか見られなくなったが，カメラといえば，かつてはフィルムに実像を感光させて写真を撮るカメラを使っていた。このようなカメラを，フィルムカメラという。

図1 フィルムカメラの裏ぶたを開けたところ

フィルムカメラの裏ぶたをあけ，フィルムのかわりに半透明の板をあててシャッターを開くと，遠くの景色がさかさまになってうつる。このことから，フィルムに感光した像が，**実物より小さな倒立実像**であることが確認できる。

図2 カメラのフィルムにうつる像

カメラのレンズは焦点距離20〜60mmぐらいの凸レンズである。ふつう，うつす物体は数m以上離れているので，実物より小さい倒立実像ができる。うつす物体に近づくと，実像ので

きる位置はレンズから離れていくので，動かせないフィルムのかわりにレンズを前にくり出して，ピントを合わせる。このしくみは，フィルムのかわりに撮像素子を用いているデジタルカメラでも同じである。

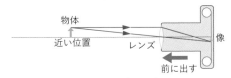

図3 カメラの像のピントの合わせ方

● 実物より大きな倒立実像を さらに拡大する顕微鏡

顕微鏡には，対物レンズと接眼レンズという2つの凸レンズがついている。

対物レンズは，**実物より大きな倒立実像**をつくるはたらきをする。そのために，実物を対物レンズの焦点のすぐ外側に置く。接眼レンズは，対物レンズのつくった倒立実像をさらに拡大した虚像を見るはたらきをする。そのために，接眼レンズの焦点のすぐ内側に上記の実像がつくられるようになっている。

顕微鏡で見る像は，倒立実像の正立虚像であるから，**倒立の虚像**になっている。そのため，**上下左右が実物と反対**になる。

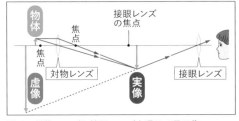

図4 対物レンズと接眼レンズを通じて見る像

このように，凸レンズを2つ用いると，視野に見える倒立の虚像の**倍率は，対物レンズの倍率と接眼レンズの倍率の積**となって，拡大する倍率を簡単に大きくできる。このしくみの顕微鏡を用いて，17世紀にイギリスで，**フックの法則**（→ p.207）で有名なロバート・フックは，コルクを顕微鏡で観察し，**細胞**という小さなへやのようなつくりを発見した。

その同じ時代のオランダで，織物商のアントニ・ファン・レーウェンフックは，究極のルーペともいえる，凸レンズ1個の単眼式顕微鏡を自作して，水中の微生物を研究した。これは彼が自らみがいてつくった直径1mmほどの球形のレンズをはめ込んだものである。小さいレンズが1個だけでとても見づらそうに思えるが，フックの用いていた顕微鏡の4倍以上の倍率で観察することができたのである。

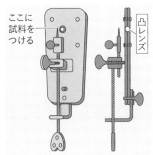

ここに試料をつける

凸レンズ

図5　レーウェンフックの顕微鏡

それはなぜかというと，凸レンズは，焦点距離が短いほど像の倍率が大きくなる性質がある（図6）ためで，レーウェンフックは，焦点距離を小さくするために直径の小さい，球形のレンズをつくり顕微鏡に用いたのである。

ただし，このような，表面が大きく曲がっているレンズは，見る場所が凸レンズの軸から離れるほど見られる虚像のゆがみも大きくなる。レーウェンフックは，試料の小ささに合わせてガラス球をできるだけ小さくみがくことで，焦

点距離の短い，倍率200倍以上にも達するレンズをつくり上げ，鮮明な微生物のスケッチを多数行った。

レーウェンフックは，その業績によって，今日では「微生物学の父」とよばれている。

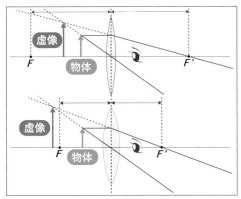

虚像
F
物体
F'

虚像
F
物体
F'

図6　凸レンズの焦点距離と同じ位置の物体の虚像の大きさの関係

● スクリーンに物体より大きな 倒立実像をつくるプロジェクター

プロジェクターは，カラースライドや映画フィルムなどをスクリーンにうつす装置である。したがって，実物の**拡大された倒立実像**をつくらなければならない。そのために，カラースライドや映画のフィルムなどは，凸レンズの焦点のすぐ外側に置かれるようになっている。

また，像は実物と上下左右が反対になるので，カラースライドやフィルムは，うつしたい向きとはさかさまにして入れる。

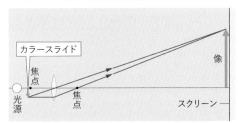

カラースライド

焦点

光源

焦点

像

スクリーン

図7　プロジェクターの凸レンズによってつくられる 倒立実像

定期テスト対策問題

解答 ➡ 別冊 p.7

問 1 光の反射

右の図のように，鏡と50°の角度をなす方向から光を当てた。これについて，次の問いに答えなさい。

(1) この光の入射角は何度か。

(2) この光の反射角は何度か。

(3) この光は，鏡に当たったあと，右図の**ア〜カ**のどの点を通るか。

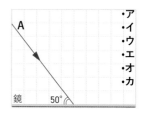

問 2 鏡にうつる像

右の図のように，壁(かべ)にとりつけてある鏡の前方2mの所に身長160cmのA君が立ち，自分の姿(すがた)を鏡にうつして見た。これについて，次の問いに答えなさい。

(1) A君の像は，A君から何m離(はな)れて見えるか。

(2) A君の像の身長は何cmか。

(3) A君が自分の全身をうつして見るためには，鏡の縦(図のa)の長さは何cm以上なければならないか。

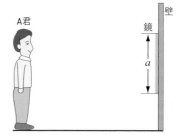

問 3 光の屈折

右の図のように，水面と50°の角度をなす方向から光を当てた。これについて，次の問いに答えなさい。

(1) この光の屈折角(くっせつかく)はどれくらいか。次の**ア〜オ**から1つ選べ。

ア 40°より小さい　　　　　**イ** 40°

ウ 40°より大きく50°より小さい　　**エ** 50°

オ 50°より大きい

(2) 右図の**ア〜ウ**から，この光の進路として正しいものを1つ選べ。

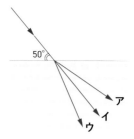

問 4 **2枚の鏡にうつる像**

次の図を見て、あとの問いに答えなさい。

図1

鏡

図2

図3

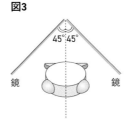

図4

⑴　図1のように鏡を置いて、時計を鏡にうつして見ると、図2のように見えた。このとき、時計は何時を示しているか。

⑵　図3のように2枚の鏡を合わせて、その前に時計を置き、時計を鏡にうつして見ると、図4のように見えた。時計は何時を示しているか。

問 5 **凸レンズを通る光の進み方**

凸レンズに、下の⑴〜⑶の図に矢印で示した向きの光を当てた。その後の光の進み方を、それぞれ図中にかき入れなさい。

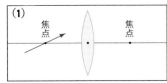

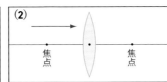

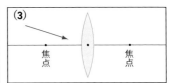

問 6 **凸レンズを通る光の進み方**

右の図は、凸レンズの光軸上の点Aに物体を置いたところを示している。方眼の1目盛りを5cmとして、次の問いに答えなさい。

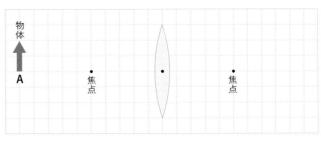

⑴　物体の像はどこにできるか。図中にかき込め。像の位置を決めるために使った線も消さずに残しておくこと。

⑵　像の大きさは何cmか。

⑶　像は実像か、虚像か。

⑷　像は倒立か、正立か。

⑸　物体を凸レンズに近づけていくと、像の大きさは大きくなるか、小さくなるか。また、像は凸レンズに近づくか、遠ざかるか。

UNIT 1 音の伝わり方

着目 ▶ 音源から出た音は，まわりの空気を振動させ，波として伝わっていく。

要点
● **音の伝わり方** 音源が振動するとまわりの空気が振動する。空気の振動が，わたしたちの耳の中にある鼓膜を振動させ，音を感じる。

● **音を伝えるもの** 空気だけでなくあらゆる気体や液体，固体も音を伝える。

1 音の伝わり方

A 音源

たいこをたたいて，音が出ているとき，たいこの皮にふれると，皮が小きざみに振動していることがわかる。また，**音さ**[*1]をたたいて鳴らし，水面にふれさせると，水をはね飛ばす。この実験から，音を出しているものは振動していることがわかる[*2]。

たいこの皮や音さのように，振動して音を出しているものを**音源**または**発音体**という。

B 空気中を伝わる音

図2のように，同じ高さの音が出る音さを向かい合わせて置く。このとき，音さAをたたいて鳴らすと，**共鳴**[*3]して音さBも鳴り始める（❶）。一方，2つの音さの間に板を置いて音さAをたたいても，音さBは鳴らない（❷）。このことから，空気が音を伝えていることがわかる。

音さBが鳴り始めたのは，音さAの振動がまわりの空気を振動させて，音さBに伝わるからである。間に板を入れると空気の振動が音さBに伝わりにくくなるので，音さBの音が小さくなる。

図1 **音さの振動**

*1
音さ（音叉） はU字形をした金属製の器具で音楽のチューニング（調律➡p.190）や医療用などに使われる。

*2
音の出ている音さやたいこの皮は振動しており，手でさわって振動を止めると音は出なくなる。このように，音は音源の振動を止めれば出なくなる。

*3
音を出す物体が，自分の出す音と同じ高さの音を受けると，自分自身も振動を始める。この現象を共鳴という（➡p.193）。

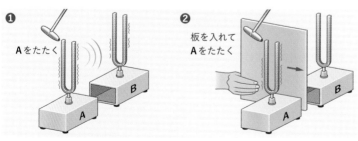

❶ Aをたたく

❷ 板を入れてAをたたく

図2 **2つの音さの音の伝わり方**

ⓒ 空気がないときの音

図3のように真空容器の中に鳴っているブザーを入れる。ブザーが鳴り、発泡ポリスチレン球が振動するのを確認し、簡易真空ポンプで空気をぬいていく。

はじめはブザーの音が聞こえているが、真空容器の中の空気をぬいていくと、ブザーの音がだんだん小さくなり、やがて聞こえなくなってしまう。しかし、発泡ポリスチレン球は振動しているので、音は出ていることがわかる。ピンチコックを開けて真空容器の中に空気を入れると、またブザーの音が聞こえるようになる。

このことから、空気がなければ音は伝わらないことがわかる。

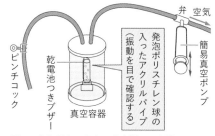

図3 **空気がないときの音を調べる実験**

2 空気の振動と波

音源が振動すると、音源にふれている空気は交互に押されたり引っぱられたりする。

押されたときに空気は濃くなり、引っぱられたときに空気はうすくなるので、空気には濃い部分とうすい部分が交互に現れる。そして、それがまわりの空気に伝わっていく。

振動が次々と伝わる現象を波という。**音が聞こえるのは、空気の振動が波として伝わり**、わたしたちの耳の中にある**鼓膜を振動させるから**である。

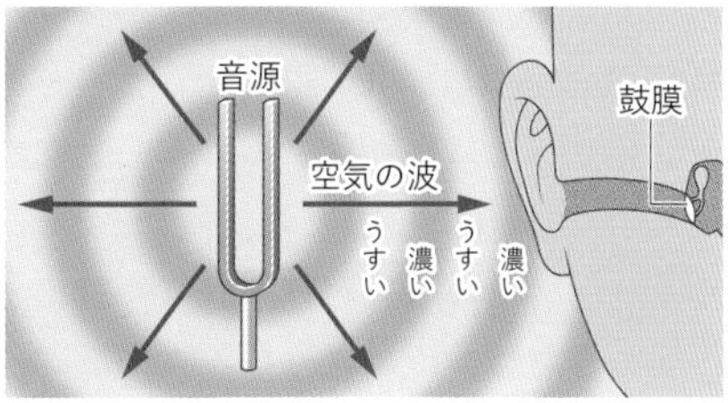

図4 **音が聞こえるようす**

音は空気だけでなく、ほかの気体や、水などの液体、金属などの固体の中も伝わっていく（→ p.182）。たとえば、**糸電話**で会話することができるのは、音がぴんと張った糸を伝わるからである。また、**アーティスティックスイミング**では、水中のスピーカーから流れる音楽を聴いて、動きのタイミングをそろえている。

TRY!
表現力

音が波としてわたしたちの耳の鼓膜に届いたとき、鼓膜はどのようにして振動するのだろうか。音の波の濃い部分とうすい部分に着目して説明しなさい。

〔ヒント〕 濃い部分は空気を押し、うすい部分は空気を引っぱる力がはたらく。

〔解答例〕 音の波の濃い部分が鼓膜を押し、うすい部分が鼓膜を引っぱることで鼓膜が振動する。

UNIT

2 音の速さと反射

着目 ▶音が伝わる速さは，気体中，液体中，固体中で異なる。

要点
● **空気中の音の速さ** 音が空気中を伝わる速さは，約340m/sである。
● **音が伝わる速さ** 音は，液体や固体の中では空気中よりも速く伝わる。
● **音の反射** 音がかたいものに当たってはね返ることを音の反射という。

1 音の速さ

Ⓐ 音が空気中を伝わる速さ

花火を見ているとき，花火が見えてしばらくたってからドーンという音が聞こえる。かみなりが鳴っているときも，稲光が光って数秒後に雷鳴がとどろく。

このようなことが起こるのは，音が空気中を伝わるのに時間がかかるからである。音が空気中を伝わる速さは**約340m/s**[*1]である。一方，光は一瞬にして伝わる[*2]。

音の速さは，次のような方法で調べることができる。

打ち上げ花火を動画で撮影し，花火が光ってから，音が聞こえるまでの時間を測定する。さらに，地図などを使って，花火が光った点と撮影場所との距離を調べ，次の式で求める。

図1　花火の光

*1
m/sは1秒間に何m移動するかを表し，**メートル毎秒**と読む。1秒間に何km移動するかを表す場合にはkm/sを使う。

*2
光の速さは約30万km/sで，1秒間に地球を7周半回ることができる速さである。

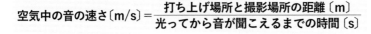

$$空気中の音の速さ〔m/s〕＝\frac{打ち上げ場所と撮影場所の距離〔m〕}{光ってから音が聞こえるまでの時間〔s〕}$$

 発展　気温と音の速さ

空気中の音の速さは厳密には温度によって変化する。温度が高いほど速く進み，気温がt℃のときの音の速さをVm/sとして，

$V = 331.5 + 0.6t$　　という関係がある。

Ⓑ 音が液体や固体中を伝わる速さ

一般に，音が伝わる速さは，気体中・液体中・固体中の順に大きくなる。たとえば，水中を音が伝わる速さは約1500m/sであり，空気中よりも速い。また，鉄の棒を音が伝わる速さは約5950m/sで，空気中や水中よりもずっと速い。

音の反射

音はかたい物に当たるとはね返る性質がある。音がはね返ることを，音の反射という。[*3]

山に登ったとき，谷の向こうの山に向かって大きな声を出すと，しばらくして**山びこ**が返ってくる。また，洞くつやトンネルの中などで声を出すと，同じ声がいくつも重なって聞こえる。これらのことは，音が向こうの山や，洞くつ，トンネルの壁で反射することで起こる。

*3
同じように，光が物体に当たってはね返ることを，**光の反射**という（→p.156）。

参考 **反響**

山びこのように，音の反射によって音が重なって聞こえることを**反響**という。音楽を聞くとき，あまり反響が強すぎても聞きにくいが，かといって全然反響がないと，音にうるおいがなくなる。そこで，コンサートホールでは，天井や壁に反射板や吸音板をつけて，適度な反響が残るように調整している。

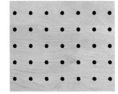

図2　吸音板

 1

音が空気中を伝わる速さ，水中を伝わる速さ

次の問いに答えなさい。ただし，音が空気中を伝わる速さは340m/s，水中を伝わる速さは1500m/sとする。
(1) 稲妻が光ってから5.6秒後に雷鳴が聞こえた。かみなりが鳴った場所から何m離れていたか。
(2) 船の底から海底に向けて音を出すと，音は海底で反射し2.4秒後にもどってきた。このとき，船の底から海底までの距離は何mになるか。

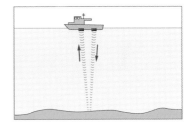

解き方

音の速さに，聞こえるまでにかかった時間をかけると，音源までの距離を求めることができる。
(2)は海底で反射してもどってくるので，往復にかかった時間であることに注意。

(1) かみなりが起きた場所からの距離は，
　　　340m/s×5.6s＝**1904m** ……(答)
(2) 船の底から海底まで届き，反射してもどっているので，往復で2.4秒かかっている。船の底から海底までにかかった時間はその半分の1.2秒である。
　　　よって，船の底から海底までの距離は，
　　　1500m/s×1.2s＝**1800m** ……(答)

UNIT 3 音の大きさと波形

着目 ▶ 音源の振動が大きいほど波形の振幅は大きくなり，音は大きくなる。

要点
- **弦をはじく強さと音の大きさ** 強くはじくほど音は大きくなる。
- **振幅と音の大きさ** 振幅が大きいほど音は大きくなる。
- **波形と音の大きさ** 波形の振幅が大きいほど音は大きくなる。

1 音の大きさ

　たいこやピアノの鍵盤を強くたたくと大きい音が出る。また，弱くたたくと小さい音が出る。このような**音の大きさ**と，音源の振動のようすの関係について，**モノコード**を使って調べる。

　モノコードは，共鳴箱の上に1本または2本の弦をはった楽器である(図1)。太さの異なる弦をはったり，**ことじ**[*1]を動かして弦の長さを変えたり，弦をはる強さを変えたりできるようになっていて，音源の状態と出る音の関係を調べることができる。

図1 モノコード

*1
弦の途中に置いて，弦の長さを変えるための部品。

2 音の大きさを調べる 　　実験

A 方法・手順

① モノコードのことじをはずし，[*2]弦の下に2mmの間隔で平行線を引いた紙を置く。

② モノコードの弦をはじく強さを変えて，弦が振動する幅と音の大きさがどのように変化するかを調べる。

B 結果・考察

　モノコードの弦を強くはじくほど，弦の振動の振れ幅が大きくなって，音が大きくなった。

　弦などの振動の幅を**振幅**という。弦の振幅が大きいほど，弦から出る音は**大きな音になる**。

*2
音の大きさを調べる実験では，弦が長いほうが，弦の振動するようすを観察しやすいので，ことじをはずして使う。

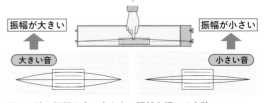

振幅が大きい　　　　　　　振幅が小さい
大きい音　　　　　　　　　小さい音

図2 弦の振幅と音の大きさの関係を調べる実験

音の大きさは，**デシベル**（記号 **dB**）という単位で表す。

閑静な住宅街が約40dB，通常の会話が約60dB，電車が通るときのガード下での音が約100dB，旅客機のエンジンの近くの音が約120dBである（表1）。

70dBあたりからうるさく感じ，90dBでは会話が成り立たなくなる。100dBを上回ると聴力障害の原因ともなる。

騒音による健康被害が起こらないよう，住宅地では昼間は55dB，夜間は45dB以下といった**環境基準**が定められている。

表1　いろいろな音の大きさ

音の大きさ〔dB〕	騒音の具体例（間近で聞いたとき）
90	イヌの鳴き声
70	セミの鳴き声
50	エアコンの室外機の出す音
40	図書館内の音
30	鉛筆で文字を書くときの音
20	雪の降る音

3 音の大きさと波形

オシロスコープ（図3）や**コンピュータソフト**を使うと，音の振動を波の形（波形）で表すことができる。音の波形は，**音の大きさ**や**高さ**（→ p.186），**音色**（→ p.192）によって変わる。

オシロスコープに現れる波形は，横軸が時間，縦軸が振動の振れ幅を表している。

同じ音源を使い，音の大きさを変えたときの波形は図4・図5のようになる。このように，大きな音のほうが，縦に引きのばされたような波形となっている。言いかえると，大きな音ほど音の波形の振幅が大きくなっていることがわかる。

図3　オシロスコープ

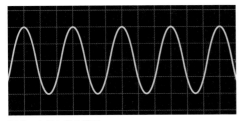

図4　大きな音の波形

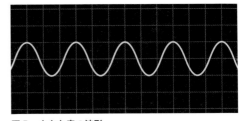

図5　小さな音の波形

音源の振動の幅が大きくなると，どうして音が大きくなるのか説明しなさい。

ヒント 空気の濃い部分とうすい部分の差が大きくなると音は大きくなる。

解答例 振動の幅が大きくなると，より強い力で押されたり引っぱられたりして，空気の濃い部分とうすい部分の差が大きくなる。その結果，大きな音になる。

UNIT 4

音の高さと波形

着目 ▶ 音源の振動の間隔が短いほど，1回の振動は短くなり，音は高くなる。

要点

● **音の高さと波形** 1回の振動が短いほど音は高くなる。

● **音の高さと振動数** 振動数が多いほど音は高くなる。

● **びんの口を吹いたときの音の高さ** 空気の入っている空間が小さいほど音は高くなる。

1 音の高さ

ドレミファ…という**音階**で表されるような音のちがいを，**音の高さ**という。

ピアノの左側の鍵盤をたたくと「ボーン」というにぶい音がする。このような音を**低い音**という。また，右側の鍵盤をたたくと「キーン」という鋭い音がする。このような音を**高い音**という。

2 音の高さと波形を調べる

p.185で音の大きさと波形を調べたように，**オシロスコープ**や**コンピュータソフト**を使って，同じ音源で音の高さを変えたときの波形は，図2・図3のようになる。

このように，高い音は低い音に比べて，横に押しつぶされたようになっており，山と山[*1]の間がつまっている。

オシロスコープに現れる波形では，横軸が時間を表しているので，**高い音ほど振動の間隔が短くなっている**ことがわかる。

*1
波を波形で表したとき，いちばん高いところを山，いちばん低いところを谷といい，山と谷は交互に並ぶ。となり合う山から山まで，もしくは谷から谷までを1回の振動と考える。

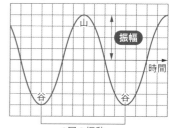

図1 波の山と谷

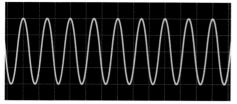

図2 高い音の波形

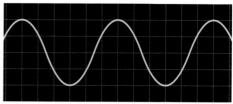

図3 低い音の波形

③ 音の高さと振動数

❹ 振動数

音源が1回振動すると，波形の山と谷が1つずつできる。音源が1秒間に振動する回数を振動数または周波数という。

振動数が多いほど音は高くなる。高い音で振動の間隔が短いのは，1秒間に山と谷がたくさんつくられるからである。

振動数は**ヘルツ**（記号**Hz**）という単位で表し，音源が1秒間に100回振動するときに出る音を，100Hzの音という。[*2] なお，ヒトが聞きとることのできる音の振動数は，約20～20000Hzである（→ p.192）。

*2
ピアノの真ん中にあるラの音を440Hzまたは442Hzに合わせ，それをもとにほかの音の高さを決めることが多い。

❻ 水の入ったコップをたたいたときに出る音

図4のように，コップに異なる量の水を入れ，コップの上のふちを棒で軽くたたく。このとき，コップに入っている水の量が多いほど，低い音が出る。これは，水の量が多くなるほど水の重さによってコップが押さえつけられ，コップが振動しにくくなり，振動数が少なくなるため，低い音が出る。

図4　コップをたたいたときの音

❼ 水の入ったびんの口を吹いたときに出る音

図5のように，びんに異なる量の水を入れ，びんの口を軽く吹くと，びんの中の空気が振動して音が出る。このとき，コップに入っている水の量が多いほど，高い音が出る。

水の量が多くなるほどびんの中の空気の入っている空間がせまくなり，振動の間隔が短くなるため，高い音が出る。

図5　びんの口を吹いたときの音

TRY! 思考力

自転車を立てて後輪を回し，はがきを後輪のスポークに当てると音が出る。車輪の回転を速くしていくと，高い音が出るのはなぜか説明しなさい。

ヒント　車輪の回転が速くなると，はがきの振動のしかたにどのような変化が起こるか考える。

解答例　はがきはスポークにはじかれて振動するので，車輪の回転が速くなるほど振動数が多くなり，音は高くなる。

UNIT **5** 弦の長さ・太さと音

着目 弦が短いほど，弦が細いほど，弦の振動数が大きくなり，高い音が出る。

要点
● **弦の長さと音の高さ** 弦が短いほど，弦の振動数が多くなり，高い音が出る。
弦が長いほど，弦の振動数が少なくなり，低い音が出る。

● **弦の太さと音の高さ** 弦が細いほど高い音が，弦が太いほど低い音が出る。

1 弦の長さと音の関係を調べる

実験

A 方法・手順

① **モノコード**に同じ太さの弦を2本はり，両方の弦が同じ高さの音を出すように，弦をはる強さを調節する。

② 一方の弦の中ほどに**ことじ**を入れ，両方の弦をはじいて，弦の振動数と音の高さ，音の大きさを比べる。

③ ことじの位置を変えて，弦の振動する部分を長くしたり短くしたりして，ことじを入れていないほうの弦と音の高さと大きさを比べる。

B 結果・考察

① ことじを入れて弦をはじくと，ことじを入れないときより高い音が出た。

② ことじを動かして，はじくほうの弦の長さを短くすると，高い音が出た。反対にはじくほうの弦の長さを長くすると，低い音が出た。

③ 音の大きさと，弦の長さとの関係は見られなかった。

C 弦の長さと音の高さ

この実験のように，弦が短いほど，弦の振動数が多くなり，高い音が出る。また，弦が長いほど，弦の振動数が少なくなり，低い音が出る。

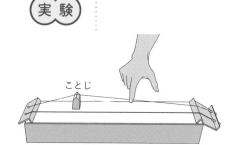

ことじ

図1 弦の長さと音の高さを調べる実験

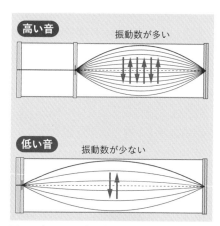

高い音　振動数が多い

低い音　振動数が少ない

図2 弦の長さと音の高さ

木きんや鉄きんでも，短い板は高い音が出るね。

② 弦の太さと音の関係を調べる 実験

Ⓐ 方法・手順

① モノコードからことじをとりはずし，太い弦と細い弦を
同じ強さではる。

このとき，弦をはる強さを正確に等しくするには，図3
のような弦の端に滑車のついたモノコードを用意して，
同じ重さのおもりをつり下げる方法もある。

② 太い弦と細い弦をはじいて，音の高さと大きさを比べる。

Ⓑ 結果・考察

① 細い弦は太い弦よりも高い音を出した。

② 弦の太さと，音の大きさとの関係は見られなかった。

以上の結果から，弦が細いほど，弦の振動数が多くなり，高い音が
出る一方，弦が太いほど，弦の振動数が少なくなり，低い音が出るこ
とがわかる。

図3　同じ強さで弦をはる

 参考 ピアノの音のしくみ

ピアノは鍵盤を押すと，その奥にあるハンマーが下から弦をたた
き，弦が振動して音を出すようになっている。

弦の振動だけでは音が小さいので，弦の振動を**こま**という部品を
通して**響板**という大きな木の板に伝え，響板が空気を振動させる。

ピアノの鍵盤は全部で88あり，左の鍵盤ほど低い音が出て，右
の鍵盤ほど高い音が出るようになっている。一番左の鍵盤がたたく
弦(図4では右の弦)は太くて長く，標準的な調律(→ p.190)では
27.5Hzの音を出す。

また，一番右の鍵盤がたたく弦(図4では左の弦)は細くて短く，
標準的な調律では4186Hzの音を出す。

図4　ピアノの弦

 TRY! 表現力

モノコードの弦をはじいて音を出したあと，はじいたほうの弦が短くなるように，ことじを連続的に動かしていくと，音がどう変化していくか説明しなさい。

ヒント 弦の長さが連続的に変化するので，音の高さも連続的に変化する。

解答例 弦が短くなればなるほど，音も連続的に高くなっていく。

UNIT

6 弦をはる強さと音

着目 ▶弦を強くはるほど，弦の振動数が多くなり，高い音が出る。

要点

● **弦をはる強さと音の高さ** 弦をはる強さが強いほど高い音が，弱いほど低い音が出る。

● **弦と音の高さ** 高い音…弦が短い。弦が細い。弦をはる力が強い。

　　　　　　　　低い音…弦が長い。弦が太い。弦をはる力が弱い。

① 弦をはる強さと音の関係を調べる 　実験

Ⓐ 方法・手順

① モノコードに同じ太さの弦を2本はり，両方の弦が同じ高さの音を出すように，弦をはる強さを調節する。

② 一方の弦をはる力を強めて弦をはじき，音の高さと大きさを比べる。

③ もう一度同じ高さの音を出すように，はる強さを調節する。

④ 一方の弦をはる力を弱めて弦をはじき，音の高さや大きさを比べる。

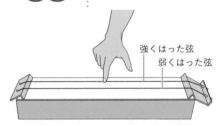

強くはった弦
弱くはった弦

図1　弦をはる強さと音の関係を調べる実験

Ⓑ 結果・考察

① 弦を弱くはるよりも強くはったときのほうが，高い音が出た。

② 弦をはる強さと，音の大きさとの関係は見られなかった。

Ⓒ 弦をはる強さと音の高さ

実験から，**弦を強くはるほど，弦の振動数が多くなり，高い音が出る**。弦を弱くはるほど，弦の振動数が少なくなり，低い音が出る。

参考　楽器の調律

ギターや**ピアノ**などは，使っているうちに弦がのびて音が変わってしまうので調整が必要である。また，曲に合わせて音の高さを少しだけ高くしたり，少しだけ低くしたりすることもある。このような理由で音の調整を行うことを，**調律**という。

ギターやピアノの弦の片方には調律用のねじがあって，弦をはる強さを変えることで，音の高さを調整できる。

図2　ギターの調律用ねじ

② モノコードを使った実験のまとめ

これまでのモノコードを使った実験からわかったことをまとめる。

表1　モノコードを使った実験のまとめ

音の性質	弦をはじく強さ		弦の長さ		弦の太さ		弦をはる強さ	
	強い	弱い	長い	短い	太い	細い	強い	弱い
音の大きさ	大きい	小さい	（同じ）	（同じ）	（同じ）	（同じ）	（同じ）	（同じ）
音の高さ	（同じ）	（同じ）	低い	高い	低い	高い	高い	低い

❶ **大きな音**…弦が強くはじかれた。
　小さな音…弦が弱くはじかれた。
❷ **高い音**…弦が短い。弦が細い。弦をはる力が強い。
　低い音…弦が長い。弦が太い。弦をはる力が弱い。

 弦楽器のしくみ

　ギターやバイオリンなどは，弦を指で押さえることによって，弦の振動する部分の長さを変え，いろいろな高さの音を出すことができる。また，複数の太さがちがう弦をはり，より幅広い高さの音を出したり，異なる高さの音を同時に出したりできるようになっている（図3）。

図3　バイオリンの弦

 弦のようすと音の高さ

　音の高さは弦の振動数によって決まるので，弦が速く振動するほど高い音が出る。このことをふまえると，表1の結果は以下のようにとらえることができる。
① 弦の長さが短いほど，弦の振動にかかる時間が短くてすむ。
② 弦をはる強さが強いほど，弦をもとの位置にもどす力が強い。
③ 弦の太さが細いほど，弦が軽いので動きやすい。

TRY!
表現力

調律とは，ピアノでは，ある音が決められた音の高さになるように調整することである。ピアノの調律では，弦の何を調整して決められた音の高さにしているのか説明しなさい。

（ヒント）　ピアノでは弦の太さと長さを調整することはできない。

（解答例）　弦をはる強さを調整して決められた音の高さにしている。

UNIT
7

音の聞こえ方

着目 ▶ 音の高さ，大きさ，音色を音の3要素という。

要点
- **超音波** ヒトに聞こえない20000Hz以上の高い音を超音波という。
- **音色** 音源による音のちがいを音色という。音色がちがうものは，音の波形がちがう。
- **共鳴** 同じ高さの音をほかから受けたとき，自分も振動を始めることを共鳴という。

1 ヒトに聞こえる音と聞こえない音

個人差はあるが，ヒトに聞こえる音の範囲は，20Hz～20000Hzである。ヒトには聞こえない20000Hz以上の高い音を超音波という。超音波はイヌやコウモリ，イルカなどの動物にはよく聞こえる。

コウモリやイルカは自分で超音波を出し，周囲の物体から反射して返ってきた超音波を聞く。もどってきた音をもとに周囲のようすをとらえ，暗闇の中でも周囲の物体やなかまとぶつからずに飛んだり，泳いだり，えさをとったりすることができる。

超音波はわたしたちのくらしでも利用されている。漁業で使われる**魚群探知機**は，超音波を利用して魚の群れを探し当てることができる。医療で使われる**超音波診断装置**は，内臓のようすや妊婦さんのお腹の中の赤ちゃんの健康のようすを知ることができる。

参考

動物が聞くことのできる音の範囲

イヌ 15～50000Hz
ヒト 20～20000Hz
ネコ 60～65000Hz
イルカ 150～150000Hz
コウモリ 1000～120000Hz
ガ 3000～150000Hz

2 音源による音のちがい

A 音色

同じ高さの音でも，ピアノとバイオリンではちがう音に聞こえる。このような，音源による音のちがいを音色という。

B 振動のしかた

ピアノとバイオリンの音を**オシロスコープ**や**コンピュータソフト**を使って調べると，振動数や振幅とは別に，波形自体のちがいが見られる（図1，図2）。ちがう音色に聞こえる音は，波形がちがっている。

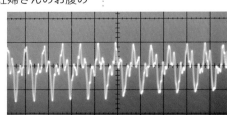

図1 ピアノの音の波形

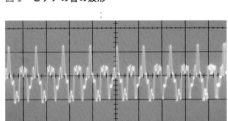

図2 バイオリンの音の波形

ⓒ 音の3要素

音の特徴は，音の高さ，大きさ，音色によって決まり，これらを音の3要素という。

③ 音さの共鳴

音の伝わり方（→ p.180）では，同じ高さの音を出す2つの音さを使って，たたかないほうの音さも振動する現象を学んだ。ここでは，もう一方の音さがどうして音を鳴らすのかを調べる。

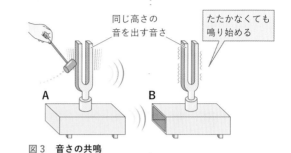

図3　音さの共鳴

図3のように同じ高さの音を出す2つの音さを向かい合わせに置き，一方の音さ**A**をたたいて鳴らす。しばらくすると，もう一方の音さ**B**が鳴り始める。

たたいていない音さ**B**が振動を始めたのは，自分の出す音と同じ高さの音を受けたためである。

このように，音さには，自分が出す音の同じ高さの音をほかから受けたときに，自分も振動を始める性質があり，この現象を共鳴という。

参考　**共鳴箱**

音さの下には**共鳴箱**という木製の箱がついている。共鳴箱は一方向だけ開いた状態になっている。音さだけの振動は小さいため，共鳴箱で音さの音を共鳴させて大きくしている。大きくなった音は，開いた面から出ていく。音さを向かい合わせて置くとは，共鳴箱の空いている面を向かい合わせにして置くことである。

バイオリンやギターのボディも，弦の振動を共鳴箱と同じしくみで音を大きくしている。

TRY! 思考力

音さの共鳴では，音さの共鳴箱の空いている面を向かい合わせて置くが，それぞれ反対向きに置くとどうなると考えられるか，理由とともに説明しなさい。

ヒント　スピーカーの後ろ側で音を聞くと，音は小さく聞こえる。

解答例　箱の中で共鳴した空気の振動が伝わりにくくなるので，音さの共鳴が起こりにくくなる。

近づいてくる音と遠ざかる音の高さ

● 音源が動くと，聞こえる音の高さが変化するドップラー効果

　サイレンを鳴らしながら走る救急車が近づいてきて，自分の目の前を通過していったときのことを思い出してみよう。ある高さで聞こえていたサイレンの音が，自分の前を通過した瞬間から低い音に変化したのではないだろうか。

　時速約60km（17m/s）で走る自動車Aが見通しの悪い交差点に近づいたため警音器を1秒間鳴らした。音の速さを340m/sとすると，鳴り始めの音は，鳴り終わるまでの1秒間に交差点にいるBさんに340m近づいている。この間に，AはBさんに17m近づくから，1秒間に出された音の波の鳴り始めから鳴り終わりまでの長さは，340m－17m＝323mとなる。

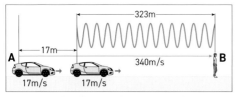

図1　近づく自動車から1秒間に出された音の波

　もし自動車Aが静止していれば，1秒間の音の振動数は同じで，1秒間の音の波の長さは340mとなる。Bさんにはこれらの音が，どのようにちがって聞こえるだろうか。

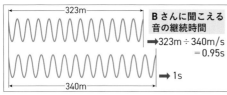

図2　近づく自動車と静止している自動車から1秒間に出された音の波

　音の速さは一定だから，**音源が近づいてくるときの323mの音が聞こえる時間は1秒より短くなる。**その一方で，音の波の振動の回数は，音源が静止しているときの340mの音が1秒間聞こえる場合と同じだから，**振動数が多くなって，もとの音より高い音に聞こえる**ことになる（図2）。

　Bさんが，自動車Aの進む向きと反対の後方にいたら，遠ざかるAが鳴らした1秒間の警報音はどのように聞こえただろうか。1秒間に出された警報音の波が続く長さは，340m＋17m＝357mとなり，**音源が遠ざかっていくときは，聞こえる時間は1秒より長くなるから振動数は少なくなって，もとより低い音に聞こえたはずである**（図3）。

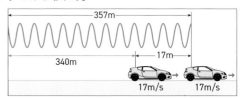

図3　遠ざかる自動車から1秒間に出された音の波

　このような現象は昔から知られていたが，音源の移動する速度と振動数に数学的な関係があることを見いだしたのは，19世紀オーストリアの物理学者，

図4　ドップラー

クリスチャン・ドップラーである（図4）。この現象は彼の名前をとり**ドップラー効果**と名づけられた。

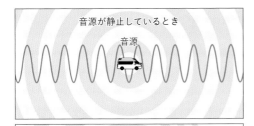

音源が静止しているとき

音源

音源　　　　　音源の進行方向

前方の音の波は縮められ，後方の音の波はのばされる

図5　移動する音源と音の波の変化

● 音源が近づいてくる間に音が変化する場合と変化しない場合

ドップラー効果によって，一定の速さで近づいてくる救急車のサイレンの音は静止しているときよりも高くなっている。しかし，その高さは近づくにつれてもとの高さに近づくのではなく，接近中は同じ高さで変化せず，通過した瞬間にもとの音よりも低くなるので，もとの音よりどれだけ高くなっているかはわからない。

そのため，サイレンの音を聞く人が，救急車が一定の速さで移動する直線上のすぐ近くにいる場合は，音を聞く人の目の前を通過する瞬間に高い音がもとの音より低い音に変化することでドップラー効果に気がつくことになる。**近づいている間や遠ざかっている間，音の高さはもとの音より高い・低いはあるが，それぞれ一定の高さを保っている**わけである（図5）。

ただし，救急車の速さがしだいに速くなっていく場合は，近づいてくるにつれて音の波が縮められ続けてサイレンの音が高くなり続け，遠ざかるにつれて音の波がのばされ続けてサイレンの音が低くなり続けることになる。

また，救急車が一定の速さで移動している場合でも，音を聞く人が，救急車が移動している直線上から離れたところにいる場合，一定時間間隔での救急車との距離が，近づいてくるときは近くなる割合がしだいに小さくなり，遠ざかるときは遠くなる割合がしだいに大きくなる。

そのため，音源が近づいてくる間にしだいに遅く，遠ざかっていく間にしだいに速くなっていく場合と同じように，サイレンの音が近づいてくるにつれて高い音から低くなる。そして，一番近づいた所でもとの音の高さとなり，遠ざかるにつれてもとの音からより低い音へと変化していく（図6）。

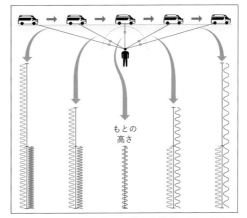

もとの高さ

図6　音源の進行方向から離れた位置で聞く場合の一定時間ごとに音源から音が進む距離

● 聞く側が動く場合のドップラー効果

音源が静止していても，聞く側が動いているとドップラー効果は起こる。

電車に乗って踏切を通過するとき，踏切の警報機の音が踏切を通過した瞬間から低く変化して聞こえる。電車に乗っている人にとって，通過前は音の伝わる速さが見かけ上電車の速さの分だけ速くなり，通過後は音の伝わる速さが見かけ上電車の速さの分だけ遅くなるために起こる。

定期テスト対策問題

解答 ➡ 別冊 p.8

問 1 音の発生と伝わり方

音の性質を調べるために，次の実験Ⅰ，Ⅱをした。これについて，あとの問いに答えなさい。

［実験Ⅰ］ 音さをたたき，水槽に入れた水の水面にふれさせた。

［実験Ⅱ］ 右の図のような装置で，ブザーの音を鳴らしながら，真空ポンプで容器の中の空気をぬいていった。

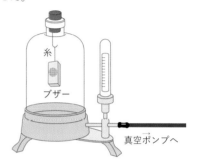

(1) 次の文は，実験Ⅰからわかったことを述べたものである。文中の［　］にあてはまる語を答えよ。

　音さがふれた周辺の水面から水しぶきが上がった。このことから，音さが［　］していることがわかった。

(2) ブザーのように音を発生するものを何というか。

(3) 容器内の空気をぬいていくと，ブザーの音は，大きくなるか，小さくなるか。

(4) この実験結果から，ふつう，音を伝えているものは何だといえるか。

問 2 音の速さ

音の速さについて，次の問いに答えなさい。ただし，空気中を伝わる音の速さは毎秒340mであり，海水中を伝わる音の速さは毎秒1500mであるものとする。

(1) A君が花火を見ていたとき，花火が光ったのが見えてから花火の音が聞こえるまで，約2秒かかった。A君から花火までの距離は約何mか。

(2) 海底の深さを測るために，船から海底に向けて音を出した。この地点の深さが3600mであるとすると，海底からの反射音は何秒後に聞こえると考えられるか。

(3) 船から海底に向けて音を出したところ，2.4秒後に反射音が聞こえた。この地点の海の深さは何mか。

問 3 音の高さ

音の高さについて，次の問いに答えなさい。

　同じ試験管を4個用意し，右のア～エのように水を入れ，試験管の口に息を吹きかけて出る音の高さを比べた。もっとも高い音が出るのはどれか。ア～エから1つ選べ。

ア　イ　ウ　エ

←水

問 4 音の波形と音の高さ・大きさ

いろいろな音さをたたいて音を出し、その音の波形を同じ目盛り幅に設定したオシロスコープで見たら、下の図のような波形が見られた。これについて、次の問いに答えなさい。

(1) **イ**と同じ音さから出た音の波形は**ア**、**ウ**、**エ**のどれか。

(2) **ウ**と**エ**を比べると、どちらが高い音か。

(3) **イ**と**エ**を比べると、どちらが大きい音か。

(4) **ア**と**エ**を比べると、どちらが高い音か。

(5) **イ**と**ウ**を比べるとどちらが大きい音か。

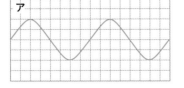
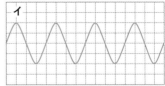
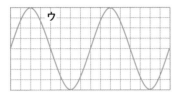
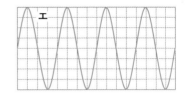

(6) **ア**と同じ音さから出た音の波形は、**イ**～**エ**のどれか。

(7) **ア**と同じような大きさの音の波形は**イ**、**ウ**、**エ**のどれか。

(8) もっとも低くて大きな音の波形は、**ア**～**エ**のどれか。

問 5 弦の振動

右の図のようなモノコードに、太い弦**A**と細い弦**B**を同じ強さではった。これについて、次の問いに答えなさい。

(1) 次の文中の □ にあてはまることばを答えよ。

　弦**A**を強くはじいたときと弱くはじいたときでは、強くはじいたときのほうが、振幅は ① なり、音の大きさは ② なる。

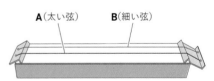

A(太い弦)　　B(細い弦)

(2) 弦**A**と弦**B**を同じ強さではじいたとき、どちらが高い音を出すか。

(3) 弦**A**と弦**B**が同じ高さの音を出すようにするには、どのようにすればよいか。次の**ア**～**ク**から正しいものをすべて選べ。

ア 弦**A**をはる力を弱める。　　**イ** 弦**B**をはる力を弱める。

ウ 弦**A**をはる力を強める。　　**エ** 弦**B**をはる力を強める。

オ 弦**A**の下にことじを置く。　　**カ** 弦**B**の下にことじを置く。

キ 弦**A**を強くはじく。　　**ク** 弦**B**を強くはじく。

(4) 次の文中の □ にあてはまることばを答えよ。

　弦を振動させて音を出すとき、弦の長さが ① ほど、弦の太さが ② ほど、弦をはる強さが ③ ほど、弦の振動数が ④ なり、高い音が出る。

UNIT 1　力のはたらき

着目 ▶ 力は物体の形を変えたり，動きを変えたり，支えたりするはたらきをする。

要点
- **物体の形を変える**　ばねをのばすとき，ばねの形を変える力がはたらいている。
- **物体の動きを変える**　自転車を走らせているとき，速さや向きを変える力がはたらいている。
- **物体を支える**　重いものを持つとき，物体を支える力がはたらいている。

1 力のはたらき

力は目には見えないが，物体に力がはたらくと，次にあげるような変化が現れる。その変化から，わたしたちは，物体に力がはたらいていることを知ることができる。

Ⓐ 物体の形を変えるはたらき

ゴムひもやばねを引っぱるとのびる。また，ボールを強く押したりバットで打ったりするとへこむ（図1）。

このように，力は**物体の形を変えるはたらき**をする。図2のように，物体の形を変える例はいろいろある。力が大きすぎると，物体がこわれてしまうこともある。

図1　ボールの変形

| のばす | 縮める | へこませる | こわす | 切る |

図2　物体の形を変える例

Ⓑ 物体の動きを変えるはたらき

止まっているボールをけると，ボールは動きだす。反対に，転がってきたボールを押さえると，ボールは止まる。また，ピッチャーの投げたボールをバットで打つと，ボールは運動の方向を変える。

このように，力は**物体の動きを変えるはたらき**をする。図3のように物体の動きを変える例はいろいろある。

ボールを押したり，けったりすることをイメージしよう！

| 動かす | 速さを変える | 止める | 方向を変える |

図3　物体の動きを変える例

ⓒ 物体を支えるはたらき

　重いバーベルを持ち上げたり，荷物を持ったり，自転車が倒れないように支えたりするときは，力を加えなければならない。また，本が机の上に置いてあるとき[*1]やクレーンが鉄骨をつるしているとき[*2]などは人が力を加えていないので実感はしにくいが，物体が静止しているときにも力がはたらいている。

　このように，力は**物体を支えるはたらき**をする。図4のように物体を支える例はいろいろある。

| 持つ | 支える | 置く | つるす |

図4　物体を支える例

*1
机の上に本が置いてあるとき，本には自分の重さで下に落ちようとする力がはたらく。その力を机が支えることで本は静止することができる。

*2
クレーンが鉄骨をつるすときも同じように，鉄骨には下に落ちようとする力がはたらく（→p.202）。その力をクレーンが支えている。

TRY!
表現力

重量挙げで，バーベルを選手が持ち上げて頭上で静止するまでに，選手からバーベルにどんな力がはたらいているかを説明しなさい。

（ヒント）　バーベルを床から頭上まで持ち上げるときと，頭上で静止しているときに分けて考える。

（解答例）　バーベルを床から頭上に持ち上げるときは，バーベルの動きを変える力がはたらく。頭上で静止しているときは，バーベルを支える力がはたらいている。

UNIT 2

ふれ合ってはたらく力

着目 ▶ ふれ合っている物体には弾性力，摩擦力，垂直抗力，張力などがはたらく。

要点

● **弾性力** 変形した物体がもとにもどろうとする力。
● **摩擦力** 物体がこすれ合って，物体の動きをさまたげる力。
● **垂直抗力** 面の上で物体が静止しているとき，面が物体を押し返す力。

1 ふれ合ってはたらく力

物体にはたらく力は，**ふれ合ってはたらく力（接触力）**と，**離れていてもはたらく力（遠隔力）**の2種類に大きく分けられる。まずは，イメージしやすい「ふれ合ってはたらく力」について見ていく。

A 弾性力

ばねやゴムひもを引っ張るとのびるが，力をゆるめると，もとの長さにもどる。このように，物体を変形させる原因となった力がなくなると，物体がもとの形にもどる性質を**弾性**[1]という。

弾性をもっている物体が変形を受けると，この物体はもとの形にもどろうとして，ほかの物体に力をおよぼす。この力を**弾性力**という。

固定したばねを下から引くと，図1のように上向きの弾性力がはたらく。このように力のようすは，矢印を使って表すことができる。くわしくは，**力の表し方**（→ p.212）で学ぶ。

B 摩擦力

水平な面の上で物体をすべらせても，物体はすぐに止まってしまう。物体を止めるには，力がはたらかなければならないので，物体は力を受けていることになる。

また，水平な面の上に置いた物体を手で軽く押しても，物体が動き出さないことがある。このときも，物体は手以外からの力を受けている。

これらのときにはたらいている力を，**摩擦力**といい，面が物体に対して加える力である。**摩擦力**は，面と面とがふれ合いながら動いたり，動かそうとしたりしたときに生じる力で，**運動をさまたげるはたらきをする**（図2）。

図1　弾性力

[1]
弾性に対して，物体を変形させたあと，その力をとり除いてももとの形にもどらないような性質を，**塑性**という（→ p.207）。

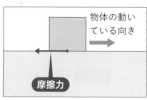

図2　摩擦力

発展 摩擦力が生じるわけ

摩擦力の原因は，はっきりと解明されているわけではないが，次のようなことだと考えられている。

図3のように，一見なめらかに見える物体でも，表面には小さな**でこぼこ**がある。2つの物体の接触面では，これらのでこぼこがふれ合い，運動をさまたげる。面どうしを強く押しつけると摩擦力が大きくなるのは，ふれ合うでこぼこがふえるためである。

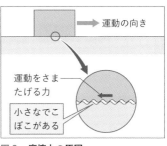

図3　摩擦力の原因

C 垂直抗力

机の上に置かれた本は，机の面の上で静止している。物体が落ちないで静止しているということは，机から物体を押す力がはたらいていることになる。

このように面が物体に押されたとき，[*2] その力に逆らって面が物体を押し返す力を**垂直抗力**という。

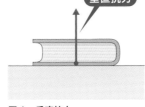

図4　垂直抗力

*2
本が机を押す力は，物体が地球の中心に向かって落ちようとする力である。この力を**重力**という（→p.202）。

D 張力

糸でおもりをつり下げると，おもりが空中に支えられる。物体を支えるには，力を加えなければならない。ぴんと張った糸が，物体を引っ張る力を加えていることになる[*3]

この力を**張力**という。糸がゆるんでいるときは，張力ははたらかない。

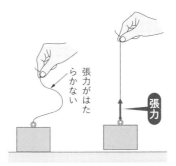

図5　張力

*3
糸がぴんと張ると，糸がわずかにのびる。すると，糸にもとの長さまで縮もうとする**弾性力**が生じる。これが糸の張力である。張力も弾性力の一種である。

TRY! 思考力

ふつうの板の上でプラスチックの円盤（パック）を打っても，すぐに止まってしまうが，エアホッケーの台上ではとても勢いよく移動する。この理由を説明しなさい。

 ヒント　エアホッケーの台には多数の小さな穴があり，そこから空気が吹き出している。

解答例　エアホッケーの台から吹き出した空気でパックは空中に浮いている。そのため台とパックの面が直接ふれることがなく，台との間で摩擦力がはたらかないから。

UNIT

3 離れてもはたらく力

着目 ▶ 重力，磁力，電気の力は離れていてもはたらき，近づくほど大きくなる。

要点
● **重力** 地球が物体を引っ張る力。地球上のすべての物体にはたらく。
● **磁力** 磁石の間にはたらく力。同種の磁極はしりぞけ合い，異種の磁極は引き合う。
● **電気の力** 電気を帯びた物体の間にはたらく力。同種はしりぞけ合い，異種は引き合う。

1 重力と重さ

Ⓐ 重力

ボールや小石を手から放すと，地面に落ちる。投げ上げたボールは，しばらくは上向きに運動するが，やがて下向きの運動に変わって落ちてくる。このように運動のようすが変化することから，ボールには力がはたらいていることがわかる。この力は，地球がボールに加えているもので，**重力**という。重力は，離れていてもはたらく。

地球上の物体はすべて**地球から重力を受けて，下向きに引っぱられている**。このようすを地球全体で見ると，図1のように，物体はすべて地球の中心に引きつけられていることがわかる。

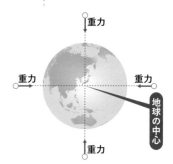
図1　地球の重力の向き

Ⓑ 重さ

物体にはたらく重力の大きさのことを，物体の**重さ**という。同じ物体でも，場所によって重さが変わる（→ p.214）。

2 磁力

磁石には，N極とS極という2種類の**磁極**があって，N極もS極も，ともに鉄とたがいに引き合う。

また，1つの磁石のN極にもう1つの磁石のS極のように異なる種類の磁極を近づけると，たがいに引き合う。ところが，N極とN極またはS極とS極のように，同じ種類の磁極を近づけると，たがいにしりぞけ合う。

これらの力を**磁力（磁石の力）**といい，離れていてもはたらく。

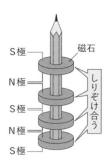
図2　しりぞけ合う磁石

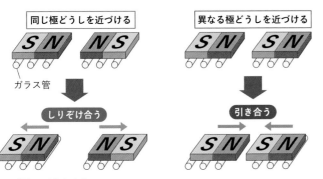

| 同じ極どうしを近づける | 異なる極どうしを近づける |

ガラス管

| しりぞけ合う | 引き合う |

図3　磁力のはたらき方
磁力は磁極間の距離が近いほど大きく，遠いほど小さくなる。そして，あまり離れすぎると，はたらかなくなる。

磁力も電気の力も，異なる種類が引き合うんだね。

3 電気の力

A 静電気

合成繊維のシャツをぬぐときに火花が飛んだり，プラスチックの下敷きを服でこすると，下敷きがかみの毛を吸いつけるようになったりする。

このような現象は，物体がこすられたために電気が生じることによって起こり，このときに生じる電気を**静電気**という。

B 電気の力

静電気には，**正の電気**（＋の電気）と**負の電気**（－の電気）という2種類があって，同じ種類の電気を帯びた物体どうしはしりぞけ合い，異なる種類の電気を帯びた物体どうしは引き合うという性質がある。

このような電気を帯びた物体どうしの間ではたらく力を**電気の力**といい，離れていてもはたらく。

電気の力も，電気を帯びた物体どうしが近いほど大きく，遠いほど小さくなる。そして，あまり離れすぎると，はたらかなくなる。

発展

静電気が起こるわけ

物質はすべて**原子**からできている（中学2年で学習）。原子は負の電気を帯びた**電子**をもっている。
2種類の物質をこすり合わせると，電子が一方から他方へ移るので，電子を得たほうは負の電気を帯び，電子を失ったほうは正の電気を帯びることになる。

TRY!
思考力

かみの毛をブラシでとかしたとき，かみの毛が浮き上がることがある。この理由を，「静電気」ということばを使って説明しなさい。

ヒント　かみの毛をブラシでとかすと，かみの毛が静電気を帯びる。

解答例　かみの毛1本1本が同じ種類の静電気を帯び，たがいにしりぞけ合うから。

UNIT 4 力の大きさと単位

着目 力の大きさはばねばかりではかることができる。単位はニュートン(記号N)。

要点

● **力の大きさの表し方** ばねばかりを利用して，力の大きさを比べることができる。
● **力の大きさの単位** ニュートン(記号N)という単位で表す。1Nは，地球上で100gの物体にはたらく重力の大きさにほぼ等しい。

1 力の大きさの表し方

　力は目に見えないので，そのようすを知るためにはいろいろとくふうをしなければならない。力の大きさの比べ方の1つに，**ばね**を使う方法がある。

　ばねにおもりをつるすとき，おもりの数がふえるほどばねはのびる。手でばねを引くときも，引く力を大きくしていくほど，ばねはのびていく。

　ばねは力の大きさに応じてのびるので，**同じばねが同じだけのびているとき，ばねには同じ大きさの力が加わっている**。たとえば図1で手がばねを引く力の大きさは，同じ長さだけばねをのばすおもりの重さと等しい。

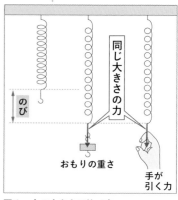

図1 力の大きさの比べ方

2 力の大きさの単位

　力の大きさは**ニュートン**(記号**N**)という単位で表す。1Nの力は，地球上で100gの物体にはたらく重力の大きさにほぼ等しい[*1]。

参考 **アイザック・ニュートン**

　17世紀イギリスの科学者**アイザック・ニュートン**(図2)は，天体の運動についての研究を行い，重力のもとになる**万有引力**や，運動と力の関係を解き明かした。力の単位ニュートンは，その功績にちなんでつけられたものである。

　ほかにもニュートンは，光の性質についての研究も行っており，ニュートンの改良した反射望遠鏡は現在でも使われている。

図2 ニュートン

*1
厳密には，場所によって重力の大きさは少しずつちがい，日本付近での100gの物体の重さはおよそ0.980Nである(→p.214)。
この本では，特にことわりがないかぎり，100gの物体の重さを1Nとして考える。

③ ばねばかりを使った力の測定

Ⓐ ばねばかり

ばねを引っぱった力の大きさを目盛りで読みとれるようにしたものをばねばかりといい，力の大きさをはかるときに使うことができる。

一般に，多くのばねばかりは，**重さ（重力の大きさ）**をはかることで物体の**質量**^{*2}を知るために使われるため，gやkgといった単位の目盛りがつけられている。

なお，力の大きさを調べるのに便利なように，N単位の目盛りをつけたばねばかりもあり，特に**ニュートンばねばかり**という（図3）。

Ⓑ 力の大きさの測定

ばねばかりは縦向きにしたときと横向きにしたときで値がずれる。そこで，ばねばかりをはかりたい向きに置いた状態で0点調節ねじを動かし，針が0を指すように調節する。

参考　0点調節ねじのないばねばかりの使い方

0点調節ねじのついていないばねばかりで力の大きさをはかるときは，図4のように滑車を使う。

❶ 上向きに引っぱる力の大きさをはかるときは，そのままの使い方をすればよい。

❷，❸ 下向きや横向きに引っぱる力の大きさをはかるときは，定滑車を使って力の方向を上向きに変えて，ばねばかりにつなぐ。

*2
理科では，gやkgで表す物質の量のことを**質量**，物体に加わる重力の大きさのことを**重さ**といい，それぞれを区別する（→p.214）。

図3　ニュートンばねばかり

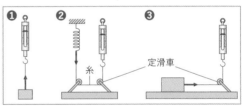

図4　0点調節ねじのないばねばかりの使い方

TRY!
思考力

力を加えていないばねばかりは，横向きにしたときよりも縦向きにしたときのほうが大きな値を示す。この理由を説明しなさい。

 ばねばかりには，ばねの下にものをつるすための金具がついている。

解答例　ばねばかりを縦向きにすると，ものをつるすための金具やばね自身の重さによって，ばねが引っぱられるから。

UNIT

力の大きさとばねののび

着目 ▶ ばねののびは，ばねを引く力の大きさに比例する。

要点

- **ばねののび** ばねを引っぱったときの長さともとの長さとの差を，ばねののびという。
- **フックの法則** ばねののびは，ばねを引く力の大きさに比例する。この性質を利用して，ばねばかりはものの重さをはかることができる。

1 ばねののび

　ばねは，力を加えて引っぱるとのび，力を加えるのをやめると，もとの長さにもどる[*1]ばねを引っぱったときの長さと，もとの長さとの差をばねののびという(図1)。

2 力の大きさとばねののびを調べる 実験

A 方法・手順
① 図2のような装置を組み立ててばね**A**をつるす。
② 1個20gのおもりをつり下げて，ばねののびをはかる。
③ おもりの数を，1つずつ，10個までふやしてばねののびをはかる。
④ ばね**A**をばね**B**にとりかえて，②，③と同様に調べる。
⑤ ばねに加えた力の大きさ[*2]を横軸に，ばねののびを縦軸にとって，グラフをかく。

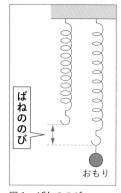

図1 **ばねののび**

*1
ばねに力が加わっていないときの長さのことを，**もとの長さ**や**自然長**などという。

*2
おもりは1個20gなので，1個のおもりをつり下げると，0.2Nの力を加えたことになる。

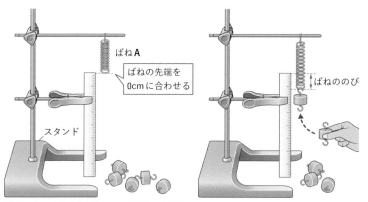

図2 **力の大きさとばねののびを調べる実験**

ばね**A**
ばねの先端を0cmに合わせる
スタンド
ばねののび

B 結果・考察

図3のようなグラフが得られ，次のような結果が得られた。

① ばねAとばねBの測定値を•で座標に表すと，どちらも原点からほぼ一直線に並んでいた。

② 測定値の•をグラフにすると，ばねA，ばねBのどちらも**原点を通る直線**になった。[*3] このことから，ばねののびは，ばねに加えた力の大きさに比例することがわかった。

③ ばねAのほうが，ばねBよりものび方は大きかった。このように，ばねののびる大きさは，ばねによって異なることがわかった。

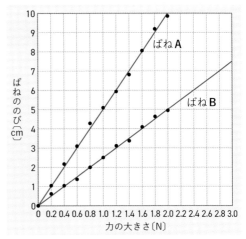

図3 力の大きさとばねののびの関係

*3
測定値には誤差が含まれている。測定値の•を順番に直線で結ぶと1本の直線にはならない。①のように全体としてほぼ一直線になると推測できたら，できるだけ多くの•のそばを通るように1本の直線を引く。

3 フックの法則

実験からわかるように，ばねののびは，ばねを引く力の大きさに比例する。これを**フックの法則**という。

発展　弾性限界

ばねにつるすおもりが非常に重くなると，ばねがのびきってしまい，おもりをとり除いても，ばねはもとの長さにもどらない（図4）。このような変形を**塑性変形**といい，ばねがもとの長さまでもどることのできる限界の力の大きさを**弾性限界**という。

フックの法則が成り立つのは，弾性限界以下の力の場合である。

図4 のびきったばね

TRY! 表現力

上の実験でばねののびではなく，ばね全体の長さを縦軸にとってグラフをかくとグラフはどのようになるか，説明しなさい。

ヒント　ばねの全体の長さは，ばねのもとの長さとばねののびとの和である。

解答例　上の実験結果のグラフを，ばねのもとの長さだけ上に平行移動したグラフになる。

力の大きさとばねののびに関する問題

着目 ばねののびとおもりの重さの問題は、フックの法則やグラフを利用する。

- **ばねの長さ**　ばねの長さ＝ばねのもとの長さ＋ばねののび
- **グラフを利用したばねの長さの求め方**　ばねの長さやばねののびと、つり下げたおもりの重さをグラフに表して求めることができる。

1 ばねののびの関係を比例計算で求める

　ばねののびは、ばねを引く力の大きさに比例する。 この性質を利用して、ばねののびや、つり下げたおもりの重さに関する問題を解くことができる。

 1 ばねを引く力の大きさとばねののび・全体の長さ

　何もつるさないときの長さが15cmのばねがある。このばねに0.10Nのおもりをつるすと、ばねは2cmのびる。次の問いに答えなさい。
(1) このばねに0.35Nのおもりをつるすと、ばねは何cmのびるか。
(2) このばねに0.55Nのおもりをつるすと、ばねの長さは何cmになるか。

解き方

ばねののびは、ばねを引く力の大きさ、すなわち、つるしたおもりの重さに比例する。

(1) 0.35Nのおもりをつるしたときのばねののびをx〔cm〕とすると、ばねののびはつるしたおもりの重さに比例するから、

$$0.10N : 0.35N = 2cm : x$$

　　よって　$x = 2cm \times \dfrac{0.35}{0.1}$

　　　　　　$= 7cm$　……(答)

(2) 0.55Nのおもりをつるしたときのばねののびをy〔cm〕とすると、(1)と同じように考えて、

$$0.10N : 0.55N = 2cm : y$$

　　　$y = 2cm \times \dfrac{0.55}{0.1}$

　　　　$= 11cm$

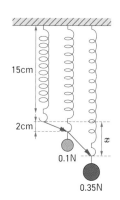

ばねの長さ ＝ ばねのもとの長さ ＋ ばねののび

　　　　　　 ＝ 15cm ＋ 11cm

　　　　　　 ＝ **26cm** ……… (答)

 ばねののびの関係をグラフを使って求める

　計算で求めるよりも，グラフをかいたほうが簡単に求めることができる問題もある。その場合は，グラフをかいてグラフからばねの長さやおもりの重さを求める。

例題 **2**

グラフから求めるばねの全体の長さ

　あるばねに0.4Nのおもりをつるしたときの長さは30cm，0.6Nのおもりをつるしたときの長さは35cmであった。おもりをつるさないときの，ばねの長さを求めなさい。

解き方

グラフをかいて，グラフからおもりの重さに対応したばねの長さを求める。

　おもりの重さとばねの長さのグラフをかき，おもりの重さが0Nのときのばねの長さを求めればよい(右図)。おもりの重さが0Nのとき，ばねの長さは**20cm**である。

……… (答)

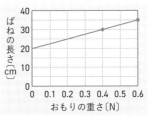

[別解]　計算で求める場合には，次のようになる。

　0.4Nの力を加えたときに長さが30cm，0.6Nの力を加えたときの長さが35cmなので，おもりの重さが0.2N重くなると，ばねの長さが5cm長くなる。

　よって，おもりの重さ1Nに対してのびる長さは，

　　5cm ÷ 0.2N ＝ 25cm/N

　したがって，0.4Nのおもりをつるしたときののびは，

　　25cm/N × 0.4N ＝ 10cm

　よって，このばねのもとの長さは，

　　30cm － 10cm ＝ **20cm** ……… (答)

UNIT 7

つないだばねののびに関する問題

> **着目** ▶ 複数のばねをつないだときは，そのつなぎ方で力の加わり方が変わる。

要点

- **複数のばねを縦につないだとき** それぞれのばねにおもりの重さに等しい力が加わる。
- **複数のばねを横につないだとき** おもりの重さの力は複数のばねに分かれて加わる。ばねの本数が多いほど，同じ長さまでのばすのに大きな力が必要になる。

1 縦につないだばねののびを求める

　複数のばねを縦につないだときは，それぞれのばねにおもりの重さと等しい力が加わる。そのため，それぞれのばねののびは，ばね1本に同じおもりをつるしたときと同じである。

　ただし，全体の長さを考えるときには，それぞれのばねの長さをたし合わせることに注意する。

図1　縦につないだばねに加わる力

ばねを2本縦につないだときのばねののび・全体の長さ

　何もつるさないときの長さが19cmのばねが2本ある。このばねを右図のように縦につないで，0.45Nのおもりをつるした。このとき，ばね全体の長さは何cmになるか。ただし，このばね1本に0.1Nのおもりをつるすと，ばねは2cmのびるものとする。ばねの重さは考えなくてよい。

解き方

どちらのばねにもおもりの重さの力が加わる。

　ばねを縦につないだときは，どちらのばねも同じ強さの力で引っぱられる。

1本のばねに0.45Nのおもりをつるすと，そのばねののびは，

$$2\,cm \times \frac{0.45}{0.1} = 9\,cm$$

よって，1本のばねの長さは，

$$19\,cm + 9\,cm = 28\,cm$$

となる。そして，全体の長さは，この2倍となるので，

$$28\,cm \times 2 = \textbf{56\,cm} \cdots\cdots \text{（答）}$$

0.45N

② 横につないだばねののびを求める

　複数のばねを横につないだとき，おもりの重さによる力は複数のばねに分かれて加わる。そのため，それぞれのばねののびは，ばね1本に同じおもりをつるしたときよりも小さくなる。

　言いかえると，ばねの本数が多いほど，同じ長さまでのばすのに大きな力を加えなければいけないことになる。

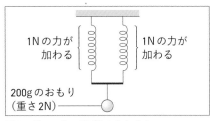

図2　横につないだばねに加わる力

 ばねを2本横につないだときのばねののびと力の大きさ

　長さも強さも同じばねが2本ある。このばねを右図のように横に並べてつるし，下端(かたん)を軽い棒でつなぎ，棒の中心におもりをつるしたところ，棒は水平のまま5.0cm下がった。

　ばねはどちらも，0.10Nのおもりをつるしたとき2.0cmのびるものとして，このときつるしたおもりの重さを求めよ。

　ただし，棒の重さは考えなくてよい。

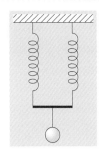

解き方

2本のばねを横につないだとき，おもりの重さの力は2本のばねに分かれて加わる。

　このようにばねを横に並べて，おもりをつるすと，おもりがばねを引っぱる力が2本のばねに分かれて加わる。

　この場合，ばねはどちらも5.0cmのびたことになる。

　1本のばねを5.0cmのばすためにつるさなければならないおもりの重さをx〔N〕とすると，ばねののびはつるしたおもりの重さに比例するから，

　　2.0cm：5.0cm＝0.1N：x

よって

　　$x = 0.1N \times \dfrac{5.0}{2.0} = 0.25N$

それぞれのばねに0.25Nずつ重さが加わっているから，おもりの重さは，

　　0.25N×2＝**0.5N** ……㊎

UNIT

8 力の表し方

着目 ▶ 力のはたらく点，力のはたらく向き，力の大きさを矢印で表す。

要点
● **力の3要素** 力が物体にはたらくとき，①力のはたらく点(作用点)，②力の向き，③力の大きさによって，物体の運動のようすが変わってくる。この3つを力の3要素という。

● **力の矢印** 矢印の根もと＝力の作用点，矢印の向き＝力の向き，矢印の長さ＝力の大きさ

1 力の3要素

Ａ 力の3要素

力が物体にはたらくとき，①**力のはたらく点(作用点)**，②**力の向き**，③**力の大きさ**によって，物体の運動のようすが変わってくる。この3つを，**力の3要素**という。

Ｂ 作用線

作用点を通り，力のはたらく向きに引いた直線を**作用線**という。力の作用点を，同じ作用線にそってほかの場所に移動させても，力のはたらきは変わらない(図1)。

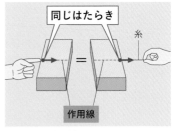

図1 力の作用線

2 力のはたらきのちがい

同じ大きさの力がはたらいても，力の向きや作用点の位置がちがうと，力のはたらきも異なってくる(図2)。

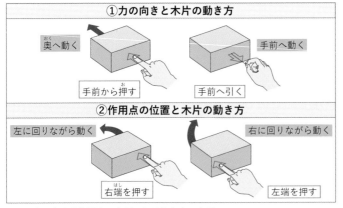

①力の向きと木片の動き方

奥へ動く　手前から押す
手前へ動く　手前へ引く

②作用点の位置と木片の動き方

左に回りながら動く　右端を押す
右に回りながら動く　左端を押す

図2 力の向きや作用点のちがいとはたらきのちがい

物体の端のほうを押すと，くるっと回転するね！

3 力の矢印

力は矢印で表すとわかりやすい。力の矢印は，作用点から力がはたらいている向きにかき，その長さで力の大きさを表す(図3，図4)。

Ⓐ 力の矢印のかき方

① まず，力の**作用点**をかく。

② 次に，作用点を通って，力のはたらく向きに直線を引く。これが，この力の**作用線**となる。

③ 最後に，作用線上に，**その力の大きさにあたる長さ**[*1]の線分をとり，矢印をかく。

力の大きさ
力の向き
作用点

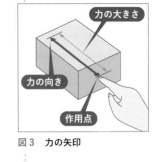

図3　**力の矢印**

*1
矢印の長さは，力の大きさに比例させる。たとえば，1Nの力を1cmの矢印で表す場合，5Nの力は5cmの矢印で表す。

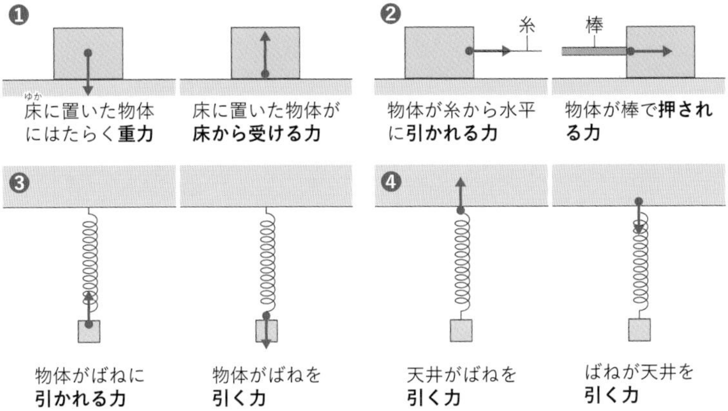

❶
床に置いた物体にはたらく**重力**
床に置いた物体が**床から受ける力**
❷
糸
棒
物体が糸から水平に**引かれる力**
物体が棒で**押される力**
❸
物体がばねに**引かれる力**
物体がばねを**引く力**
❹
天井がばねを**引く力**
ばねが天井を**引く力**

図4　**力の矢印の例**

発展　重心

重力のように物体全体に力がはたらく場合は，作用点を物体の中心に決めて，1本の矢印で表す。この重力の作用点を**重心**(じゅうしん)という(図5)。

重力
重心
重力

図5　**おもりに加わる重力を表す矢印**

TRY! 表現力

図4の4つの力の組み合わせのうち，2力が同じはたらきをするものは❶〜❹のどれか。理由とともに答えなさい。

ヒント　2力の作用点がちがっていても，矢印が同じ作用線上にあれば同じはたらきをする。

解答例　❷は2力の向きと大きさが同じで，同じ作用線上にあるので，2力は同じはたらきをする。

3章 身のまわりの現象

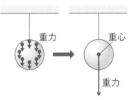

UNIT

9 ｜ 重さと質量

着目 ▶ 重さは物体にはたらく重力で場所によって変わる。質量は物体そのものの量。

要点

- **重さ** 物体にはたらく重力の大きさ。単位はN。場所によって大きさが変わる。
- **質量** 物体そのものの量。単位はg，kg，場所によって大きさは変わらない。
- **上皿てんびん** 分銅と重さを比べてはかるので，場所によらず質量を測ることができる。

1 重さ

A 重さと質量

物体を持つと，ずっしりとした「重さ」を感じる。これは，物体が地球からの重力で引っぱられているからである（→ p.202）。このことから，わたしたちの感じる「重さ」は力の一種だと考えることができる。

理科では，gやkgで表す物質の量のことを質量，物体に加わる重力の大きさのことを重さといい，それぞれを区別する。

重さは力の一種なので，単位には**N**を使う（→ p.204）。

B 月面での重さ

月面上での重力は，地球上での重力の約 $\frac{1}{6}$ 倍である。

地球上で1Nの重さの物体を，月面上でばねばかりではかると，ばねを引く力が地球上の約 $\frac{1}{6}$ 倍となるので，約 $\frac{1}{6}$ Nになる。

ばねばかりで同じ物体の重さをはかっても，重力の大きさがちがう場所では，その値が異なってくる。

日常での「重さ」と，理科での重さは意味が少しちがう！

発展 地球上での重さのちがい

地球は，1日に1回転のスピードで自転している。物体の重さは，厳密には，地球が物体を引きつける力と，地球の自転によるごくごく小さな遠心力[1]などが合わさった力である。

より赤道に近いほうが高スピードで回転しているので，遠心力が大きくなる。そのため，同じ物体を同じはかりではかると，北海道ではかるよりも沖縄ではかったほうが小さな値が表示される。そこで誤差を減らすために，はかる場所を設定できるようになっている体重計もある。

*1
車がカーブを曲がるとき，車に乗っている人は外側に引っぱられるように感じる。このように，回転する物体には，回転の軸から外側に向かって**遠心力**という力がはたらく。

② 質量

　月面上では、上皿てんびんではかる場合は、物体にはたらく重力も、分銅にはたらく重力も、地球上の約 $\frac{1}{6}$ 倍となる。そのため、地球上で100gを示す物体と100gの分銅にはたらく重力は等しくなり、月面上でもつり合う（図2）。

　このように、物体にはたらく重力どうしを比べれば、どの場所ではかったとしても、どちらが重いのかがわかる。こうして測定できる、場所によって変化しない物体そのものの量が**質量**である。

　質量の単位には、これまで通り**g**や**kg**を使う。

図1　月面

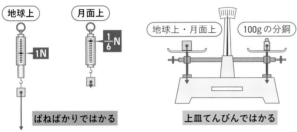

図2　月面上での測定

 参考　キログラム原器

　質量の単位kgははじめ「1Lの蒸留水の質量」と定義された。その後1889年に、直径、高さとも39mmの円柱形で、白金90%、イリジウム10%の合金でできた**国際キログラム原器**に置きかえられ、2019年に廃止されるまでの130年間にわたって使われていた。

　日本では、国際キログラム原器と同形状・材質でつくられた**日本国キログラム原器**が産業技術総合研究所（茨城県）に保管されている（図3）。

図3　日本国キログラム原器

TRY! 判断力

月の土を100g地球に持ち帰ろうと思うが、上皿てんびんを持っていくのを忘れてしまった。100gの分銅と台ばかりを使ってはかるにはどうしたらよいか。

ヒント　月面では100gの土にも、100gの分銅にも同じ大きさの重力がはたらく。

解答例　まず台ばかりで100gの分銅をはかる。分銅を下ろしたら、分銅が示した値と同じ値になるまで土をのせてはかる。

UNIT

10 2力のつり合い

着目 2力が物体にはたらいていても物体が動かないとき，2力はつり合っている。

要点

● **力のつり合いと物体** 物体が静止しているとき，物体に加わる力はつり合っている。

● **2力がつり合う条件** 次の条件を満たすとき2力はつり合う。

①2力の大きさが等しい。②2力の向きが反対である。③2力が一直線上ではたらく。

1 2力のつり合い

A 2力のつり合い

2人で綱引きをしているとき，2人の引く力が同じであると，綱がどちらにも動かなくなる。力には静止している物体を動かすはたらきがあるのに，**力がはたらいても物体が動かない**ことがある。このようなとき，物体にはたらく**力がつり合っている**[*1]という。

B 2力がつり合っている例

❶ 机の上に置いた花びん

花びんには**重力**がはたらいているが，**机から受ける力**[*2]とつり合って，静止している(図1)。

❷ 糸でつり下げたおもり

おもりには**重力**がはたらいているのに，**糸からの張力**とつり合って，下に落ちない。

どちらも，くわしくは**いろいろな物体での力のつり合い**(→p.218)で学ぶ。

2 2力がつり合う条件を調べる 実験

A 方法・手順

① 図2のように，長方形のボール紙の向かい合う角のところに糸をつけ，それぞれにばねばかりをつけて水平方向に引っぱる。

② ボール紙が動かなくなったとき，それぞれのばねばかりの目盛りを読み，糸の方向をうつしとる。

B 結果・考察

① 2つのばねばかりの示す値は同じ。

*1
力がつり合っていることと，力が全くはたらいていないことはちがう。

力がはたらいていなければ，物体は動きも変形もしないが，つり合っているときは，物体は動かないが，変形はする。

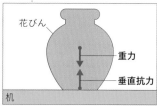

図1 机の上に置いた花びんにはたらく力

*2
この力を**垂直抗力**という。(→p.201)

② 2本の糸は一直線上にある。

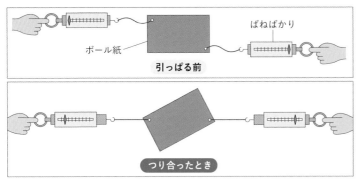

ボール紙
ばねばかり

引っぱる前

つり合ったとき

図2　2力がつり合う条件を調べる実験

③　2力のつり合う条件

　実験の結果を力の矢印で表すと，図3のようになる。

　このように，2力がつり合う条件は，次の3つにまとめることができる。

① 2力の大きさが等しい。

② 2力の向きが反対である。

③ 2力が一直線上ではたらく。

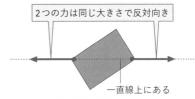
2つの力は同じ大きさで反対向き

一直線上にある

図3　2力がつり合う条件

 参考　一直線上にない2力のはたらき

　物体に，大きさが等しく，向きが反対の2力が加わったとしても，力がはたらく方向が一直線上になければ，図4❶のように物体は**回転**するので，つり合っているとはいえない。

　回転したあと，❷のように力がはたらく方向が一直線上になることで，はじめてつり合う。

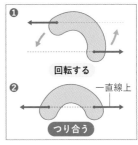
❶
回転する
❷
一直線上
つり合う

図4　2力が一直線上にない場合

TRY!
思
考
力

ある静止している物体に，向きが反対で一直線上にあるが，大きさが等しくない2力が加わった場合，どうなると考えられるか説明しなさい。

（ヒント）静止した物体に力を加えると，物体はその向きに動き始める。

（解答例）物体は，大きいほうの力の向きに動き始める。

UNIT 11 いろいろな物体での力のつり合い

着目 ▶ 2力が物体にはたらいていても物体が動かないとき，2力はつり合っている。

要点

- **垂直抗力** 物体を机や床の上に置いて動かないとき，物体の重力と垂直抗力がつり合っている。
- **張力** 物体をつるして動かないとき，物体の重力と糸の張力がつり合っている。
- **摩擦力** 物体と物体がふれている面で，摩擦力が物体の動きをさまたげる。

1 机や床に置いた物体のつり合い

Ⓐ 花びんのつり合い

机の上に花びんを置くと，花びんは静止する。花びんには重力がはたらいているのに静止しているので，花びんにはたらく力はつり合っている。これは，重力のほかに，それと同じ大きさで反対向きの力がはたらいて，重力とつり合うからである。

Ⓑ 垂直抗力

花びんにはたらくもう1つの力は，机から花びんに上向きにはたらく力で，これを**垂直抗力**[*1]という。

机や床に物体を置くと，机や床からその物体に対して**垂直抗力がはたらき，重力とつり合う**（図1）。

*1
机の上に花びんを置くと，花びんの重みで机の面が少しへこむ。すると，机の面はこの変形をもとにもどそうとして，花びんを押し返す。この力が**垂直抗力**である。

図1 **机や床に置いた物体のつり合いと垂直抗力**

2 つるした物体のつり合い

Ⓐ つるしたおもりのつり合い

おもりを糸でつり下げると，おもりには重力がはたらいているのに静止する。このとき，重力のほかに，それと同じ大きさで反対向きの力がはたらいている。

ⓑ 張力

おもりにはたらくもう1つの力というのは，糸が上向きに引く力である。ピンとはった糸は，物体を引っぱる力をはたらかせる。この力を張力*2という。

糸に物体をつるすと，物体が糸を引っぱる重力と同じ大きさで反対向きの張力がはたらき，つり合う（図2）。

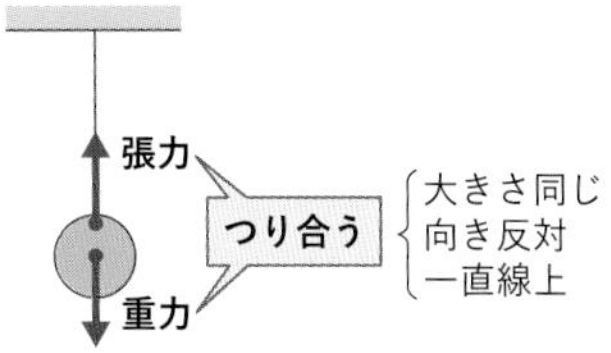

3 物体が動かないときのつり合い

ⓐ 押された物体のつり合い

机の上の物体を横から押しても動かないとき，物体を押している力のほかに，別の力がはたらいて，つり合っている。

ⓑ 摩擦力

物体と物体がふれ合っている面で，物体の運動をさまたげる向きにはたらく力を摩擦力という（図3）。

机の上の物体を押しても動かないときは，その物体に加えた力と同じ大きさで反対向きの摩擦力がはたらき，つり合っている。摩擦力は加えた力と反対向きにはたらいて物体の運動をさまたげるが，加える力が大きくなり，摩擦力が支えきれなくなると物体は動き始める。

発展　運動する物体にはたらく摩擦力

摩擦のある水平面上*3で物体をすべらせると，物体はしだいにおそくなり，ついには止まってしまう。これは，動いている物体にも，運動をさまたげる向きに摩擦力がはたらくからである。

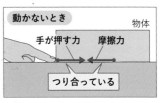

図2　糸でつり下げたおもりのつり合いと張力

*2
おもりを糸でつり下げると，おもりの重みで糸が少しのびる。すると，糸はこの変形をもとにもどそうとして，おもりを引っぱる。この力が張力である。

図3　動かない物体にはたらく摩擦力

*3
摩擦がなかったり，無視できるぐらい小さかったりする面をなめらかな面，摩擦が無視できない大きさの面をあらい面ともいう。

TRY! 表現力

人がいすにすわっているとき，人といすの座面の間にどのような力がはたらいているかを説明しなさい。

ヒント　静止した物体に力を加えると，物体はその向きに動き始める。

解答例　人からいすの座面には重力がはたらき，いすの座面から人には垂直抗力がはたらいてつり合っている。

これが無重量状態だ

● 宇宙飛行船が地球を回る軌道に乗ると，物体の重さがなくなる

　地球のまわりを回る有人の宇宙飛行船や国際宇宙ステーション(ISS)の中のようすを中継や動画で見たことがある人も多いだろう。

　中にある物体はすべて重さがなくなり，床や壁に固定されていない物体は，ふわふわと空中をただようようになる。

図1　ISSの内部で浮くリンゴ

　また，船外でも同じようになり，外に出たら落ちてしまうとか，宇宙飛行船の上に体重をかけて立てるといったことはない。この状態を，無重量状態という。どうしてこんなことが起こるのだろうか。

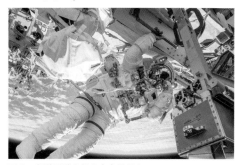

図2　船外活動を行う宇宙飛行士

● もしエレベーターのワイヤーが切れたら，どうなるか？

　エレベーターがおり始めるとき，すっとからだが軽くなったように感じる。エレベーターがもっと急におり始めれば，からだはもっと軽くなるだろう。

　極端な話，エレベーターをつり下げているワイヤーを切ってしまうとどうなるだろうか。エレベーターも中の人もいっしょに地表に向かって同じスピードで落下することになる。中の人はエレベーターの床から垂直抗力(→ p.201)を受けなくなり，自分の重さを感じない。中の人が荷物を持っているとしよう。荷物もエレベーターや人と同じスピードで落下するので，手を放しても，中で見ると荷物は宙に浮き，床に落ちない。これが無重量状態である。

図3　通常のエレベーター(左)と自由に落下しているエレベーター(右)の中

● 宇宙飛行船は落ちながら
地球のまわりを回っている

では，宇宙飛行船もワイヤーを切ったエレベーターと同じということなのだろうか。そのとおり，宇宙飛行船も落下しているのである。では，なぜ宇宙飛行船は地上に落ちないのか。それは宇宙飛行船のスピードが速いからである。図4で説明すると，次のようになる。

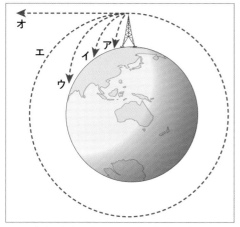

図4　宇宙飛行船の速さとその後の軌道の関係

かりに地球上に空気の抵抗を考えなくてもいい高さに達する1本の塔を建てるとする。この塔の上から物体を水平方向に投げ出すと，物体は塔の真下からある距離だけ離れたところに落ちる。物体を投げ出す速さを速くするにつれて，物体の落ちる場所はしだいに塔から遠ざかり（**ア→イ→ウ**），ある速さになると，ついに地上に落ちず，図4の**エ**のように，地球を一回りして，もとの位置にもどってくるようになる。宇宙飛行船はこれと同じようにして，地球のまわりを回っている。

このとき，宇宙飛行船は地上に落ちないのだから，重力によって落下していないといえるだろうか。もし，宇宙飛行船が地球の重力に引かれていないのであれば，宇宙飛行船は図4の**オ**のコースを通って地球から飛び去ってしまうはずであるから，宇宙飛行船や国際宇宙ステーションは無限に落下し続けているといえる。

つまり，無重量状態というのは，**人がほかの物体と同じスピードで落ちるときに感じる状態**であるといえる。

● 軌道エレベーター（宇宙エレベーター）

図4の**エ**のように，地球を一回りして，もとの位置にもどってくるようになるために必要な速さは，地表からの高さが高くなるほど，遅くてもよくなる。地球の半径で円運動を行う地表ぎりぎりでは，空気の抵抗がなくても地球を約1.4時間で1周する速さが必要だが，円運動の半径が地球の約6.6倍になると，地球を24時間で1周する速さでよくなる。この高さの人工衛星の軌道を静止軌道という。**静止軌道上の静止衛星から地上にケーブルをのばすと**，ケーブルの端も地表の1点から動かないことになり，ケーブルを伝わって地上と宇宙を往復できるエレベーター（**軌道エレベーター**）ができる（図5）。

運用中の人工衛星がエンジンもつけずに地上に落ちず，宇宙に飛び去って行かないのは，重力とつり合う遠心力がはたらいているからである。軌道エレベーターでは，下にのばすケーブルにはたらく重力とつり合う遠心力がはたらくように，上にもケーブルをのばす必要がある。

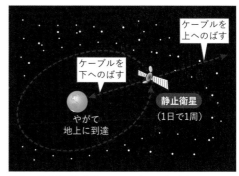

図5　静止衛星と軌道エレベーターのしくみ

定期テスト対策問題

解答 → 別冊 p.9

問 1 力のはたらき

次の(1)～(10)の文について，それぞれ力によって物体を変形させているものにはア，力によって物体の運動のようすを変えているものにはイ，力によって物体を支えているものにはウと答えなさい。

(1) ばねを引いて，のばす。

(2) 荷物を持ったまま立っている。

(3) はさみで布を切る。

(4) 止まっているサッカーボールをけり飛ばす。

(5) クレーンで鋼鉄をつり下げる。

(6) ピッチャーの投げたボールをバットで打ち返す。

(7) 空き缶をつぶす。

(8) 机の上に本が置いてある。

(9) 自転車を強くこいでスピードをあげる。

(10) 自動車がブレーキをかけて止まる。

問 2 いろいろな力

地球上ではいろいろな力がはたらいている。次の(1)～(6)で述べた力の名前を，それぞれあとのア～サから選び，記号で答えなさい。ただし，それぞれの記号は1度ずつしか使わないものとする。

(1) 磁石と鉄，または，磁石の異なる磁極が引き合ったり，磁石の同じ磁極がしりぞけ合ったりする力。

(2) 輪ゴムやつる巻きばね，板ばねなどのように，物体が変形したとき，物体がもとの形にもどろうとする力。

(3) 地球が物体を引く力。

(4) 物体がふれ合っているとき，ふれ合っている面と面の間で，物体の運動をさまたげるようにはたらく力。

(5) 机の上に置いた本などのように，面が物体に押されたとき，その力に逆らって面が物体を押し返す力。

(6) 同じ種類の電気を帯びた物体どうしがしりぞけ合ったり，異なる種類の電気を帯びた物体どうしが引き合ったりする力。

| ア | フック力 | イ | 垂直抗力 | ウ | 空気抵抗力 |
| エ | 弾性力 | オ | 重力 | カ | 摩擦力 |

キ　地球力　　　　　ク　反力　　　　　ケ　電気力(電気の力)

コ　磁力(磁石の力)　　サ　復旧力

問 **3** ばねののび

あるばねにいろいろな重さのおもりをつるし，そのときのばね
の長さをはかって，グラフにすると，右の図のようになった。
これについて，次の問いに答えなさい。

(1)　このばねの，もとの長さ(おもりをつるさないときの長さ)
は何cmか。

(2)　ばねにつるしたおもりの重さとばねののびは，どのよう
な関係になっているか。

(3)　ばねにつるしたおもりの重さとばねののびが(2)のような
関係になるという法則を，何の法則というか。

(4)　0.2Nのおもりをつり下げたときのばねの長さは何cmか。

(5)　ばねの長さが50cmになるのは，何Nのおもりをつるしたときか。小数第3位を四捨五入
して，小数第2位まで求めよ。

(6)　0.3Nのおもりをつり下げたときのばねののびは何cmか。

(7)　0.7Nのおもりをつり下げたときも同じようにばねがのびるものとして，このときのばねの
のびを求めよ。

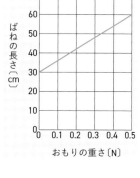

問 **4** 2本のばねののび

何もつるさないときの長さが25cmで，0.1Nのおもりをつるしたときの長さが30cmになるば
ねが2本ある。この2本のばねにおもりをつるす。次の問いに答えなさい。ただし，ばねの重
さは考えなくてよい。

(1)　この2本のばねを図1のように縦につないで，0.5N
のおもりをつるした。

①　それぞれのばねには何Nの力がはたらくか。

②　ばね全体の長さは何cmになるか。

(2)　このばね2本を図2のように横に並べて，その中
央に0.8Nのおもりをつるした。

①　それぞれのばねには何Nの力がはたらくか。

②　それぞれのばねの長さは何cmになるか。

図1　　　　　　図2

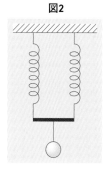

問 ⑤ 力の表し方

次の問いに答えなさい。

(1) 力の大きさを表す単位の記号は「N」である。これを何と読むか。

(2) 重力について述べた文として正しいものを，次の**ア〜ウ**から1つ選べ。

    ア   重力の大きさを表す単位は，gやkgである。

    イ   同じ物体であれば，地球上でも月面上でも等しい値となる。

    ウ   地球上では，すべての物体にはたらく。

(3) 力のはたらきを表すときは，右図のように矢印で力のはたらきを表す。

    ① **a**の矢印のもとは，何を表しているか。

    ② **b**の矢印の長さは，何を表しているか。

    ③ **c**の矢印の向きは，何を表しているか。

    ④ **d**のように，力を表した矢印を含む直

      線を何というか。

(4) 力の3要素をすべて答えよ。

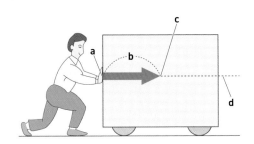

問 ⑥ 月面での重さと質量

質量が240gの物体をロケットにのせて，月面上に持って行った。月面上の重力は，地球上の重力の $\frac{1}{6}$ 倍の大きさである。地球上で100gの物体にはたらく重力を1Nとして，次の問いに答えなさい。

(1) 月面上で，この物体をばねばかりではかった。このとき，ばねばかりは何Nを示すか。

(2) (1)で求めた値は，この物体にはたらく重力か，それとも，この物体の質量か。

(3) 月面上で，この物体を上皿てんびんにのせて分銅とつり合わせると，何g分の分銅とつり合うか。

(4) (3)で求めた値は，この物体にはたらく重力か，それとも，この物体の質量か。

(5) 物体にはたらく重力の大きさを表し，場所によって変わるものをその物体の何というか。

(6) 物体そのものの量を表し，場所によって変わらないものをその物体の何というか。

4

章

中1
理科

大地の変化

UNIT 1 地層や地形の観察

着目 ▶地層の野外観察の手順，観察結果の記録のしかたを学ぶ。

要点

● **地層を観察できる場所** がけや切り通し，露頭（ろとう）などで，地層の断面を直接観察できる。

● **地層の観察の手順や結果のまとめ方** 地層全体の広がり方，地層をつくっているもの，重なり方などを調べ，スケッチまたは写真に残すとよい。

1 地層の観察

地層は，がけや切り通し（図1）で見ることができる。岩石や**地層が土や植物におおわれず地表に現れている場所**を露頭という。地層の野外観察を行うには，まず観察に適した場所を探す。

その際，博物館のホームページ，ジオパーク*1のホームページやインターネットで航空写真や道路沿いの風景を見られるサービスなどで観察に適している場所を調べることができる。観察に行く際は必ず大人に同行してもらうこと。

観察場所を決めたら，野外での地層の観察に必要な器具などを準備する（図2）。地層の観察には，さまざまな危険がともなう。転倒（てんとう）などに備え服装は，長そで，長ズボン，軍手着用が望ましい。がけ崩（くず）れや落石などに備え，保護めがねやヘルメットの準備も必要である。ハンマーを使うときは必ず保護めがねをつける。

図1 切り通し
道をつくるために山などに切れ込みを入れた部分。

*1
ジオパークは自然や生物，生態系，さまざまな地形が観察できるよう，指定・管理された場所で，日本ジオパークは2020年現在43か所ある。

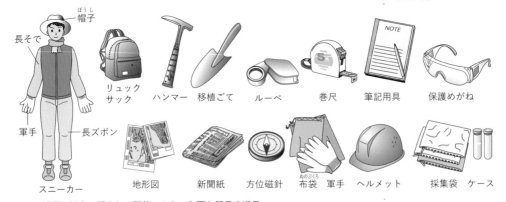

帽子（ぼうし）
長そで
軍手
長ズボン
スニーカー
リュックサック
ハンマー
移植ごて
ルーペ
巻尺
筆記用具
保護めがね
地形図
新聞紙
方位磁針
布袋（ぬのぶくろ） 軍手
ヘルメット
採集袋 ケース

図2 地層の観察に望ましい服装，おもに必要な器具や道具

① 観察する地層が地図上のどの位置にあるか記録する。
② **全体の広がり，傾き，色，厚さ，岩石の種類**[*2] などを調べ，スケッチや写真を撮影して記録する（図3）。

  1．地層をつくっている粒の種類・形・大きさ・並び方・手ざわり。
  2．地層の色や厚さ・重なり方・境界のようす。色や厚さの異なる層が水平に重なっている地層もあれば，層の境界がはっきりしていなかったり，傾いている地層もある。
  3．傾き・曲がっている部分・地層のずれがあればそのようす。
  4．**化石**が見つかれば，種類や埋まっていた状態。[*3]
  5．岩石を手にとり観察する（→ p.228）。地層が固く，手で破片をとり出せないときは，ハンマーを用い，少量をけずる。

*2
岩石の種類の調べ方は次の
岩石の観察（→ p.228）で学習する。

*3
化石の持ち帰りは，観察場所において許可されている場合のみとする。

🛑 注意 **野外調査で気をつけること**

　野外の観察では，がけ崩れや落石の跡が見られる場所，大雨の降った直後の山地などには立ち入らない。虫刺され，植物によるかぶれなどの危険もある。危険を感じた場合にはすぐに作業を中止する。

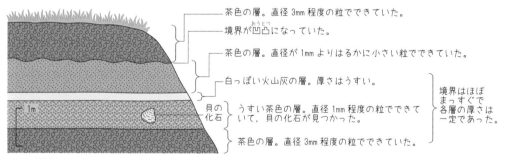

茶色の層。直径 3mm 程度の粒でできていた。
境界が凹凸になっていた。
茶色の層。直径が 1mm よりはるかに小さい粒でできていた。
白っぽい火山灰の層。厚さはうすい。
貝の化石　うすい茶色の層。直径 1mm 程度の粒でできていて，貝の化石が見つかった。
茶色の層。直径 3mm 程度の粒でできていた。
境界はほぼまっすぐで各層の厚さは一定であった。
1m

図3　**地層のスケッチの例**

✏ TRY! 判断力 **地層を観察するときの服装は長そで，長ズボン，帽子と軍手着用が望ましいのはなぜか。理由を答えなさい。**

ヒント　服装によって避けられたり，状況が改善される危険の例を考える。

解答例　転倒によるけが，虫刺され，植物によるかぶれなどの危険から身を守るため。

4 章
大地の変化

岩石の観察

着目 ▶ 岩石の観察からも，地層ができた当時のことを推測できる。

要点

● **岩石の見た目の観察** ルーペで，色，粒の形や大きさなど見かけを観察する。

● **岩石の性質の区別** うすい塩酸をかけるなどで区別できるものがある。

● **岩石の観察からわかること** 観察結果から，その岩石ができた過程を推測できる。

1 岩石の観察

　地層の観察において，地層に含まれる岩石の観察から，地層ができた当時のことが推測できる。岩石にはそのでき方や性質によってさまざまなよび名や種類があり，観察や実験によって，どのような岩石であるか，推測することができる。

　岩石の観察の視点にはさまざまなものがある。

❶ 外見について

　肉眼やルーペで，岩石の外見を観察する。ルーペを用いた観察では，**色[1]や形，光沢や透明感があるかないか，岩石の色や岩石に含まれる粒の大きさ，粒の形**（角ばっているか，丸みを帯びているか）などを観察する。また，化石が含まれている場合は化石の観察も行う。

❷ ねばり強さ・硬さについて

　岩石のねばり強さ（もろさ）や硬さ（やわらかさ）は，見た目ではわからないので，さまざまな岩石を割ってみたりして，比較して調べる。

　たとえば，岩石をハンマーで強さを変えてたたいたときに割れるか割れないか，岩石のねばり強さによってちがいが見られる。また，岩石どうしをこすり合わせたとき，やわらかいほうの岩石に傷がついたり欠けたりする。強くたたいたときに火花が出る岩石もある。

❸ 性質について

　岩石のなかには，うすい塩酸をかけたときに変化したり，磁石につくなどの性質をもつものもある。反応のしかたによって，どのような岩石であるか推測できることがある。手に持ったときに感じる重さを比較すると，体感で密度[2]のちがいを感じることもできる。

*1
岩石の色は風化（→ p.270）や含まれる粒の大きさ，地中の熱などによって変化する。

*2
密度は岩石の成分や成り立ちによって異なるので，情報として重要である。

② 岩石の観察から推測できること

さまざまな観察結果から，次のようなことが推測できる。

観察・実験・観察の結果		わかること
ルーペでの観察	岩石をつくる粒の形	丸みを帯びている
		流水に運ばれる間に角がとれたと考えられ，河川の流水によって堆積した岩石と推測できる。
		角ばっている
		火山活動などが原因でできた凝灰岩(→p.278)などであると推測できる。 図1　火山灰が堆積して固まった凝灰岩
	岩石をつくる粒の大きさ	岩石によって粒の大きさが異なる
		堆積岩(→p.276)は粒の大きさかられき岩(粒の直径が2mm以上)，砂岩(粒の直径が0.06～2mm)，泥岩(粒の直径が0.06mm以下)に分けられる。
ハンマーで，強さを変えてたたく		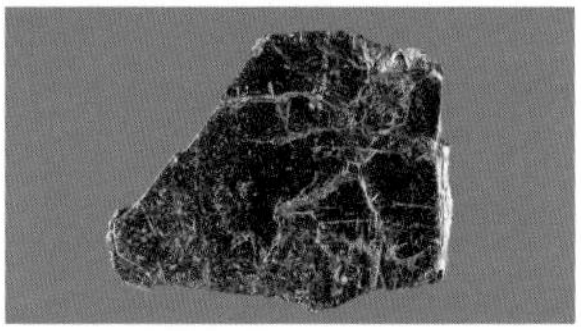 ・思い切りたたいても，割れなかった。 ➡ねばり強い岩石である。 ・たたくと割れて，複数の破片となった。 ➡比較的もろい岩石である。 ・うすくはがれるように割れた。➡雲母の可能性がある。 図2　黒雲母
岩石どうしをこすり合わせる		一方が傷つき，削れて粉が出た。
		傷がついた岩石のほうがやわらかく，粉状になった部分から，その岩石の成分を推測できる。
うすい塩酸をたらす		二酸化炭素の泡を出して溶けた
		塩酸を加えると二酸化炭素が発生する。➡炭酸カルシウムを含む石灰岩であることが推測できる。
磁石を近づける		磁石につく
		鉄を含むことがわかる。磁鉄鉱や鉄隕石(隕鉄)の可能性がある。

TRY! 表現力

ある岩石に塩酸をたらすと，二酸化炭素の泡が発生した。この岩石は何であると考えられるか。理由も含めて説明しなさい。

（ヒント）塩酸は，炭酸カルシウムと反応して二酸化炭素が発生する。

（解答例）炭酸カルシウムに塩酸をたらすと二酸化炭素が発生することから，この岩石は，炭酸カルシウムを主成分とする石灰岩であると推測できる。

4章 大地の変化

火山

UNIT **3**

着目 ▶ 地下深くにはマグマがあり，マグマが地上に噴き出すことを噴火という。

要点
- **火山** 地球内部にある，マグマが地上に出てできた山のこと。
- **火山の活動** 活火山に指定されていない火山でも噴火することがある。
- **火山の分布** 地球上で，火山は多く分布している地域と少ない地域がある。

1 火山

A 火山とは

地球の内部は高温であり，地下深くには岩石がどろどろにとけた**マグマ**とよばれる液体状の物質が存在する。マグマが上昇して地上に噴き出すことを**噴火**といい，噴火によって噴き出したマグマが冷えて固まってできた山を**火山**という。

B 活火山

過去1万年以内に噴火したことがあるか，現在活発に水蒸気などを噴き出す噴気活動が活発な火山を**活火山**という。活火山の中でも，年に1000回以上噴火することもある桜島（鹿児島県）や，数十年おきに噴火する有珠山（北海道），数百年間噴火をしていない富士山（山梨県・静岡県，図1）など，噴火の頻度はさまざまである。

日本には2020年現在111の活火山があり（図3），そのなかでも今後の噴火が予想される50の火山を気象庁が24時間体制で観測・監視している。

図1 富士山
富士山は1707年の噴火以降300年以上噴火をしていない。

参考 古い火山の分類

活火山以外の火山は特により名はなく，**その他の火山**という。かつては，活動中の火山を「活火山」，富士山のように歴史上噴火の記録が残っているが現在は活動していない火山を「休火山」，噴火の記録がない火山を「死火山」とよんだ。

しかし，火山活動において100年や1000年という時間はとても短く，死火山とされていた御嶽山（図2）の突然の噴火などもあり，活火山の意味は現在のように変更された。

図2 御嶽山の噴火
長野県と岐阜県の境にある御嶽山は死火山とされていたが1979年に突然噴火し，2000年以降も噴火している。

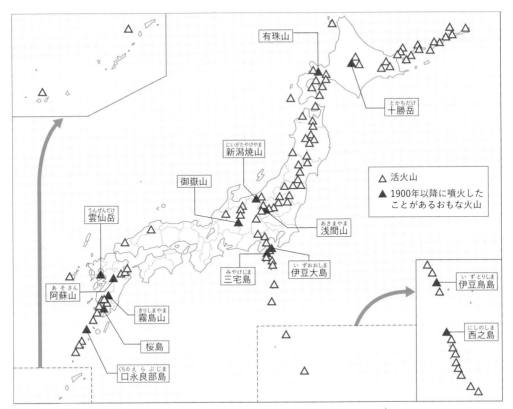

図3　日本の活火山の分布

活火山の凡例:
△ 活火山
▲ 1900年以降に噴火したことがあるおもな火山

地図中のラベル:
有珠山
とかちだけ
十勝岳
にいがたやけやま
新潟焼山
御嶽山
うんぜんだけ
雲仙岳
あさまやま
浅間山
い ずおおしま
伊豆大島
みやけじま
三宅島
あ そ さん
阿蘇山
きりしまやま
霧島山
桜島
くちのえ ら ぶじま
口永良部島
い ずとりしま
伊豆鳥島
にしのしま
西之島

② 火山の多い地域，少ない地域

　火山は地球上に一様に分布しているわけではなく，多く分布している地域，ほとんど分布していない地域がある。火山が多く分布しているのは，太平洋をとり巻く地域(環太平洋火山帯)，大西洋中央海嶺沿い，アフリカ大陸東部などで，日本列島は世界でも有数の火山が多い地域である。[*1]

*1
火山が多く分布するのは，プレートの境界に位置している地域である。プレートの境界に火山ができるしくみは**地球の内部構造とプレート**(➡ p.260)で説明する。

TRY!
表現力

火山とはどのような山のことをいうか。説明しなさい。

ヒント　現在噴火しているかは関係なく，その成り立ちによって決まる。

解答例　マグマが地上に出て冷えて固まってできた山を火山という。

UNIT

4 | # 火山噴出物

着目 ▶ 火山が噴火したときに噴き出したものをまとめて火山噴出物という。

要点
● **火山噴出物** 大きく火山砕せつ物，溶岩，火山ガスに分けられる。
● **火山砕せつ物** 火口から噴き出した岩で，火山弾，火山れき，火山灰に分けられる。
● **火山灰の観察** マグマが冷えてできた結晶である鉱物が見られる。

1 火山と火山噴出物

火山が噴火するときに地表に噴き出す，マグマがもとになった物をまとめて**火山噴出物**という。

火山噴出物は，形や大きさ，状態などから，大きく**火山砕せつ物・溶岩・火山ガス**に分けられる。火山ガスは気体であるが，火山噴出物に含まれる。

2 火山噴出物の分類

A 火山砕せつ物

火山砕せつ物は，火口から噴き出した岩片類のことである。岩片の大きさによって次のように分けられる。

① 大きさが64mm以上のものを**火山弾(火山岩塊)**という(図1)。これはマグマが空中を飛ぶ間に冷え固まってできるもので，ラグビーボールのようなぼうすい形や円盤のような形，球形などさまざまな形がある。空気中で急に冷やされたためにひび割れが見られるものも多い。

② 大きさが64mm～2mmの岩片を**火山れき**という(図2)。形は不規則なれきで，表面はガスが抜けたときの穴が無数に見られる。白っぽいものを特に軽石という。

③ **火山灰**は大きさが2mm以下のものをいい，激しい噴火時に見られる。火口の壁や底をつくっていた岩石が噴火の勢いで細かく砕かれ，粉のようになったもの。白っぽいものから黒っぽいものまでさまざまな色がある。

図1 火山弾

図2 火山れき

B 溶岩

マグマが地表に流れ出したもの，また，それが冷え固まったものを
溶岩という。溶岩が流出した時点での温度は約900～1200℃程度で
ある。冷え固まるときに，中に含まれていたガスが放出され，無数の
小さな穴が開いている。

C 火山ガス

噴火のときに火山から噴き出す気体を火山ガスという。
主な成分は**水蒸気**で，二酸化炭素も含む。また，有害な硫
化水素，二酸化硫黄なども含む。

噴火時に火口から立ち上るように見える噴煙は火山ガス
で，火山灰などが混じることもあり，その場合，色が黒っ
ぽくなる(図3)。

図3　噴煙を上げる火山(熊本県阿蘇山)

3　火山灰に含まれるものを調べる　　観察

A 方法・手順

① 図4のように，蒸発皿に火山灰と水を入れ，
　指で軽く押し洗いをし，にごった水を捨てる。
　この操作を水がにごらなくなるまでくり返す。
② 蒸発皿に残った粒をペトリ皿にとり出して
　乾かし，ルーペや双眼実体顕微鏡(→ p.12)
　で観察する。

B 結果

さまざまな大きさや形や色の粒が見られた。
見られた粒を鉱物(→p.242)といい，マグマが
冷えてできた結晶(→p.122)である。

❶ 蒸発皿　水

火山灰

指で軽く
押し洗い
をする

❷

❸

❶～❸を水が
にごらなくなるまで
くり返す

にごった水
を捨てる

図4　火山灰の観察のしかた

TRY!

表現力

**火山れきや軽石を観察したところ，無数の小さな穴が開いていた。この穴はどのようにし
てできたものか。説明しなさい。**

ヒント　溶岩には何が含まれていたか考える。

解答例　溶岩が噴火時に火口から出て冷え固まるとき，含まれていた気体成分を放出した部分が
　　　　穴となって固まってできた。

マグマと噴火のしくみ

UNIT 5

着目 ▶マグマに含まれる水分が気体となり，爆発することによって噴火が起こる。

要点

● **地下でのマグマのようす** マグマは，地下深くではさらに高温で，ガスを含む。

● **マグマだまり** マグマは上昇し，地中でいったん止まり，マグマだまりをつくる。

● **噴火のしくみ** マグマに含まれる気体の爆発によって噴火が起こる。

1 マグマの性質

マグマは，地下数十km〜数百kmのところでできる。地下深くでできたマグマは，岩盤の割れ目などをぬって上昇する。

地下数km〜十数kmのところで上昇が止まり，そこにいったんたまる。ここをマグマだまりという。

地下では，マグマにまわりから非常に大きな力が加わっていて，マグマが地表に近づくと，次のようなしくみで激しい爆発的な噴火をすることがある。

2 マグマの上昇と火山の噴火のしくみ

① マグマだまりにあるマグマには水や二酸化炭素が溶け込んでおり，そのマグマが上昇する（図2 ❶）。

② 地下の浅いところまで上昇してくると，マグマに溶け込んでいた水や二酸化炭素が溶けきれなくなり，気泡となって出てくる（図2 ❷）。

③ さらに上昇すると，ひとつひとつの気泡は大きく膨張し，膨張にたえきれなくなった気泡が爆発し，噴火が起こる。この気泡が噴火時に水蒸気や二酸化炭素などの火山ガスとなって噴き出す（図2 ❸）。火山噴出物の多くに小さな無数の穴が見られるのは火山ガスがぬけ出たあとである。

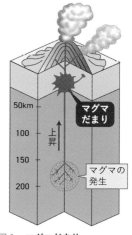

図1 **マグマだまり**

軽石が水に浮かぶのは，穴がたくさんあいているから。

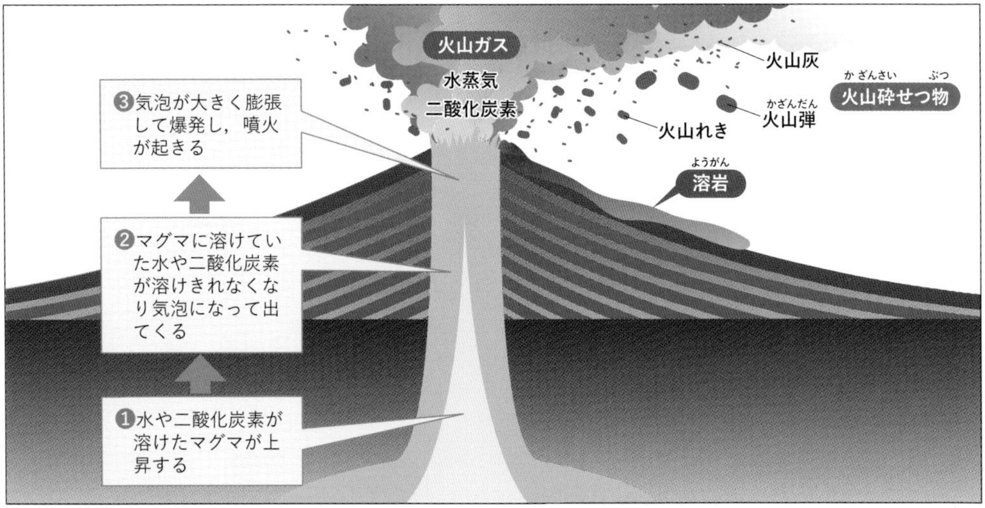
火山ガス
水蒸気
二酸化炭素
火山灰
火山砕せつ物
火山弾
火山れき
溶岩
❸気泡が大きく膨張して爆発し，噴火が起きる
❷マグマに溶けていた水や二酸化炭素が溶けきれなくなり気泡になって出てくる
❶水や二酸化炭素が溶けたマグマが上昇する

図2　**マグマの上昇と噴火**

発展　マグマが爆発するしくみ

マグマから二酸化炭素などが溶けきれず膨張して爆発する噴火は，炭酸水の入ったペットボトルをふたを閉めた状態で振ってからふたを開けたときに気泡とともに勢いよく飲料が噴き出す現象に似ている。炭酸水は二酸化炭素の水溶液で，ペットボトルには強い力(圧力*1)をかけて非常に多くの二酸化炭素を溶かした状態で入っている。

地球では，地下深いほど周囲から受ける力(圧力)が大きく，地下の浅いところに上昇するとその力が弱くなるため，気泡は膨張する。ペットボトルのふたが最初から開いていたら炭酸水を振っても強く噴き出したりはしないように，強い力で封じ込められていた気泡が急に出られるようになることで爆発的な噴火が起こる。

*1
気体を溶質とする溶液は，強い圧力が加えられていると溶解度(➡ p.120)が高く，圧力が弱くなると溶けていた気体が出てくる。圧力は中学２年で学習する。

TRY! 表現力

火山の爆発的な噴火は，どのようにして起こるか。マグマに含まれる成分にふれて説明しなさい。

ヒント　爆発は気体の急激な膨張にともなう現象である。

解答例　マグマが地下深くから上昇することで，マグマに含まれていた水や二酸化炭素が溶けきれなくなる。出てきた気体が，気泡となって膨張し，地表を破って爆発することで爆発的な噴火が起こる。

マグマの性質と火山の形

UNIT 6

着目 ▶ マグマの性質によって，火山の形や噴火のしかたが異なる。

要点

● **マグマの性質と噴火** マグマのねばりけが強いほど激しく，弱いほどおだやかに噴火する。
● **ねばりけの強いマグマの火山** おわんをふせたようなもり上がった形となる。
● **ねばりけの弱いマグマの火山** ゆるやかに傾斜した形となる。

1 マグマの性質と火山

噴火時に地上に噴き出したマグマの一部は，溶岩として流れ出す。マグマの噴き出し方や広がり方によって，マグマが固まってできる火山の形は異なる。これらはおもに，溶岩のもとになるマグマのねばりけによって決まる。つまり，火山の形はマグマの性質によって決まる(図1)。

ねばりけが強いマグマでは，高くもり上がりやすく，冷えて固まると白っぽい岩石となる。

ねばりけが弱いマグマでは，ゆるやかに広がりやすく，冷えて固まると黒っぽい岩石となる。

2 マグマのねばりけと火山

A ねばりけの強いマグマの火山

マグマのねばりけが強いと，溶岩は流れにくいため，**雲仙普賢岳**の山頂部のように，**火口近くにもり上がり，おわんをふせたような形の溶岩ドーム(図2)となる。**

ねばりけが強いマグマからは気体成分がぬけ出しにくく，マグマをつくる物質ごと激しく吹き飛ぶことになるので，噴火のしかたは，**爆発的になりやすい。**

ねばりけが強い	ねばりけが弱い
もり上がった形となる	うすく広がるように流れる

図1 **マグマのねばりけと広がり方**
ねばりけが強く白っぽいマグマはマヨネーズ，ねばりけが弱く黒っぽいマグマはソースのようなものといえる。

図2 溶岩ドーム(長崎県雲仙普賢岳)

図3　たて状火山（ハワイ島マウナケア）

B ねばりけの弱いマグマの火山

　　マグマのねばりけが弱いと，溶岩はうすく広がるように流れ，**傾斜**<ruby>傾斜<rt>けいしゃ</rt></ruby>**がゆるやかな，<ruby>楯<rt>たて</rt></ruby>(<ruby>盾<rt>たて</rt></ruby>)をふせたような形になる**。このような火山をた<ruby>て状火山<rt>じょう か ざん</rt></ruby>(図3)という。

　　溶岩が火口からおだやかに流れ出して広がるような噴火をし，爆発的な噴火はしない。

　　さらにねばりけが弱いマグマでは，多くの火口から溶岩がゆるやかに流れ出し，ハワイの**マウナケア**，**マウナロア**，**キラウエア**などのようなほぼ平らな溶岩台地をつくる。

C ねばりけが中程度のマグマの火山

　　ねばりけが中程度のマグマの火山は，溶岩はそれほど広くは広がらず，<ruby>浅間山<rt>あさ ま やま</rt></ruby>や<ruby>桜島<rt>さくらじま</rt></ruby>のように分厚く盛り上がる火山となる(図4)。

　　爆発的な噴火と溶岩が流れ出る噴火をくり返すと，**<ruby>火山灰<rt>か ざんばい</rt></ruby>や<ruby>火山<rt>か ざん</rt></ruby>れきが積もった層と，溶岩の層が<ruby>交互<rt>こう ご</rt></ruby>に重なり，円錐形の火山となる**。このような火山を<ruby>成層火山<rt>せいそう か ざん</rt></ruby>という。

図4　成層火山（鹿児島県桜島）

TRY!
表現力

富士山は，傾斜のきつい高い成層火山である。どのようにしてできたか，説明しなさい。

（ヒント）　どろどろにとけた溶岩が流れ出すだけでなく，噴出物が高く積み上がる噴火とはどのようなものかを考える。

（解答例）　大量の噴出物を地表に出す噴火を数多くくり返してできた。

UNIT
7

火成岩

着目 ▶ マグマが冷え固まってできた岩石をまとめて火成岩という。

要点

● **火成岩のでき方** マグマが地下の深いところや地表，地表近くで冷え固まってできる。
● **火成岩のつくり** マグマの冷え方のちがいによって火山岩と深成岩に分けられる。
● **堆積岩とのちがい** 粒が角ばっている，かたまり状や脈状で産出，化石を含まない。

1 火成岩

A 火成岩とは

マグマが冷えて固まってできた岩石をまとめて火成岩という。

マグマは，さまざまな場所で冷えて固まる。地表や地表近くの浅いところで冷え固まることもあれば，地下の深いところで冷え固まることもある(図1)。

マグマは，どこでどのように冷え固まるかによって，つくりの異なる火成岩となる。

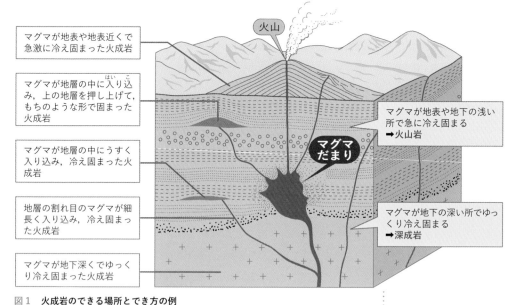

火山

マグマが地表や地表近くで急激に冷え固まった火成岩

マグマが地層の中に入り込み，上の地層を押し上げて，もちのような形で固まった火成岩

マグマが地層の中にうすく入り込み，冷え固まった火成岩

地層の割れ目のマグマが細長く入り込み，冷え固まった火成岩

マグマが地下深くでゆっくり冷え固まった火成岩

マグマだまり

マグマが地表や地下の浅い所で急に冷え固まる
➡火山岩

マグマが地下の深い所でゆっくり冷え固まる
➡深成岩

図1 火成岩のできる場所とでき方の例

B 火成岩の種類

　マグマが冷え固まるまでの時間のちがいによって、つくりが異なる火成岩となる。マグマが地表や地表近くで急激に冷え固まってできた火成岩を**火山岩**[*1]という。いっぽう、マグマが地下の深いところで長い時間をかけてゆっくりと冷え固まってできた火成岩を**深成岩**[*1]という。

　また、火成岩は、つくりのちがいと含まれる成分によっていくつかのグループに分けることができる（➔ p.243）。

*1
火山岩と深成岩については**火山岩と深成岩**（➔ p.240）で、それらの種類については**火成岩と鉱物**（➔ p.242）でくわしく学習する。

2　火成岩と堆積岩

　岩石には大きく分けて火成岩のほかに**堆積岩**がある。堆積岩は、積もったさまざまな土砂の粒が長い時間をかけて押し固められ、固い岩石となったものである（➔ p.276）。

　火成岩は、マグマが冷え固まってできる岩石であるため、かたまり状や脈状となることが多く、**地層を形成することはほとんどない**。それに対して堆積岩は、土砂や火山灰が積み重なって地層をなすことが多い。

　岩石をつくる粒について、**火成岩をつくる粒は比較的大きく角ばっており**、堆積岩をつくる粒は小さく角がとれて丸みを帯びていることが多い。

　また、火成岩はマグマが冷え固まってできた岩石なので、**化石**（➔ p.280）**を含まない**。堆積岩には、積もった当時に生息していた生物の化石が含まれることがある。

TRY! 表現力

火成岩と堆積岩のちがいについて、岩石をつくる粒の形のちがいから簡単に説明しなさい。

（ヒント）堆積岩をつくる粒は、水のはたらきによって角がけずられている。

（解答例）火成岩をつくる粒は角ばっているが、堆積岩をつくる粒は丸みを帯びている。

UNIT
8

火山岩と深成岩

着目 ▶ 火成岩は，マグマの冷え固まり方によって火山岩と深成岩に分類される。

要点
- **火山岩** 火成岩のうちマグマが地表や地表近くで急激に冷え固まったときにできたもの。
- **深成岩** 火成岩のうちマグマが地下深くでゆっくり冷え固まってできたもの。
- **火成岩のつくり** マグマが短時間で冷え固まると，大きな結晶にならなかった部分ができる。

1 火成岩の分類

火成岩は，でき方によって火山岩と深成岩に分けられる。

A 火山岩とそのつくり

マグマが地表や地表近くで急激に冷え固まってできた火成岩を火山岩という。

火山岩を拡大して観察すると，石基とよばれる**小さな結晶やガラスのほぼ一様な部分**があり，その中に，**比較的大きな結晶である斑晶**が見られる。このように結晶が散らばっているような**火山岩のつくりを斑状組織**という（図1）。

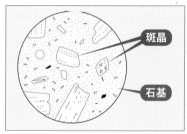

斑晶

石基

〔例〕安山岩

図1 火山岩（安山岩）のつくり（斑状組織）

火山岩は岩石をつくる結晶（鉱物という。→ p.242）のちがいによって分けられ，おもな火山岩には，**流紋岩，安山岩，玄武岩**がある（→ p.243）。

B 深成岩とそのつくり

マグマが地下深くでゆっくり冷え固まってできた火成岩を深成岩という[1]

深成岩を拡大して観察すると，**同じような大きさの粒がすき間なく組み合わさったつくり**である。このようなつくりを**等粒状組織**という（図2）。

*1
深成岩が地上でも観察できるのは，土地の隆起（→ p.284）や，地表面の侵食（→ p.270）による。

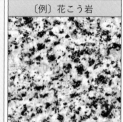

ほぼ同じ大きさの結晶が，すきまなく組み合わさっている

〔例〕花こう岩

図2 深成岩（花こう岩）のつくり（等粒状組織）

深成岩も岩石をつくる鉱物のちがいによってわけられ，おもな深成岩には，**花こう岩，せん緑岩，斑れい岩**がある（→ p.243）。

② 冷えかたと粒の大きさを調べる 実験

Ⓐ 方法・手順

① 湯にミョウバンを溶けるだけ溶かし，ミョウバンの飽和水溶液（→ p.118）をつくる。

② ①の溶液を2つのビーカーA，Bに分ける。

③ 図3上のように，ビーカーAごと氷水のはった水槽に入れて急激に冷やす。また，ビーカーBごと湯のはった水槽に入れてゆっくり冷ます。

④ それぞれのビーカーにできるミョウバンの結晶のつくりや大きさを観察する。

Ⓑ 結果・考察

図3下のように，急激に冷やしたビーカーAでは小さな結晶がまばらにでき，ゆっくり冷ましたビーカーBでは大きな結晶ができた。

このことから，液体に溶けていたものが結晶として固まるとき，短時間で冷えると多くの細かい粒として固まり，ゆっくり冷えると結晶は大きく成長することがわかる。

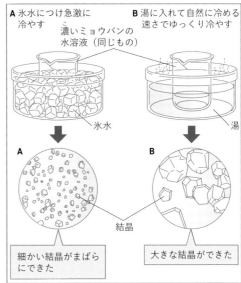

A 氷水につけ急激に冷やす　B 湯に入れて自然に冷める速さでゆっくり冷やす

濃いミョウバンの水溶液（同じもの）

氷水　　湯

A　細かい結晶がまばらにできた

B　大きな結晶ができた

結晶

図3　ミョウバンの結晶のでき方について調べる実験

Ⓒ 火山岩と深成岩のでき方

地下深くにあるマグマがゆっくりと冷え固まると，大きな結晶に成長する。この結晶が斑晶である。斑晶を含むマグマが地表に上昇してきたとき，マグマは急速に冷やされ，斑晶の部分以外の結晶が成長することができず，石基となる。

地下にあるマグマが，液体の部分がなくなるまでゆっくりと時間をかけて冷え固まった場合は，さまざまな成分がそれぞれ大きな結晶に成長するため，等粒状組織をつくる。

TRY!
表現力

深成岩のつくりについて，火山岩とのちがいから説明しなさい。

ヒント　深成岩のつくりは等粒状組織，火山岩のつくりは斑状組織である。

解答例　斑晶が石基の中に散らばっている火山岩とは異なり，同じような大きさの粒がすき間なく並んでいる等粒状組織でできている。

UNIT

9 | 火成岩と鉱物

着目 ▶ 火成岩は，含まれる鉱物の割合によって分けられる。

要点

- **鉱物** マグマが冷え固まり，結晶となった粒。一定の化学成分でできている。
- **火成岩をつくる鉱物** 火成岩にはいくつかの鉱物が含まれている。
- **火成岩の分類** 含まれる鉱物の割合から，火山岩，深成岩ともいくつかに分けられる。

1 火成岩をつくる鉱物

火山灰に含まれるものを調べる観察(→ p.233)の結果，マグマが冷えて固まってできたさまざまな細かい粒が見られた。

これらの粒のうち結晶になったものを**鉱物**[*1]という。鉱物は一定の化学的な性質をもち，成分によって色や形が異なる。

火成岩は鉱物からできている。現在，約4000種類の鉱物が知られている。岩石をつくる鉱物を**造岩鉱物**ともいう。鉱物には，表1のようなものがある。

無色または白色のものを**無色鉱物**，色がついているものを**有色鉱物**という。火成岩をつくる鉱物の割合によって，火成岩の色にもちがいが見られる。無色鉱物を多く含む火成岩は白っぽく，有色鉱物を多く含む火成岩は黒っぽい色となる。

*1
ダイヤモンドやルビーなどの宝石も，鉱物を加工したものであり，鉱物は私たちの生活に身近なものである。

表1 **火成岩をつくるおもな鉱物とその特徴**

	無色鉱物		有色鉱物			
	石英	長石	黒雲母	角セン石	輝石	カンラン石
鉱物						
おもな特徴	無色か白色で，不規則に割れる	白色か灰色で，決まった方向に割れる	黒色で，決まった方向にうすくはがれる	黒色か濃い褐色で，長い柱状の形	黒緑色か濃い褐色で，短い柱状の形	うす緑色か黄褐色で，ガラス状の小さい粒

② 火成岩の分類と含まれる鉱物

火山岩，深成岩それぞれについて，含まれる鉱物の割合によって表2のように分けることができる。たとえば，玄武岩と斑れい岩は，でき方はちがうが含まれる鉱物の割合は同じである。

*2
二酸化ケイ素という物質が多いほどねばりけが強いマグマに，少ないほどねばりけが弱いマグマになる。

表2 おもな火成岩の分類

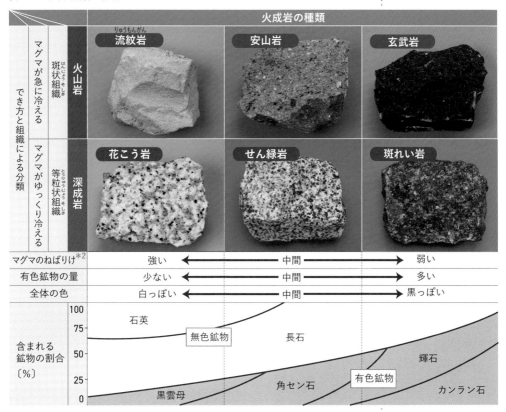

TRY!
表現力

玄武岩の色が黒っぽく，流紋岩の色が白っぽい理由を簡単に説明しなさい。

ヒント 玄武岩と流紋岩はともに火山岩であるが，火成岩の色はおもに含まれる鉱物によって決まる。

解答例 流紋岩には無色鉱物が多く含まれるため色は白っぽい。また，玄武岩は有色鉱物が多く含まれるため黒っぽい。

さまざまな火山の噴火と被害

人類の歴史の中で，さまざまなタイプの噴火によるさまざまな火山災害が発生してきた。

● 村を飲み込んだ溶岩流―浅間山

浅間山は，長野県と群馬県との県境に位置する円錐形の活火山で，十数万年前から活動を始めたと考えられている。

1783年（天明3年），断続的な活動の後7月に激しい噴火が起こり，大量の溶岩流が発生した。溶岩流は山腹の土石とともに流れ下り，ふもとの村を直撃して400人以上の死者を出した。

この噴火で最後に流れ出した溶岩流は，**鬼押出し溶岩流**とよばれている。このよび名の由来は諸説あるが，溶岩流が固まってできたごつごつした岩肌は鬼が襲い来るような火山の猛威を感じさせる。現在では，国立公園の一部となり，「鬼押出し園」として巨大な火山活動の痕跡を今に伝えている（図1）。

図1　現在の鬼押出し園

また，この浅間山噴火では大量の火山灰も放出され，江戸など関東一円にわたる広範囲に堆積した。これによって**利根川の水害**が引き起こされたほか，農作物が大きな被害を受けて**天明のききん**の進行に拍車をかけた。

● 町を焼き尽くした火砕流と高熱ガス
　　―イタリア・ベスビオ山

西暦79年に起こったイタリア南部の**ベスビオ山**の噴火では，大量の火山灰の噴出と**火砕流**により，ふもとの町は焼かれ埋めつくされた。特に，港のある商業都市であり，当時約2万人がすんでいた**ポンペイ**は火山から10kmほど離れていたが，1日にしてほぼ消滅した。ポンペイは18世紀に発掘され，噴出物に埋もれた犠牲者の形に残された空洞が発見されるなど過酷な被害と，当時の繁栄を同時に伝える世界遺産となっている。

死者の死因については長らく謎とされ現在でも論争が続いているが，ベスビオ山の噴火では火砕流だけでなく，火砕流に似ているが，おもな成分が有毒な火山ガスである**火砕サージ**が発生したことがわかっている。

ポンペイにおける犠牲者は，高熱の気体を吸い込み一瞬で肺を焼かれるなどして死を迎え，その後火山灰に埋もれていったと考えられている。

図2　ポンペイ遺跡で発掘された犠牲者の痕跡

● 割れ目噴火―ハワイ・キラウエア

2018年5月, アメリカ・ハワイ島の**キラウエア**が噴火した。キラウエアは溶岩のねばりけが小さく, 傾斜がゆるやかな火山である。

火口では激しい火柱が上がり, 大量の溶岩流が山の斜面に沿って流れ下り, 住宅地まで到達し, 120以上の家屋が焼失した。

図3　**キラウエアから流れる溶岩流**

キラウエアの噴火は**割れ目噴火**で, 山の頂上から火山噴出物が飛び出すのではなく, 複数の割れ目から溶岩が噴出することで溶岩流が広範囲に広がり, 被害が大きくなった(図4)。

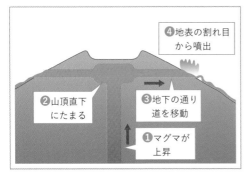

❹地表の割れ目から噴出

❷山頂直下にたまる

❸地下の通り道を移動

❶マグマが上昇

図4　**キラウエアの割れ目噴火**

最初の割れ目噴火が起こってから2週間たった後も複数の割れ目噴火が続々と起こり, 有毒な火山ガスの発生も観測されている。

● 突然の噴石が登山客を襲った水蒸気噴火―御嶽山

これまでに見てきた浅間山, ベスビオ火山, キラウエアの噴火はすべてマグマが火口から噴き出す噴火である。

噴火のタイプには, マグマを噴き出さない噴火もあり, **水蒸気噴火**はその代表的なものである。水蒸気噴火は, 地下水がマグマの熱によって水蒸気となり爆発的な膨張で岩石を吹き飛ばすことで起こる。

長野県と岐阜県の県境に位置する**御嶽山**の2014年9月に起こった噴火は, 噴出した火山灰に新鮮なマグマに由来する物質が含まれていなかったことから, 水蒸気噴火であったと考えられている。このときの噴火による死者・行方不明者は63名にのぼり, 戦後最悪の火山災害となった。死傷者はおもに噴石が直接当たったことによるものである。噴火による火砕流も発生したが, 火砕流の流下は3km程度で, 火砕流による被害は大きくなかった。

● 日常的に続く噴火活動との共生―桜島

鹿児島県の**桜島**は, 2021年1月現在, 噴火警戒レベル3 (→p.304)で入山規制が行われている。桜島は長い期間小さな噴火を何度も起こし, 2010年以降では1年間に150～1300回の噴火が起こっている。桜島には約4000人の住民がいるが, 警戒しながらも桜島の噴火と共生し, 日常生活を送っている。

噴火による降灰がひんぱんに起こり, 大きな健康被害はないとされているが, 農作物を育てる障害となるため, 送風設備などが使われる。

鹿児島県では, 天気予報の項目に桜島上空の風向きとそれにもとづいた**降灰予想**がある。また, **ハザードマップ**(→p.305)や退避ごうなど大噴火への備えも行われており, 桜島付近から離れることなく日々の暮らしを送っている。

定期テスト対策問題

解答 ➡ 別冊 p.11

問 1 火山噴出物

火山の噴出物について説明した次の文の ☐ **の中にあてはまることばを答えなさい。ただし，同じ番号のところには同じことばが入るものとする。**

(1) 火山の噴火によって地下から噴き出した噴出物には，液体の ① ，固体の火山弾，火山れき，軽石，火山灰などの火山砕せつ物や，気体の水蒸気・二酸化炭素などからなる ② などがある。

(2) 冷え固まった ① や，火山弾・火山れき・軽石などには，ガスのぬけたあとの穴が残っていたり，表面が ③ 質になっていたり，ひび割れがあるなど，とけていたものが ④ て固まってできたことを示す特徴が見られる。

(3) 火山の噴出物のもとになったものは，地下にある高温のどろどろにとけた物質で，この高温の物質を ⑤ という。

問 2 マグマの性質と火山の形

火山の形を大きく分類すると，下の①〜③のように分けられる。これについて，あとの問いに答えなさい。

① ② ③

 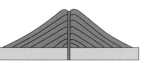

(1) ねばりけがもっとも強いマグマによってできた火山はどれか。図の①〜③から１つ選べ。

(2) おだやかに溶岩を流し出すような噴火をくり返すことによってできた火山はどれか。図中の①〜③から１つ選べ。

(3) ①〜③の形の火山を，それぞれ次の**ア〜ク**からすべて選べ。

ア 有珠山 　　**イ** マウナケア

ウ キラウエア 　**エ** 浅間山

オ 雲仙普賢岳 　**カ** 富士山

キ 桜島 　　　**ク** 昭和新山

火山岩と深成岩

右の図は，マグマが冷やされて固まってできた2種類の岩石をルーペで観察したときのスケッチである。これについて，次の問いに答えなさい。

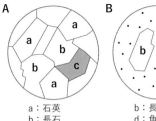

A

a：石英
b：長石
c：黒雲母

B

b：長石
d：角セン石

(1) これらの岩石のように，マグマが冷やされてできた岩石をまとめて何というか。

(2) (1)の岩石は，火山岩と深成岩に分けられる。火山岩はどのようなつくりをしているか。図のA，Bから1つ選べ。

(3) A，Bのようなつくり(組織)をそれぞれ何というか。

(4) Bの岩石の中のb，dのような結晶を，まとめて何というか。

(5) (4)の結晶のまわりの部分を何というか。

(6) A，Bの岩石のでき方を，次のア～エからそれぞれ1つずつ選べ。

　ア　マグマが，地下深くで，急速に冷やされて固まった。

　イ　マグマが，地下深くで，ゆっくり冷やされて固まった。

　ウ　マグマが地表に噴き出したり，浅い地下で，急速に冷やされて固まった。

　エ　マグマが地表に噴き出したり，浅い地下で，ゆっくり冷やされて固まった。

問 4 **火成岩に含まれる鉱物**

火成岩に含まれる鉱物について，次の問いに答えなさい。

(1) 下の表は，火成岩に含まれる6種類の鉱物の性質をまとめたものである。①～⑥の鉱物名をあとのア～カからそれぞれ1つずつ選べ。

鉱物	①	②	③	④	⑤	⑥
形	不規則	柱状・短冊状	板状・六角形	長い柱状・針状	短い柱状・短冊状	丸みのある四角形
色	無色・白色	白色・灰色	黒色	濃い褐色～黒色	緑色～褐色	黄緑色～褐色

　ア　輝石　　　イ　長石　　　ウ　角セン石

　エ　石英　　　オ　黒雲母　　カ　カンラン石

(2) ①，②のような白っぽい鉱物をまとめて何というか。

(3) ③～⑥のような黒っぽい鉱物をまとめて何というか。

地震のゆれ・震度

UNIT 1

着目 ▶ 観測地点での地震のゆれの大きさは，10段階に分けられている。

要点

● **震度** 地震のゆれの大きさを数値で表した尺度で，数値が大きいほどゆれが大きい。
● **震度階級** 現在，日本では最大で震度7。気象庁によるもので10階級となっている。
● **地震計** ふりこを持つ手を急に動かしてもぶら下げたおもりが動かないしくみを利用。

1 地震のゆれの大きさ

ある観測地点で観測した地震によるゆれの大きさを表した尺度を**震度**という。震度は0～7（5は5弱と5強，6は6弱と6強に分けられる）の10階級で表され，表1のようなことが起こる。

表1 **震度階級**

震度階級	人の体感・行動・屋内や屋外のようす	
0	人はゆれを感じないが，地震計には記録される。	
1	屋内で静かにしている人のなかにはわずかにゆれを感じる人もいる。	
2	屋内で静かにしている人の大半がゆれを感じ，電灯などがわずかにゆれる。	
3	屋内にいる人のほとんど，歩いている人の一部がゆれを感じる。棚にある食器類が音を立てたり，電線が少しゆれることがある。	
4	ほとんどの人が驚き，歩いている人のほとんどがゆれを感じる。電灯などのつり下げ物は大きくゆれ，座りの悪い置物は倒れる。電線が大きくゆれる。	
5弱	大半の人が恐怖を感じ，物につかまりたいと感じる。つり下げられた物は激しくゆれ，棚にあるものが落ちたり，座りの悪い置物は倒れることがある。まれに窓ガラスが割れ落ち，電柱がゆれるのがわかる。	
5強	大半の人がものにつかまらないと歩くことが難しい。落下物が多くなり，窓ガラスが割れ落ちたり，補強されていないブロック塀は崩れたりする。	
6弱	立っていることが困難になる。固定していない家具の大半は移動または倒れる。壁のタイルや窓ガラスが破損，落下することがある。	
6強	立っていることができず，はわないと動けない。ゆれにほんろうされ動けず，飛ばされることもある。	壁のタイルや窓ガラスが破損，落下多数となる。
7		壁のタイルや窓ガラスの破損，ブロック塀の破損がさらにふえる。

参考 震度5と6に弱と強がある理由

　1996年以前は震度5と6にも強弱の区別はなく0から7の8段階であった。しかし，1995年に発生した兵庫県南部地震などで，震度が同じ5や6の地域で実際の被害には大きなちがいが見られることが問題となった。そこで，より細かく分類して防災に役立てるため，震度を10段階にふやし，それまでの数値とずれないよう，震度5と6をそれぞれ強と弱に分けることになった。

2 地震のゆれの測定

　地震のゆれの大きさは**地震計**（じしんけい）によって測定する。地震計は回転している円筒（えんとう）にペンでゆれを記録するしくみである。[*1]

　このとき，ペンもいっしょにゆれてしまってはゆれの大きさを記録できない。おもりをぶら下げた糸をもつ手をゆっくり動かすとおもりも動くが，すばやく水平に動かすとおもりは動かない。このような**地面がゆれても動かない点**（不動点）（ふどうてん）に，ペンをとりつけることで地震のゆれを記録することができる（図1）。[*2]地震のゆれは水平な向きの縦と横（南北と東西）そして上下の3つの向きの組み合わせで，それぞれ測定する必要がある。上下方向はばねを用いて測定する（図2）。

[*1]
現在はコイルと磁石を用いて電気的な信号を記録する方式が主となっている。

[*2]
ドラムはゆれるが，ペンは動かないのでゆれを記録できる。

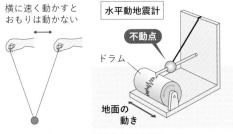

横に速く動かすとおもりは動かない
水平動地震計
不動点
ドラム
地面の動き

図1　水平方向のゆれを測定する地震計

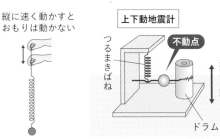

縦に速く動かすとおもりは動かない
上下動地震計
不動点
つるまきばね
地面の動き
ドラム

図2　上下方向のゆれを測定する地震計

TRY!
表現力

同じ地点で，震度3，震度2を観測した地震が1回ずつ起こった。この2回の地震のうち震度3を観測したほうが大きな地震といえるか。理由も含めて説明しなさい。

ヒント　震度とはどのような尺度で，震度のちがいは何を表しているか考える。

解答例　震度は，ある場所での地震によるゆれの大きさを表し，1つの地震でも場所によって変わるので，地震そのものの規模を比べることはできない。

UNIT

2 地震とマグニチュード

着目 マグニチュードは地震の規模を表す。

要点
● **地震のゆれの広がり** 震源で発生した地震のゆれが同心円状に伝わり，地上でゆれを感じる。
● **マグニチュード** 地震そのものの規模を表す尺度である（記号は M）。
● **震度との関係** 震源距離が同じときマグニチュードが大きいほど震度も大きい。

1 地震の発生とゆれ

地震は地下深くで起こる。図1のように，**地下で地震が発生した地点を震源，震源の真上の地表の地点を震央**という。**震央と震源の間の距離を震源の深さ，各観測地点と震源の間の距離を震源距離**という。震源で発生した振動が四方八方へ同心円状に伝わり，地表ではこの振動を地震として感じる。

震度は，測定する場所によって異なり，ふつう，震源から遠ざかるほど小さくなり（図2），地盤がやわらかい地域ほど大きくなる。

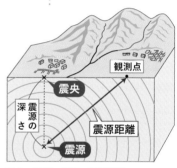

図1 **震源・震央・震源距離**

2 地震の規模を表すマグニチュード

A マグニチュードとは

地震そのものの規模の大小を表す値をマグニチュード（記号 M）という。[*1] マグニチュードは1つの地震に対して1つ決まる数値である。

B マグニチュードと地震のエネルギー

マグニチュードは，地震の規模，つまり地震が放出するエネルギーの大きさを表している。マグニチュードは地震が放出するエネルギーが1000倍になるごとに2大きくなる。

$32 \times 32 = 約1000$ なので，マグニチュードが1大きくなると，地震が放出するエネルギーは約32倍となる。

*1
マグニチュード（magnitude）は「尺度」「等級」という意味の言葉で，英語では星の明るさの等級などにも用いられる。そのため報道や発表では必ず「地震の規模を表すマグニチュード」と言い表している。

③ マグニチュードと震度

マグニチュードの大きさと震度との間に決まった関係はないが，大地震とされる地震のマグニチュードは 7 以上であることが多い。近年，日本列島で発生した大地震とよばれる地震のマグニチュードは表 1 のような値である。

震度はある場所でのゆれの大きさなので，1 つの地震でも場所によっていくつもの異なる値となるが，マグニチュードは地震そのものの規模を表すので，1 つの地震でただ 1 つ決まるというちがいがある。

マグニチュードの大きさによって震度が決まるわけではないが，マグニチュードが大きい地震ほど震源から同じ距離で比べたとき震度が大きくなる傾向があり，広い範囲にゆれが伝わる傾向がある（図 2）。

表 1　近年の大地震のマグニチュード

年	地震名	M
1995	兵庫県南部	7.3
2004	新潟県中越	6.8
2008	岩手・宮城内陸	7.2
2011	東北地方太平洋沖	9.0
2016	熊本	7.3
2018	北海道胆振東部	6.7

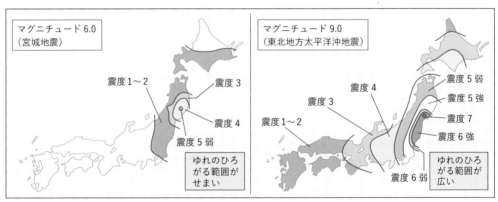

図 2　マグニチュードの大きさのちがいと震度，ゆれの広がる範囲

TRY! 表現力

地震が起きたとき，ある地点の震度がどのくらいになるかはどのように決まるか。「震源」と「マグニチュード」という言葉を使って，その傾向を説明しなさい。

ヒント　地震の規模が大きいほど震度も大きくなる。また，同じ地震でも場所によってゆれの大きさは異なることがある。

解答例　マグニチュードが大きく，震源に近いほど震度は大きくなる傾向にある。

UNIT

3 地震のゆれと地震波の種類

着目 ▶ 地震が発生した地点で発生する波には2種類ある。

要点

- **ゆれの種類** はじめに起こる小さな初期微動とあとから起こる大きな主要動がある。
- **地震波の種類** 速く伝わり初期微動を起こすP波とおそく伝わり主要動を起こすS波がある。
- **初期微動継続時間** ある地点にP波が到達してからS波が到達するまでの時間。

1 地震の発生とゆれの種類

震源で発生した地震の波を**地震波**といい，この波によって地震のゆれが起こる。日常で「地震がきた」と感じるとき，まずカタカタと小さなゆれ（縦方向のゆれ）が起こり，そのゆれがしばらく続いた後で，ゆさゆさと大きなゆれ（横方向のゆれ）を感じることが多い。**はじめに感じる小さなゆれを初期微動，あとからくる大きなゆれを主要動**という。

図1 初期微動と主要動

2 P波とS波

震源で発生する地震波には，振動方向と波の進行方向が同じ縦波のP波と振動方向と波の進行方向が直角になる横波のS波があり，**震源で同時に発生する**。P波とS波は性質が異なるため，異なる性質のゆれを引き起こす（表1）。

表1 P波とS波

P 波	S 波
波の進行方向 ➡　　振動方向 ◀━▶	波の進行方向 ➡　　振動方向 ↕
●縦波：物質が進行方向に伸縮し，その変化が伝わっていく	●横波：物質が進行方向と垂直に変形し，その変化が伝わっていく
●伝わる速度：6〜8km/s	●伝わる速度：3〜5km/s
●固体中でも液体中でも伝わる	●固体中で伝わり液体中は伝わらない
●届いた場所では初期微動が始まる	●届いた場所では主要動が始まる

P波のほうがS波よりも速さが速いので，観測地点に先に到達し，初期微動を起こす。続いて，速さがおそいS波がP波よりもおくれて観測地点に到達し，主要動を起こす(図2)。[*1]

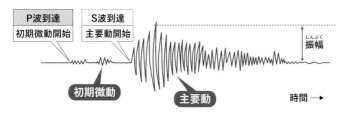

図2　地震計による地震のゆれの記録

*1
P波とは，英語のPrimary wave（最初の波），S波とは，英語のSecondary wave（2番目の波）の頭文字をとったものである。

 エレベーターの安全装置

　強い地震が起こると，エレベーターを動かすための電源ケーブルやレールが壊れて動かなくなり，閉じ込められるなどの事故のもとになる。そこで，エレベーターには振動センサーがついていて，比較的小さなゆれの初期微動を観測した段階で最寄りの階に停止するようになっている。

3　初期微動継続時間

　初期微動が始まってから主要動が始まるまでの時間を初期微動継続時間という。

　初期微動はP波の到達によって始まり，主要動はS波の到達によって始まるので，**初期微動継続時間とは，ある地点にP波が到達してからS波が到達するまでの時間**といえる。このことから，初期微動継続時間をP−S時間ということもある。[*2]

*2
S波が到達し，主要動が起こっている間も，P波は消えてしまうわけではなく伝わり続けている。

TRY!
表現力

地震が起こったとき，震源から離れた場所でははじめに小さなゆれを感じ，そのあとに大きなゆれを感じることが多いのはなぜか。P波，S波の語を用いて説明しなさい。

ヒント　はじめの小さなゆれとあとからくる大きなゆれの原因を区別する。

解答例　震源では小さなゆれである初期微動を生じるP波と大きなゆれである主要動を起こすS波が同時に発生するが，P波のほうがS波よりも伝わる速さが速く，先に到達するため。

UNIT

4

地震波とゆれの広がり方

着目 ▶地震のゆれを伝える波には，P波とS波がある。

1 地震によるゆれ始めの時刻

　ある地点での地震のゆれ始めの時刻を発震時という。発震時は初期微動が始まった時刻なので，P波が到達した時刻である。ある地震について，発震時の等しい地点，つまり**ゆれ始めた時刻が同じ地点**を結ぶと，ほぼ**同心円状になる**。結んだ曲線を**等発震時曲線**という。

　曲線がほぼ同心円状になることから，地震のゆれは**震央**を中心に同心円状に広がっていることがわかる。

　各観測地点の震度も，ほぼ同心円状に，震央から遠くなるほど小さくなっていることもわかる（図1）。

表1　**兵庫南部地震（1995年）の各地の観測結果**

観測地	P波の到着時刻		S波の到着時刻		震度
神　戸	5時46分56秒		5時46分59秒		6 [*1]
大　阪	5時47分 0秒		5時47分 6秒		4
岡　山	〃	9秒	〃	22秒	4
津	〃	14秒	〃	32秒	4
岐　阜	〃	20秒	〃	43秒	4
福　井	〃	23秒	〃	47秒	4
金　沢	〃	32秒	5時48分 7秒		3
静　岡	〃	36秒	〃	11秒	2
甲　府	〃	41秒	〃	24秒	2
三　島	〃	43秒	〃	40秒	2

*1
のちに震度7が適用された。

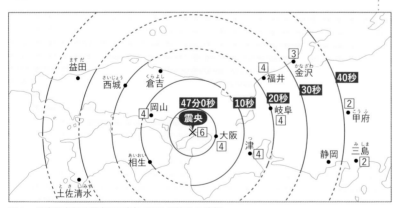

図1　**兵庫県南部地震（1995年）でのゆれ始めの時刻**
4 などの数字はその地点での震度を表している。

2 地震波の速さ

初期微動はP波が届くと起こり，**主要動**はS波が届くと起こる。縦軸にある地震の各地の震源距離，横軸に，P波，S波の到達時刻をとったグラフに表す(例題1参照)と，グラフの傾きからP波，S波の速さを求めることができる。つまり，地震波の速さは，次の式で求められる。

$$\text{地震波の速さ〔km/s〕} = \frac{\text{震源距離〔km〕}}{\text{伝わるのに要した時間〔s〕}}$$

例題 1

P波，S波の速さ

右の図は，ある地震における，観測地点へのP波，S波の到達時刻と震源距離の関係を表している。次の問いに答えなさい。

(1) この地震でのP波の速さは約何km/sか，四捨五入して整数で求めよ。

(2) この地震でのS波の速さは約何km/sか，四捨五入して整数で求めよ。

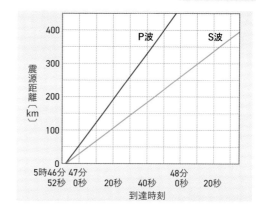

解き方

例題の図では5時46分52秒が地震すなわちP波とS波が発生した時刻である。ここから距離と時間を読みとりやすい点を読みとり，地震波の速さ〔km/s〕$=\dfrac{\text{震源距離〔km〕}}{\text{伝わるのに要した時間〔s〕}}$の式に値を代入する。

(1) 震源距離400kmの地点にP波が到達するまで，地震が発生してから47分50秒−46分52秒 ＝58秒かかっている。地震波の速さ〔km/s〕$=\dfrac{\text{震源距離〔km〕}}{\text{伝わるのに要した時間〔s〕}}$より，

P波の速さ $=\dfrac{400\,\text{km}}{58\,\text{s}}=6.8\cdots\text{km/s}$ より，**約7km/s** ────(答)

(2) 震源距離300kmの地点にS波が到達するまで，地震が発生してから48分10秒−46分52秒 ＝78秒かかっている。

S波の速さ $=\dfrac{300\,\text{km}}{78\,\text{s}}=3.8\cdots\text{km/s}$ より，**約4km/s** ────(答)

地震のゆれと震源距離

UNIT 5

着目 ▶ 初期微動継続時間から震源距離を求めることができる。

要点

- **初期微動継続時間** 初期微動が始まってから主要動が始まるまでの時間。
- **震源距離** 震源から観測地点までの距離。
- **初期微動継続時間と震源距離** 震源距離が長くなると，比例して初期微動継続時間は長くなる。

1 初期微動継続時間

地震のゆれと地震波の種類(→ p.252)で学んだように，**初期微動が始まってから，主要動が始まるまでの時間を初期微動継続時間という**(図1)。

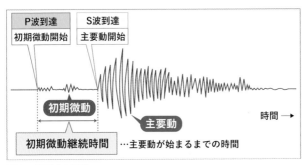

図1 地震計の記録

初期微動継続時間はP−S時間ともよばれ，ある地点にP波が到達してからS波が到達するまでの時間でもある。この初期微動継続時間から震源距離を求めることができる。

2 初期微動継続時間と震源距離の関係

次の図2は，地震計の記録と震源距離の関係をグラフに表したものである。このグラフから，初期微動継続時間は，震源距離が長いほど長くなることが読みとれる。

さらに，図2の結果から，図3のように，震源距離と初期微動継続時間の関係をグラフに表すと，**グラフは原点を通る直線となる**。このことから，**震源距離は初期微動継続時間に比例する(初期微動継続時間は震源距離に比例する)**ことがわかる。

このときの比例定数[*1]をkとすると，

震源距離 ＝ k × 初期微動継続時間

という式が成り立つ。[*2] 比例定数kの大きさは，日本列島付近ではふつう，$k=7〜8$km/sとなる。

*1
xとyが比例するとき，定数kを使うと，$y=kx$と表せる。このときのkを**比例定数**という。

*2
kの値は，P波とS波の速さによって決まる値なので，地震によって異なる。

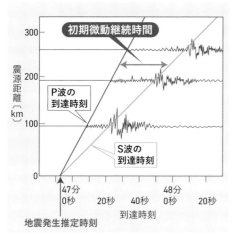

図2　地震計の記録と震源距離

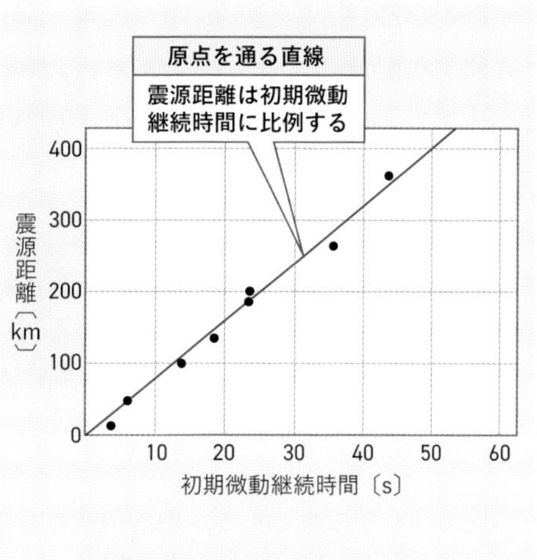

図3　初期微動継続時間と震源距離の関係

例題 2　　初期微動継続時間と震源距離の関係

　　ある地震において，震源から60kmの地点での初期微動継続時間は10秒であった。次の問いに答えなさい。

(1)　この地震において，震源から120kmの地点での初期微動継続時間は何秒か。

(2)　この地震において，初期微動継続時間が15秒であった地点の震源距離は何kmか。

解き方

初期微動継続時間は震源距離に比例（震源距離は初期微動継続時間に比例）することから求める。

(1)　ある地点の震源距離と初期微動継続時間がわかっているとき，震源距離をもとに初期微動継続時間も求めることができる。震源距離が60kmの地点の初期微動継続時間が10秒であることから，震源から120kmの地点の初期微動継続時間をx〔s〕とすると，

　　60km : 10s ＝ 120km : x　　$x=20$s　　より，**20秒**　……㊜

(2)　ある地点の震源距離と初期微動継続時間がわかっているとき，初期微動継続時間から震源距離を求めることができる。求める震源距離をy〔km〕とすると，

　　60km : 10s ＝ y : 15s　　$y=90$km　　より，**90km**　……㊜

6 震央と震源の求め方

着目 ▶ 作図によって，ある地震の震央と震源を求めることができる。

要点

- **震源と震央** 作図により震央と震源がどこであるか求めることができる。
- **震央の求め方** ゆれ始めの時刻が等しい地点を結んだ同心円や震源距離から求める。
- **震源の求め方** 震央の位置がわかれば，震央の位置と震源距離から求める。

1 震央の求め方

震央を求める方法には，地震のゆれ始めの時刻が等しい点を結んだ円から求める方法と観測地点の震源距離から求める方法がある。

Ⓐ 地震のゆれ始めの時刻が等しい点から求める

地震のゆれ始めの時刻が等しい点を結ぶと，ほぼ同心円の曲線（等発震時曲線）となる。この同心円の中心が**震央**である。

この円の中心を求めるため，地震のゆれ始めの時刻が等しい3つの点をとる。3つの点をA，B，Cとし，点AとB，点BとCを結んだ線分の**垂直二等分線**をそれぞれ引く。2本の垂直二等分線の交点が震央となる（図1）。

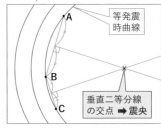

図1 地震のゆれ始めの時刻を結んだ円から震央を求める方法

Ⓑ ある3地点の位置と初期微動継続時間から求める

ある3地点（A，B，C）の初期微動継続時間からそれぞれの**震源距離**を求め，3地点を中心として，それぞれ震源距離を半径とする円をかき，3つの円の交点を結ぶ線分を引く。**引いた3本の線分の交点が震央となる**（図2）。

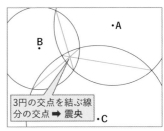

図2 震源距離から震央を求める方法

2 震源の求め方

震央を求めたら，観測地点と震央を結ぶ線分（図3のAO）を適当な縮尺で縮小して引く。初期微動継続時間から点Aでの震源距離を求め，線分AOと同じ縮尺で縮小し，その長さを半径とする円を，点Aを中心としてかく。**この円と点Oを通る線分AOの垂線との交点（図のB点）が**震源となり，次のページのようにして震源の深さが求められる。

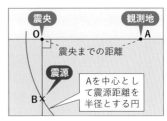

図3 震源の求め方

③ 震央と震源を求める

Ⓐ 震央を決める手順

ある地震で，観測地点A，B，Cの震源距離はそれぞれ30km，40km，50kmであった。この地震の震央Pを作図によって求める(図4)。

① 点A，B，Cを中心として，それぞれの震源距離を半径とする円をかく。

② 円AとB，円BとC，円AとCの交点をそれぞれ線分で結ぶ。

③ ②で引いた3本の線分の交点が震央Pである。

Ⓑ 震源を決める手順

ある地震で，観測地点Dから震央までの距離は30km，震源距離は40kmであった。この地震の震源Qを作図によって求める(図5)。

① 点Dから30kmの地点O (震央)をとり，線分で結ぶ(図5❶)。

② 点Oを通り線分ODに垂直な直線を引く(図5❷)。

③ 点Dを中心とし，震源距離40kmを半径とする円をかく(図5❸)。

④ ②で引いた直線と③でかいた円の交点が震源Qである。

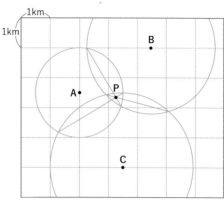

図4　震央を決める手順

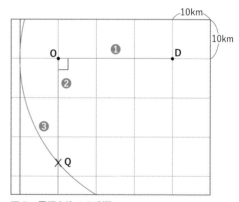

図5　震源を決める手順

TRY! 表現力

地震の震央は，ゆれ始めの時刻が等しい点を結んだ円上にある3つの点から求めることができるが，これは，震央の位置がどのような場所にあるためか。説明しなさい。

ヒント　震央はこの円の何にあたるかを答える。

解答例　震央は，地震のゆれ始めの時刻が等しい点を結んでできる同心円の中心であるため。

地球の内部構造とプレート

着目 ▶地球の表面をおおう岩盤はいくつかのプレートで構成されている。

要点

● **日本列島の位置** 4つのプレートの境界付近に日本列島がある。

● **プレート** 地球の表面をおおう岩盤で，それぞれ移動している。

● **プレートの動き** プレートの動きによって，大きな地震が起こると考えられている。

1 プレート

地球の表面は，1枚の板のようなものが全体をおおっているのではなく，**十数枚の厚さ約100kmの岩盤でおおわれている。この岩盤を**プレートといい，大陸の基盤となるプレートを**大陸プレート**(陸のプレート)，海洋の底となるプレートを**海洋プレート**(海のプレート)という。

図1 **世界のプレート**

2 プレートの移動と境界

プレートは1年間に数cm程度の速さで移動していることが人工衛星を使った計測でわかっている。海洋プレートは太平洋などの大洋の海底に連なる大山脈(**海嶺**)でつくられ，両側に移動していく。海洋プレートは大陸プレートよりうすく重いため，これらの境界では，海洋

プレートが大陸プレートの下にもぐり込んでいく。このような，プレートどうしが衝突する場所では，深い**海溝**ができ，地震が多く発生する（図2）[1]。

日本列島は，4つのプレートの境界付近に位置しており，世界の中でも有数の，地震や火山活動が多い地域となっている（→ p.263）。

（→ p.263）

[1] プレートの移動により地震や火山活動や地殻変動などが起こるという考えを，**プレートテクトニクス**という。

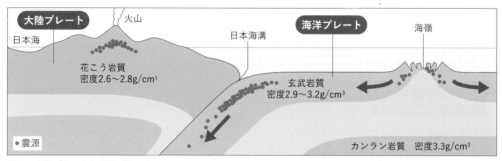

図2　**大陸プレートと海洋プレート**

大陸プレート　火山　海洋プレート　海嶺

日本海

花こう岩質
密度2.6〜2.8g/cm³

日本海溝

玄武岩質
密度2.9〜3.2g/cm³

● 震源

カンラン岩質　密度3.3g/cm³

発展　地球の内部構造

地球の半径は約6400kmで，現在，地球の内部構造は外側から順に，**地殻・マントル・核**の3層構造になっていることが知られている。

地殻は，大陸部で30〜40km，海洋部で5〜10kmで，**岩石**でできている。地球の半径に対して非常にうすい。

マントルは，地殻の下から約2900kmの深さまで続く部分で，**固体である**。プレートは，地殻と地殻の下のマントルの上部を合わせた部分である。

核は，マントルの下から地球の中心までの部分で，**外核**と**内核**に分かれる。**おもに鉄やニッケルからできていて，外核は液体，内核は固体**となっている。

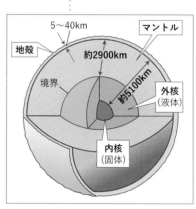

5〜40km　マントル

地殻

約2900km

境界

約5100km

外核
（液体）

内核
（固体）

図3　**地球の内部構造**

TRY! 思考力

地球上で地震の多い地域は日本，北アメリカ西岸，南アメリカ西岸などがあり，ヨーロッパやアフリカ大陸，オーストラリアでは地震が少ない。このことについて図1を見て考えられることを答えなさい。

ヒント　プレートと大陸の位置関係について見てみる。

解答例　プレートの境界で地震が多い。

UNIT 8

地震が起こりやすい地域

着目 ▶ 限られた地域で地震が発生している。

要点

● **地震帯** 世界で地震がよく起こる地域は，帯状に分布している。
● **日本が含まれる地震帯** 日本列島付近は環太平洋地震帯に含まれ，地震が多い。
● **日本付近の震源分布** 日本付近の震源の深さは太平洋側は浅く，日本海側は深い。

1 世界の地震帯

　地震は，地球上で均一に起こるのではなく，起こりやすい地域が限られている。**地震が起こりやすい地域はほぼ帯状に分布し，これを地震帯**という。

　地震帯の分布は火山帯の分布とよく似ており，また，海溝や海嶺[*1]の分布ともほぼ一致していることから，火山，海溝や海嶺は地震を発生させる原因に関係があると考えられている。

*1
海底に連なっている大山脈のことを**海嶺**という。一方，海底で溝のように深くなった所を**海溝**という。

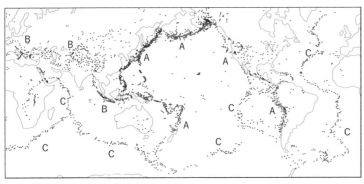

図1　**世界の震源の分布**　震源を赤い点で示す。

世界のプレートと比べてみよう。

　図1の**A**の部分は太平洋をとり巻くように分布し，**環太平洋地震帯**という。**B**の部分は**地中海―ヒマラヤ地震帯**とよばれヨーロッパからヒマラヤ，インドネシアへ続くように分布している。

　地震帯の分布は，**プレートの動きと密接な関係があり**，環太平洋地震帯，地中海―ヒマラヤ地震帯はプレートどうしが衝突する境界，このほか，図中の**C**のようにプレートが離れていく場所である海嶺にも海底の地震帯が見られる。

2 日本で地震が起こりやすい地域

　図1からもわかるように，日本は環太平洋地震帯に含ま<ruby>含<rt>ふく</rt></ruby>れ，日本列島全体が地震の多い地域となっている。特に日本列島の中でも太平洋側の関東地方，東北地方，北海道では地震が多く，日本海側では比較的少ない。

　日本列島はプレートの境目付近に位置しており（図2），太平洋プレートが西方向に移動し，北アメリカプレートの下に<ruby>沈<rt>しず</rt></ruby>み込んでいる境界部分に，深い溝である**日本海溝**が<ruby>日本海溝<rt>にほんかいこう</rt></ruby>形成されている。図3からわかるように，震央は日本海溝の大陸側に多く分布している。

　震源の深さに注目すると，図4より，太平洋側で起こる地震の震源は浅く，深さが150km以内のものが多く，日本海側にいくにつれて震源は深くなっている。

図2　日本列島と4つのプレート

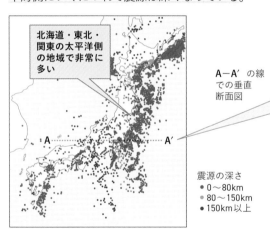

図3　日本付近の震央の分布
震源を赤い点で示す。

A－A′の線での垂直断面図

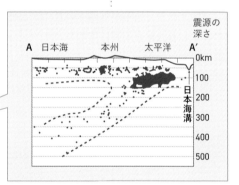

図4　左図のA－A′の線での垂直断面の震源の分布

震源の深さ
● 0～80km
● 80～150km
● 150km以上

TRY!
表現力

日本列島付近の震源は，日本海溝の大陸側に多く分布する傾向がある。この理由を，海溝とはどのような場所であるかに着目して説明しなさい。

（ヒント）　海溝とは深い溝のような部分であるが，どのようにしてできたかを考える。

（解答例）　日本海溝は大陸プレートの下に海洋プレートが沈み込む境界にあたり，プレートどうしが衝突する場所では地震が発生しやすいから。

UNIT 9 地震発生のしくみ

着目 ▶ 大きな力によって，地下の岩石が破壊されたときに生じる振動が地震となる。

要点

● **プレート境界で起こる地震**　海洋プレートが大陸プレートの下に沈み込み，引きずり込まれた大陸プレートが反発して地震が起こる。

● **活断層**　過去に活動した形跡があり，今後も地震の原因となる可能性がある断層。

1 プレート境界で起こる地震

プレートに大きな力がはたらくと，その付近の岩石にひずみが生じ，岩石がひずみに耐えられなくなると岩石は破壊される。**岩石が破壊されたときに生じる振動が周囲に伝わり，**地震の発生となる。

プレートの境界では特に大地震が起こる可能性がある。日本海溝の周囲のプレートは図1のようになっており，多数の地震が発生している。

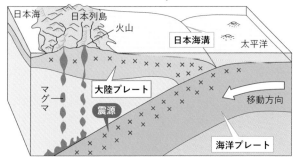

図1　**日本列島の地下のプレートの動き**

プレート境界で起こる地震発生のしくみは次のようになる(図2)。

❶ 海洋プレートが大陸プレートの下に沈み込む。

❷ 海洋プレートの沈み込みに引きずり込まれるように大陸プレートにも力が加わり，ひずみがたまっていく。

❸ 引きずり込まれた大陸プレートがひずみに耐えきれなくなると，反発し，地震が発生する[*1]

*1
プラスチック製の定規や下じきを曲げ，手を離すと反発して大きくゆれる現象と似ている。

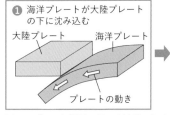

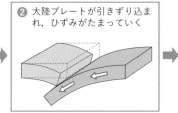

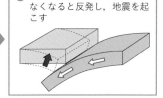

図2　**プレート境界で起こる地震のしくみ**

2011年3月11日に発生した**東北地方太平洋沖地震**も，このような
しくみで起こった地震である。

プレートの境界[*2]での地震発生のしくみにおいて，海洋プレート
が地下深くに沈み込んでいることが，日本列島付近で起こる地震の震
源の深さが日本海側に向かうにつれて深くなっている原因である。

環太平洋地震帯(→ p.262)は，おもに海洋プレートが大陸プレート
の下に沈み込む境界を帯状につないだ地震帯で，地震が多発する地域
となっている。

*2
プレートの境界で，地下深
くに沈み込んだ海洋プレー
トはとけてマグマが発生し，
地震の発生とともに，火山
活動もさかんに起こる。

② さまざまな地震発生のしくみ

プレートの動きによる地震のほかにも地震が発生する原因にはさま
ざまなものがある。

内陸部で起こる震源の浅い地震を内陸型地震といい，おもに**活断層**
がずれることによって起こる。活断層とは，過去に地盤がずれて地震
発生の原因となったことがわかっており，今後も地震
発生の原因となる可能性がある地盤のずれ(断層)をい
う(→ p.290)。

1995年1月17日に発生した**兵庫県南部地震**は，活
断層(野島断層)のずれによるものと考えられている(図
3)。直下型地震では，地震の規模がそれほど大きく
なくても，震源が都市部などに近ければ大きな被害を
もたらすことがある。

火山の噴火などの火山活動にともなって発生する地
震を**火山性地震**という。火山性地震の震源は浅く，規
模はそれほど大きくならない傾向がある。

図3　地表に現れた野島断層(兵庫県淡路市)

TRY!
表現力

プレート境界で起こる地震のしくみについて，「ひずみ」の語を用いて説明しなさい。

ヒント　海洋プレートと大陸プレートの関係を考え，ひずみが何にどのように生じて地震の原因
となるのかを説明する。

解答例　海洋プレートが大陸プレートの下に沈むと，引きずり込まれた大陸プレートにひずみが
たまる。ひずみに耐えきれなくなると，大陸プレートが反発し地震が発生する。

大陸の移動と海底からうまれたヒマラヤ山脈

● 大陸移動説

1912年, ドイツのウェゲナー(図1)が**大陸移動説**を提唱した。

図1 **ウェゲナー**

大陸移動説とは, 現在存在する地球の大陸は, もとは, 1つの大きな大陸が分裂, 移動したものだという考え方である(図2)。ウェゲナーは, もとの1つの大陸を**パンゲア**とよんだ。

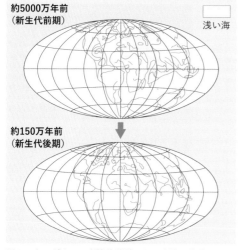

約5000万年前
(新生代前期)

浅い海

約150万年前
(新生代後期)

図2 **ウェゲナーの大陸移動説による大陸の移動**

大陸移動説のおもな根拠には, 次のようなものがある。まず, 大西洋を囲む**現在の各大陸の海岸線がジグソーパズルのようにぴったりとつながり**, 1つにまとまること。そして, リストロサウルスやグロッソプテリスなどの絶滅した動物や植物が, 現在の離れている大陸をまたいで生息していたことなどである(図3)。

図3 **古生代から中生代の大陸と生物の分布**

また, 現在南半球の複数の大陸に見られる大規模な氷河の痕跡が, 1つの氷河であったものが分裂したと考えられることも示した(図4)。

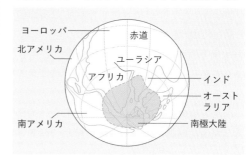

図4 **中生代のひとまとまりの氷河**

しかし, 当時は実際に大陸が動いていることが観測できず, 大陸を動かす力についても説明できなかったことから, ウェゲナーの大陸移動説は脚光をあびることがないまま終わった。

ところが, 陸地に残された地磁気の痕跡がつながっていることなどから, 大陸移動説が再び注目されはじめた。現在ではGPSなどを利用して, 1年あたり数cmという大陸の動きを実際に測定できるようになっている。

● プレートの動きと自然現象

　1967年に，イギリスのマッケンジーとパーカーによって地球をおおう岩盤である**プレート**という考え方が提唱された。

　現在，プレートは，その下にあるマントルの流れにのって動くことがわかっている。そしてプレートの衝突が起こる場所や離れていく場所では，プレートの動きによって造山運動や地震などの自然現象が発生していることを説明できるようになった。

　このように，プレートの動きによってさまざまな現象を説明しようという考え方を**プレートテクトニクス**という。

● インドの移動とヒマラヤ山脈の誕生

　プレートの動きによる大陸の動きがよく現れている例として**ヒマラヤ山脈**があげられる。

　中生代には**ユーラシア大陸**と**インド大陸**は離れていた。インド大陸を乗せた**インド・オーストラリアプレート**が北上し，今から4000万年ほど前に**ユーラシアプレート**に衝突したと考えられている（図5）。

　亜大陸（巨大な半島）となったインドがユーラシア大陸の下にもぐり込むことで海底に堆積していた地層が持ち上げられ，激しくしゅう曲（→p.290）して高い山脈となった（図6）。こうしてできたのがヒマラヤ山脈だと考えられている。

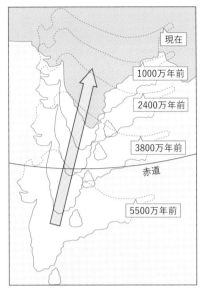

図5　**インド大陸の移動**

　ヒマラヤ山脈では，中生代の海中で繁栄したアンモナイトや，古生代の海中で繁栄したウミユリなどの化石が見つかっている（図7）。地球上でもっとも高い

図7　**ヒマラヤ山脈で発見されたアンモナイトの化石**

場所であるヒマラヤ山脈がかつて海の底だったことは，数千万年という時間とプレートにはたらく力の大きさを物語っている。

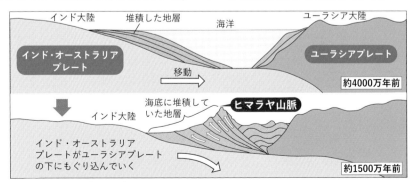

図6　**ヒマラヤ山脈のでき方**

定期テスト対策問題

解答 → 別冊 p.11

問 **1** 地震のゆれ

右の図の地中の点Aで地震が発生した。地点BはAの真上の地
表面上の地点である。これについて，次の問いに答えなさい。

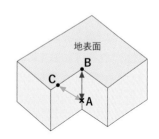

(1) 地中の点A，地点Bをそれぞれ何というか。

(2) AとBの間の距離を何というか。

(3) Aで発生した地震を地点Cで観測した。AとCの間の距離を，
地点Cの何というか。

(4) 地震のゆれの大きさは，震度によって表す。震度につい
ての説明として正しいものを，次の**ア〜エ**から1つ選べ。

　ア 同じ地震であれば震度は1つに決まっており，0〜7の8階級で表す。

　イ 同じ地震であれば震度は1つに決まっており，0〜7の10階級で表す。

　ウ 同じ地震でも，観測地によって震度は異なり，0〜7の8階級で表す。

　エ 同じ地震でも，観測地によって震度は異なり，0〜7の10階級で表す。

問 **2** 地震波の記録

右の図は，ある地震のゆれを震央から離れた3地点ア，イ，
ウで記録したものである。これについて，次の問いに答えな
さい。

(1) 図の**X**のゆれを何というか。

(2) **ア**，**イ**，**ウ**の3地点のうち，震源からもっとも離れた
地点はどこか。その記号で答えよ。

(3) マグニチュードについて正しく説明しているものを，次
の**ア〜エ**から1つ選べ。

　ア 地震の規模の大小を表すものである。

　イ 地震のゆれの大小を表すものである。

　ウ 地震の伝わる速さを表すものである。

　エ 地震のゆれが続いた時間の長さを表すものである。

(4) 地球の表面は十数枚の固い板でおおわれている。大部分の地震が起こっている地点はこの板
の境目で，日本列島の下では，太平洋側の板が大陸側の板の下に沈み込み，この面にそってひ
ずみが生じ，地震が起こる。このような，地球の表面をおおっている板を何というか。

問 3 地震波のグラフ

右の図は，ある地点で発生した2つの地震波について，震源からの距離(きょり)とゆれ始めるまでの時間の関係を表したものである。これについて，次の問いに答えなさい。

(1) 初期微動(しょきびどう)の原因と，ある地点で初期微動が始まる時間について正しく述べているものを，次のア～エから1つ選べ。

ア P波によって起こり，図の直線Aで表される。

イ P波によって起こり，図の直線Bで表される。

ウ S波によって起こり，図の直線Aで表される。

エ S波によって起こり，図の直線Bで表される。

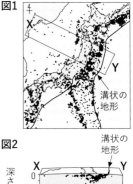

(2) 初期微動の続く時間(初期微動継続時間(しょきびどうけいぞくじかん))が25秒の地点は，震源から何km離れているか。次のア～エから1つ選べ。

ア 180km   イ 200km   ウ 220km   エ 240km

(3) 震源からの距離が320kmの地点で初期微動が始まるのは，地震発生から何秒後か。

問 4 地震のしくみ

図1は，日本付近で起こった地震の震央の分布を示したものであり，図2は，図1のX□□□Yで示した部分で起こった地震について，震源の深さの分布を模式的に表したものである。これについて，次の問いに答えなさい。

(1) 日本付近で起こった地震の，震央の位置と震源の深さの分布の特徴(とくちょう)について説明した次の文の□□□に入る適切な語句を書け。

図1のように，震央は，① とよばれる溝状(みぞ)の地形の ② 側に，帯状に分布している。また，図2のように，日本列島の下の震源の浅い地震を除けば，震源の深さは，溝状の地形から ② 側にいくにしたがって ③ なるように分布している。

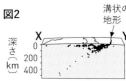

(2) 日本付近の海底にある溝状の地形は，大陸プレートAと海洋プレートBの境の一部と考えられている。日本付近のプレートの境とプレートの動きを表した模式図として適切なものを，次のア～エから選べ。

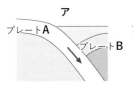
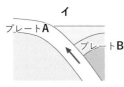
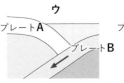
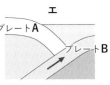

UNIT 1 風化と流水のはたらき

着目 ▶ 風化や流水のはたらきによって土砂ができ，色々な地形をつくる。

要点
● **風化** 岩石がもろくなりくずれる現象で，土砂や砂を形成するもとになる。
● **流水のはたらき** けずりとる侵食，土砂を運ぶ運搬，土砂を積もらせる堆積がある。
● **流水がつくる地形** V字谷・扇状地・三角州などの特徴的な地形がつくられる。

1 風化と侵食，運搬と堆積

　地表付近の岩石が，風雨にさらされることや，長い間の温度変化のくり返しなど，自然のはたらきによって表面からくずれていくことを風化[*1]といい，岩石が徐々に細かく砕かれていく（図1）。

　風化によってもろくなった土砂は，流水のはたらきによって，地層やさまざまな地形をつくる。

　地面を流れる水や河川を流れる水，海岸の波などをまとめて流水という。流水は**岩石をけずりとるはたらきである侵食**によって，風化によってもろくなった岩石をけずりとり，砂や泥などを含む土砂をつくる。

　流水には，侵食のほか，侵食によって生じた**土砂を下流に運ぶはたらきである運搬**，運搬された**土砂を積もらせるはたらきである堆積**があり，さまざまな地形がつくられる。

図1　風化した岩石

＊1
風化には，岩石が雨水に含まれる二酸化炭素（炭酸）のはたらきで溶けることで起こるものもある。その場合**鍾乳洞**などの地形ができることがある。

2 侵食によって形成される地形

　侵食によってつくられるおもな地形に**V字谷**や**U字谷**がある。

　標高が高い山地で，傾斜が急な場合，流れる川は流れが速く川底の侵食と運搬のはたらきが強い。

　侵食が進むと，山をけずり，流れに沿って谷が形成されていく。侵食が長い時間続くと，深い谷ができる。この谷は，**断面がVの字のような形をしたけわしい谷であり，V字谷**（図2）という。

図2　V字谷（徳島県三好市）

U字谷は，山が氷河[*2]に侵食され，侵食された断面が底の広いU字形となっている谷で，高山や極地などに見られる。

＊2
氷河は，雪が固まってできた巨大な氷のかたまりで，傾斜にしたがって非常に小さな速さで移動している。

3 運搬と堆積によって形成される地形

運搬と堆積によってつくられる地形には，おもに**扇状地**と**三角州**がある。

A 扇状地

山地を流れる川で洪水が起こると，大量の土砂が運搬される。特に河川が山地から平野部に出る所では，川からまわりの土地に土砂を含んだ水があふれ，広がっていく。

このため大量の土砂が平野部に堆積する。山地から平野部に出る場所に近いほど多くの土砂が積もり，遠いほど積もる土砂の量が少なくなるので，**扇状のゆるやかな傾斜の地形ができる。この地形を扇状地という**（図3）。

図3　扇状地（山梨県笛吹市）

B 三角州

川が海や湖に流れ込む場所では，急に流れがゆるやかになるため，堆積のはたらきが大きくなる。

このため，運搬されてきた土砂が堆積し，この土砂によって河口に三角形の中州ができることがある。**この三角形の地形を三角州という**（図4）。

図4　三角州（三重県津市）

TRY!
表現力

流水のはたらきによってできる代表的な地形に扇状地がある。扇状地とはどのような地形か，でき方も含めて説明しなさい。

ヒント　扇状地はどのような場所にできるか考える。

解答例　扇状地は，河川などの流水が山地から平地に出る場所で，運搬されてきた土砂が堆積してできた，扇状の地形である。

UNIT
2

地層のでき方

着目 ▶地層は，おもに水底で形成され，粒の大きさのちがいによって層を形成する。

要点

● **土砂の粒と堆積** 粒が大きいほど堆積のはたらきが強くはたらき，流れのゆるやかになった所から近くに堆積し，小さい粒より下の層にある。

● **地層のできる場所** 海底以外でも，深い湖の底や土石流，火山灰の堆積によっても形成される。

1 土砂の粒の大きさと広がり方の関係を調べる　実験

Ⓐ 方法・手順

① 図1のように，水を入れたバット，といを組み立てた装置をつくる。

② さまざまな大きさの粒が混じった土砂をといにのせる。

③ といの上から，土砂が少しずつバットに流れ落ちる程度の強さで水を流し，バットに広がった土砂のようすを調べる。➡土砂の粒の大きさとバット内での広がり方の関係に注目する。

図1　土砂の運搬，堆積の実験

Ⓑ 結果・考察

図2のように，土砂は，**粒の大きいものほどといの近くに，粒の小さいものほどといから離れたところに広がった。**

粒の大きなものほど運搬のはたらきよりも堆積のはたらきが強くはたらくと考えられる。

Ⓒ 水の底での土砂の層のでき方

さまざまな大きさの粒が混じった土砂が水の底に堆積する場合，粒の大きいものほどはやく沈む。

川の流れによって運搬された土砂が海の底に堆積するとき，**海岸に近い所ほど粒の大きいもの，沖にいくほど粒の小さいものが堆積する**（図3）。

これによって**地層**ができる。

図2　バットを上から見たところ

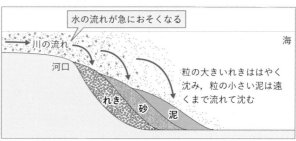

水の流れが急におそくなる

川の流れ

河口

海

れき　砂　泥

粒の大きいれきははやく沈み，粒の小さい泥は遠くまで流れて沈む

図3　土砂の粒の大きさと海底への沈み方

② 地層のできる場所

海底だけでなく，湖の底でも地層は形成される。

深い湖では，湖底に近い深い層での水の動きが少なく，時間をかけてゆっくりと地層が形成される場合が多い。

これに対して，**浅い湖**では，流れ込む水や流れ出す水の動きや風によって生じる水面の波，水温の変化などによって水が上下に動き，底の堆積物がかき混ぜられるため地層を形成しにくい(図4)。[*1]

川では，侵食と運搬のはたらきが強いため，底に堆積物が重なって地層となることが少ない。

水底で形成される地層について，各層を形成する粒の大きさに注目すると，水底では，大きな粒のものから先に積もり，粒の大きさごとに積もるタイミングはほぼ同じとなる。このため，1つの層に含まれる土砂は粒の大きさが同じ大きさになることが多い。

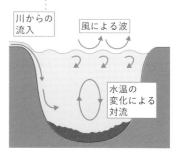

川からの流入 / 風による波 / 水温の変化による対流

図4　**湖の水の動きと堆積物**

[*1]
湖は長い年月の間に堆積物によって浅くなり，湿原になった後，最後には乾燥した陸地になる。

 参考　7万年分の「年縞」

福井県にある水月湖の湖底には，特徴的なしま模様の層が形成されている。このしま模様は季節による堆積物のちがい[*2]により1年に1層形成され，**年縞**とよばれる。

水月湖は湖底をかき乱す湖底の生物や川からの流入がなく，さらに断層活動によって湖底が沈降(➡ p.284)し続け湖が埋まらないことで7万年分もの年縞が保存された。これは過去の自然環境を正確な年代とともに知る世界的に貴重な資料となっている。

[*2]
春から秋はプランクトンの死がいなど，冬は黄砂や鉄分などがおもに堆積する。

TRY!
判断力

p.272の実験で，大きさの異なる粒の層がどのように重なるかを調べるには実験装置や方法にどのような工夫をすればよいか。

 （ヒント）　層の重なり方を横から見られるようにする工夫が考えられる。

（解答例）　バットのかわりに透明な水槽を用いる。多くの水を流して水槽の中に水をためていき，時間をおいて，土砂がすべて沈んだあと，そのようすを横から見て調べる。

隆起・沈降と地層

着目 ▶ 海底や湖底などの水の底での土砂の堆積，土地の隆起，沈降により地層ができる。

要点

● **隆起** 海面に対して土地が上昇することを隆起という。

● **沈降** 海面に対して土地が下降することを沈降という。

● **地層のでき方** 隆起，沈降が起こると水の底に異なる土砂が堆積して層ができる。

① 隆起・沈降によって地層ができるまで

　土地がもち上がることを隆起，土地が沈むことを沈降という[1]海底の隆起が起こったとき地層のでき方は次のようになる。(図2A)。

① 川の水などによって運ばれてきた，粒の大きさがちがうれき，砂，泥などが，積み重なる(図2A❶)。

② 海底が隆起すると，河口は①のときより沖合に移動する。れき，砂，泥の堆積の仕方は変わらないため，砂の層の上にれき，泥の層の上に砂が堆積し，その沖合側に泥が堆積する(図2A❷)。

③ 隆起が再び起こると，②と同様に，河口はさらに沖合に移動する。泥の上に砂が堆積したところでは，その上にれきが堆積する(図2A❸)。つまり，土地が隆起すると，それまでより大きな粒の土砂がその上に堆積することになる。

　反対に，沈降(海面の上昇)が起こった場合は，それまでより小さな粒の土砂がその上に堆積する(図2B)。

*1
隆起(→ p.286)や沈降(→ p.288)は，地層の形成のほかにもさまざまな地形が形づくられる原因となる。

参考 　扇状地での土石流

　このほか，火山灰などが陸上に堆積し，そのまま地層となるなど，陸上で形成される地層もある。

　水底以外でできる地層で，おもに**扇状地**(→ p.271)ができるような場所では，傾斜のある川の上流で大雨が降ると，水が周囲の土砂とともに高速で下流に流れ下る**土石流**が発生することがある。

　この場合，土砂は粒の大きさで区別できる層状にはならず，さまざまな大きさの粒が混じった土砂のかたまりとして堆積する(図1)。

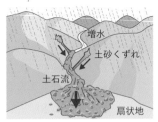

図1 　扇状地での土石流

A 隆起がくり返されたとき

❶土砂が堆積する

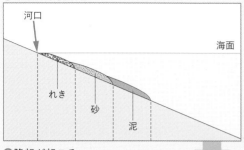

❷隆起が起こる

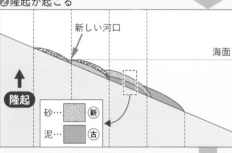

❸再び隆起が起こる

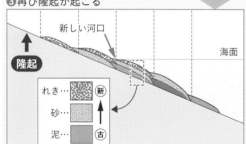

B 沈降がくり返されたとき

❶土砂が堆積する

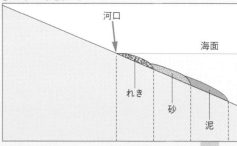

❷沈降が起こる

❸再び沈降が起こる

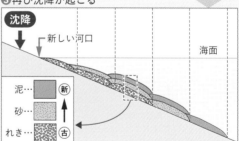

図2　隆起・沈降と地層のでき方

TRY!
表現力

地層のある部分では，上かられき，砂，泥の層となっていた。このことから，この場所ではどのような変化が起きたと考えられるか。「隆起」または「沈降」と「河口からの距離」の語を用いて答えなさい。

（ヒント）　本来下の層となるはずのれきが上の層となっていることから考える。

（解答例）　土地の隆起が起こり，れき，砂，泥の3つの層が堆積する間，河口からの距離が近くなっていった。

堆積岩と化石

着目 ▶ 積み重なった土砂や生物の死がいから長い年月をかけて堆積岩や化石ができる。

要点
- **堆積岩** 土砂や火山灰などの堆積物からできた岩石。
- **化石** 大昔の生物の死がいや生活の痕跡が地層中に残ったもの。
- **化石ができるとき** 地層ができる際に，地層の中にあり同時に堆積した。

1 堆積岩

堆積物が押し固められてできた岩石を堆積岩という。地層をつくっている岩石のほとんどが堆積岩である[*1]。

河川の流水に運ばれて堆積した土砂は粒どうしがぶつかり合ったりして角がとれるため，堆積岩をつくる粒は丸みを帯びていることが多い。

堆積岩の中には，火山の噴火によって噴き出した火山灰などが押し固められて堆積岩となるものもある[*2] このように流水に運ばれずにできた堆積岩は，粒が角ばっている。

また，堆積岩には化石が残されていることが多い。

発展 堆積岩のでき方

水底に積もった土砂の層は，上に積もった堆積物の重みで粒のすき間にあった水が押し出され固められていく。

非常に長い年月をかけて上からの大きな力と地球内部からの**熱**[*3]を受けていくと，土砂の粒のある成分がとけ出して，粒と粒の間をつなぐ接着剤のようなはたらきをする。こうして堆積物はさらに固くなり，岩石となっていく。

2 化石

A いろいろな化石

恐竜の骨などのように，地層の中に残されている大昔の生物の死がいや生活の痕跡をまとめて化石という。

動物の骨（図1）や歯，卵の殻や貝殻などといった，生物のからだの

*1
岩石には，堆積岩のほかに地中でマグマがかたまってできる**火成岩**もある（→p.238）。

*2
火山灰などが押し固められてできた堆積岩を凝灰岩という（→p.278）。

*3
この熱は地熱とよばれ，地下数kmでは1000℃を超える場所もある。**地熱発電**（→p.301）にも利用される。

一部のほか，動物の**足跡**(図2)や**巣穴**などが化石として残ることもある。宝石として珍重される**こはく**(図3)は，樹木から出た樹脂が化石となったものであるが，その中に虫などの化石が見られることもある。

図1　恐竜の骨の化石

図2　恐竜の足跡の化石

図3　虫入りこはく

B　化石のでき方

生物の死がいは，ほとんどがほかの動物に食べられたり微生物や風化のはたらきによって分解されてしまう。しかし，水底に沈んで堆積物の中に埋まった死がいの一部は分解されずに残り，おもに**骨や歯，貝殻**などのくさりにくい部分が化石となる(図4)[*4]。

長い年月を経て今に残る化石の多くは，地層の成分がしみ込んで死がいの成分と置き換わり，骨や貝殻そのものではなく「石」となったものが多い。

[*4]
動物の皮膚や羽毛，内臓などのやわらかい部分も化石として残されることもある。

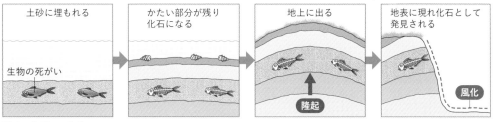

| 土砂に埋もれる | かたい部分が残り化石になる | 地上に出る | 地表に現れ化石として発見される |

生物の死がい

隆起

風化

図4　化石のでき方

TRY! 思考力

動物の死がいが化石として残りやすい状況として，水の底に沈む以外にどのような場合が考えられるか，説明しなさい。

(ヒント)　化石として残るのをさまたげるはたらきについて考え，それが少なくなる状況を考える。

(解答例)　土砂くずれや多量の火山灰が降るなど，死がいが他の動物に食べられる前に微生物の少ない堆積物の中に埋まった場合。

UNIT

5

堆積岩の種類

着目 ▶ 堆積岩には，れき岩，砂岩，泥岩，凝灰岩，石灰岩，チャートなどの種類がある。

要点

- **れき岩，砂岩，泥岩** 土砂が固まった堆積岩で，粒の大きさによって分けられる。
- **凝灰岩** 火山灰などの火山噴出物が固まった堆積岩で，堆積した時期が特定しやすい。
- **石灰岩とチャート** おもに生物の死がいが固まった堆積岩で，成分が異なる。

1 れき岩・砂岩・泥岩

堆積岩(→ p.276)のうち，**岩石の風化・侵食によってできた土砂が堆積し，固まったものを砕せつ岩**という。砕せつ岩は，**隆起・沈降と地層**(→ p.274)で学習したように，土砂は同じ大きさの粒ごとに堆積することが多いので，固まった土砂の粒の大きさによって，**れき岩，砂岩，泥岩**に区別される(表1)。

*1
泥はさらに**シルト**(直径が0.004mm以上のもの)と**粘土**(直径が0.004mm以下のもの)に分けられる。

表1 砕せつ岩

		れき岩	砂岩	泥岩
見かけのようす				
何が固まってできたか		れき	砂	泥
		直径2mm以上	直径0.06mm〜2mm	直径0.06mm以下*1
		大きい ◀━━━━━━━━━━━━━━━▶ 小さい		

2 凝灰岩

火山が噴火した際に放出されたものをまとめて火山噴出物という。堆積岩のうち，火山灰などの火山噴出物が固まってできたものを凝灰岩*2という。

凝灰岩の粒は角ばっており，砕せつ岩の層と区別できる。そして火山活動は長い歴史の中で特定の短い期間に起こり，大規模な火山の噴

*2
火山灰のほかに軽石(白っぽく小さな穴が多く，軽い火山噴出物)や，火山れき(直径2mm以上の火山噴出物)などを含む。

火では広い地域に火山灰が堆積することから，火山灰や凝灰岩の層はいつ堆積したかを特定しやすい。離れた地域の地層で同じ凝灰岩が見つかれば，その層が同じ時期に堆積したことがわかる。

凝灰岩の層のように，離れた地域で同じ時期に堆積した層を見つける目印となる層を**鍵層**という（→ p.296）。

（→ p.296）

(3) 石灰岩とチャート

石灰岩とチャートは，生物の死がい[*3]や水に溶け込んでいた成分が堆積して固まった堆積岩である。

石灰岩とチャートは，岩石が何でできているかによって分けられる。**石灰岩**はサンゴ，フズリナなどの死がいからできていて，**炭酸カルシウム**を多く含む。**チャート**はホウサンチュウなどの死がいからできていて，二酸化ケイ素を多く含む。

*3
生物の死がいからできた堆積岩を**生物岩**，水に溶けていた物質が，水の蒸発や沈殿によって固まってできた堆積岩を**化学岩**という。化学岩には岩塩などがある。

表2　**凝灰岩，石灰岩，チャート**

		凝灰岩	石灰岩	チャート
見かけのようす				
区別のしかた	特徴	火山灰	生物の石灰質の殻や海水中の石灰分	ホウサンチュウなどの死がい
		火山の噴火（火山活動）があったことの証拠となる。	うすい塩酸をかけると二酸化炭素の泡を発生し溶ける。	うすい塩酸をかけても変化はなく，石灰岩に比べて非常にかたい。

TRY！
表現力

1つが石灰岩で，もう1つがチャートである2つの岩石を区別する方法を答えなさい。ただし，岩石がこわれたり変化したりしてもよいものとする。

（ヒント）　岩石を構成する成分に注目する。

（解答例）　うすい塩酸をかけたとき，二酸化炭素の泡を出して溶けるほうが石灰岩で，変化が見られないほうがチャートである。ハンマーでたたいて割れやすいほうが石灰岩である。

UNIT

6

化石からわかる自然環境

着目 ▶ 示相化石から化石が堆積した当時の環境について推定できる。

要点
- **示相化石** 堆積当時の環境を推定できる化石である。
- **示相化石となる条件** ある特定の環境でしか生息できない生物の化石が適している。
- **おもな示相化石** アサリ(浅い海)，シジミ(湖や河口)，サンゴ(あたたかく浅い海)など。

1 示相化石

現在生息している生物と近い種の化石が見つかれば，その化石が生息していた当時の環境が推測できる。

ホタテガイは寒冷な海にすんでいるので，ホタテガイの化石が見つかれば，当時の環境は比較的寒冷な海の中であったとわかる。このように，**地層が堆積した当時の環境を推定できる化石を示相化石**という。

図1のホタテガイの化石の分布を見ると，300万～200万年前より500万～400万年前のほうが北に分布していることから，500万～400万年前のほうが海水温が高かったと考えられる。このように，示相化石から気候の変化を知ることもできる。

示相化石として利用できる化石に適するものには条件がある。まず，気温の高い地域や低い地域など，どのような環境でも生活できる生物の化石は適しておらず，**ある特定の限られた生活環境でしか生活できない生物の化石が適している。**

また，化石として残り，発見されるためには生物の**個体数が多いことも重要である。**

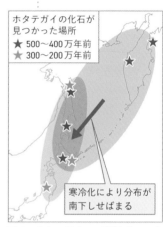

ホタテガイの化石が
見つかった場所
★ 500～400万年前
★ 300～200万年前

寒冷化により分布が
南下しせばまる

図1 **ホタテガイの一種(タカハシホタテ)の化石の分布**

2 示相化石と堆積当時の環境

Ⓐ 水中で生息する生物

❶ アサリ・ハマグリの化石(図2)

現在浅い海の底の砂や細かい石の中に生息し，潮干狩りなどで収穫される。これらの生物の化石を含む地層が堆積

図2 **アサリの化石**

した当時は，そこが**浅い海**であったことがわかる。

❷ シジミの化石（図3）

シジミは淡水（海水とは異なり塩分をほとんど含まない水）に生息する貝である。化石となったシジミが堆積した当時は，そこが**湖や河口**であったと考えられる。

❸ サンゴの化石（図4）

サンゴは水温が25℃以上で日光が届く海底に生息する。[1] サンゴの化石は，そこが**あたたかく浅い海**であったことを示している。

B 陸上の生物

❶ ブナの葉の化石（図5）

ブナは比較的寒冷な地域に生息する植物であり，当時は，そこが**比較的寒冷**であった。木の葉はもろいことから，**流れの静かな湖や沼・池**で堆積したこともわかる。

❷ 花粉の化石

花粉は比較的じょうぶな殻で包まれているものが多く，化石として残りやすい。花粉の形から植物の種類がわかるので，堆積した当時の気候を推定できる。

*1
珊瑚礁をつくるサンゴのからだの中には光をあびて栄養分をつくる微生物（→p.19）がすんでいて，この微生物がつくる栄養分によって生きている。そのため，このようなサンゴが生息するには海底まで日光が届く環境が必要となる。

図3 シジミの化石

図4 サンゴの化石

図5 ブナの葉の化石

TRY! 表現力

現在，ブナが生息していない温暖なある地域で，ブナの化石を含む地層が発見された。このことから考えられることを説明しなさい。

ヒント ブナが生息できる環境とできない環境を考える。

解答例 比較的寒冷な気候から温暖化し，ブナが生息できない環境に変化した。

化石からわかる地質年代

着目 → 示準化石から化石が堆積した地質年代が推定できる。

要点
- **地質年代** 地層から発見された化石をもとに，古生代など4つに区分される。
- **示準化石** 限られた時代に生息した生物の化石で，地層が形成された年代を推定する手がかりとなる。

1 地質年代

　ある地層ができた年代を**地質年代**という。地層から発見された化石をもとに，地球誕生から現代まで4つの時代[1]に区分される。

❶ **先カンブリア時代** 地球誕生(約46億年前)～約5億4000万年前。クラゲや現在では見られない形の生物が海中で生息。

❷ **古生代** 約5億4000万年前～約2億4500万年前で，多くの生物が出現し，特に後半は陸上で生活する生物が増加した。

❸ **中生代** 約2億4500万年前～約6600万年前で，アンモナイトや恐竜が繁栄し，哺乳類や被子植物が現れた。

❹ **新生代** 約6600万年前～現代で，古い順に，古第三紀→新第三紀→第四紀(現代)に区分される。人類が現れたのは新生代の後期である。

2 示準化石

　恐竜の化石が見つかれば中生代の地層，ナウマンゾウの化石が見つかれば新生代の地層であることがわかるように，**地層が堆積した時代(地質年代)を推定できる化石を示準化石**(表1)という。[2]

　同じ示準化石を含む地層は同じ年代に堆積したものと考えられるため，離れた場所で同じ示準化石が発見されれば，その2つの地層は同じ年代に堆積したと考えることができる。

　示準化石として利用できる化石に適するものには条件がある。

① **化石となった生物が地球上に現れてから絶滅するまでの期間が短い生物**の化石ほど，適している。

*1
地質年代は，古生代，中生代，新生代のいずれもさらに細かい**紀**に区分される。たとえば，中生代は古い順に，**三畳紀(トリアス紀)→ジュラ紀→白亜紀**の3つの紀に区分される。

*2
ビカリアは，熱帯から亜熱帯地域の河口や湖などの特定の場所に生息していたことがわかっているため，ビカリアの化石は示相化石としても用いられる。

② 示相化石と同様に，**個体数が多い生物ほど化石が発見される可能性が高くなるので望ましい。**ただし，示相化石とは異なり，生物が生息していた場所の範囲が広いものほど，適している。

表1　おもな示準化石

地質年代	代表的な示準化石		
古生代	サンヨウチュウ（三葉虫）	フズリナ	クサリサンゴ
中生代	アンモナイト	恐竜（ティラノサウルス）	シソチョウ（始祖鳥）
新生代	ナウマンゾウの歯	ビカリア	マンモス

TRY!
表現力

「示準化石でもあり示相化石でもある」という化石になる生物は，どのような条件を満たす生物であるかを説明しなさい。

（ヒント）　示準化石と示相化石はいずれも，化石として存在することで堆積した年代や環境を知る手がかりとなる。

（解答例）　生息した当時個体数が多く，地球上に現れてから絶滅するまでの期間が短く，かつ特定の限られた環境で生活していた生物。

土地の隆起と沈降

UNIT 8

着目 ▶土地の隆起と沈降のしくみや起こり方にはさまざまなものがある。

要点

● **土地の隆起と沈降** 海面を基準とした土地の高さが上がることを隆起，下がることを沈降という。

● **気温と海面** 地球全体の気温が下がると海面が下がり，気温が上がると海面が上がる。

● **さまざまな隆起・沈降** 地震などによって急激に起こるものとゆるやかなものがある。

1 土地の隆起

海面の高さと比較して，土地がもとの高さよりも上に上がることを隆起という。隆起には，地震やしゅう曲(→ p.290)などによって陸地そのものが上がる場合と，陸地の高さは変化せず，海面が低下する場合の２つがある(図1)。

海面の低下は，地球全体の気温が下がり，海水の体積が小さくなったり，陸上に氷河として存在する水がふえたりすることなどによって起こる。

図1 **土地の隆起**

 土地の高さの基準と隆起

土地の高さは，高さの基準点である**水準点**[1]から判断する。
地殻変動については，現在，国土地理院の GEONET (人工衛星で位置情報を連続観測するシステム)により，電子基準点[2]を監視することで行われている。

2 土地の沈降

土地の隆起とは反対に，**海面の高さと比較して，土地がもとの高さよりも下に下がることを**沈降という。沈降にも，隆起と同様に２つの場合がある。

*1
高さ(標高)の基準となる1等水準点は，日本ではおもな道路沿いに2km間隔で埋められている。地図記号は⊡である。

*2
全国で約1300か所に設置されている。

地震やプレートの動き（→ p.264）などによって陸地そのものが下がる場合と，陸地自体の高さはそのままで，海面が上昇する2つの場合がある（図2）。

海面の上昇の原因は，海面の低下とは反対に，地球全体の気温の上昇によって海水の体積が大きくなることや，陸上にあった氷河がとけ，液体の水となって海に流れ込むことなどがあげられる。

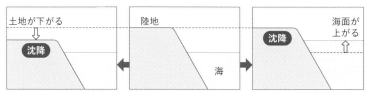

図2　土地の沈降

③　隆起・沈降の起こり方

土地の隆起・沈降には，地震などによって起こる急激なものと，非常に長い時間をかけてゆるやかに起こるものがある。

急激な土地の沈降の例として，宮城県牡鹿半島では，2011年の東北地方太平洋沖地震の直後，117cmもの急激な沈降が観測された（図3）。

地震などによる急激な隆起・沈降は起こらなくても，1年に1～2mm程度のわずかな隆起・沈降が続く場合もある。

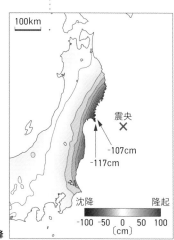

図3　東北地方太平洋沖地震前後の土地の隆起・沈降

TRY!
表現力

土地の隆起の原因について，急激に起こるものと非常に長い時間をかけて起こるものを1つずつあげなさい。

（ヒント）　土地の隆起には，土地そのものの上昇以外の場合もある。

（解答例）　急激に起こるものは地震，時間をかけて起こるものは寒冷化による海面の低下。

UNIT
9

隆起によってできる地形

着目 隆起によってできる地形には，海岸段丘，河岸段丘などがある。

要点
- **急激な土地の隆起** 土地が急激に隆起すると，侵食によってがけ状の地形ができる。
- **海岸段丘** 海岸で複数回の隆起によってできた，階段状の地形。
- **河岸段丘** 河原が複数回隆起することによってできた，階段状の地形。

① 海岸段丘とそのでき方

土地の隆起によってできる地形に海岸段丘がある。海岸段丘は，海岸線に沿って，がけと海との間に平らな地形が見られる階段状の地形である。

海岸段丘は，大地震などによって急激に隆起した際など，次のようにしてできる。

まず，長い間，波が海岸に打ち寄せると，海岸は侵食されて**海食がい**（海食崖）とよばれる切り立ったがけができ，同時に海岸付近の海底も侵食され，**海面近くに海食台**という比較的平らな地形ができる（図1）。

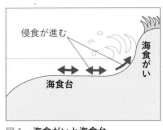

図1 **海食がいと海食台**

土地が**隆起**し，それまで海食台であった部分が陸上に現れ，階段の1段目のような地形である段丘[*1]ができる。

次に，陸上に出た海食台のふちが波に侵食され，再び新しい海食がいができ，同時に海食台もできる。そして，土地の隆起により新しい海食がいが陸上に現れることで，2段目の段丘ができる。

隆起が何度も起こることで，何段もの段丘ができ，階段状の地形となる（図2）。

*1
段丘の階段状の地形で水平な面を段丘面といい，上にある段丘面ほど先にできたものである。

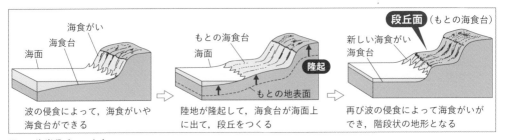

波の侵食によって，海食がいや海食台ができる

陸地が隆起して，海食台が海面上に出て，段丘をつくる

再び波の侵食によって海食がいができ，階段状の地形となる

図2 **海岸段丘のでき方**

② 河岸段丘とそのでき方

海岸段丘と似たしくみで，**隆起によって川の両岸にできる階段状の地形を河岸段丘**という。

河岸段丘は川の中流付近で見られることが多く，洪水などで，上流から運ばれた土砂が川の両岸に堆積し河原をつくる。

この川の一帯が**隆起**すると，河原の面が高くなり，高くなった河原に対する流水の侵食がより強くはたらく。

この結果，川は深くほられ，もとの河原が段丘として残る。また，川の中には運ばれてきた土砂が堆積し，新しい河原ができる。この結果，階段状の地形である河岸段丘ができる（図3）。

上流から運ばれてきた土砂が堆積して，川原をつくる

流域一帯が隆起する。すると，川の侵食作用がより強くはたらく

その結果，川底が深くほられ，もとの川原の一部が段丘面として残る

図3　河岸段丘のでき方

図4　海岸段丘（高知県室戸半島）

図5　河岸段丘（群馬県利根川）

TRY! 表現力

海岸段丘や河岸段丘は，徐々に隆起が起こるときと急激に隆起が起こるときの，どちらの場合に形成されるか。

（ヒント）　段丘ができる土地の動きを考える。

（解答例）　徐々に起こる隆起では階段状の地形はできないので，急激な隆起が起こると形成される。

4 章 大地の変化

UNIT 10 沈降によってできる地形

着目 土地の沈降によって、特徴的な地形ができる。

要点
● **リアス海岸** 土地の沈降によってできた出入りの複雑な海岸。
● **多島海** 陸地が沈降することによってできる島の多い海域。
● **おぼれ谷** 土地の沈降により、陸地にあった谷が海底に沈んだ地形。

1 リアス海岸

起伏の多い海岸付近一帯が沈降すると、もとの谷の部分には海水が入り込み湾となる。もとの峰(山頂)や尾根(図1)の部分は半島のような状態で残る結果、出入りの激しい海岸線となる。このように、**土地の沈降によってできる出入りの複雑な海岸をリアス海岸**という(図2)。

リアス海岸は、岩手県の三陸海岸、三重県の志摩半島(英虞湾、図3)、福井県の若狭湾などで見られる。

参考 **リアスの語源**

スペイン北西部ガリシア地方では海岸線の出入りが多く、スペイン語で入り江を意味するriaとよばれていた。「リアス」はこの語がもとになっている。

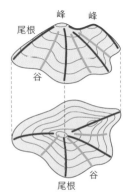

図1 **山の峰・尾根・谷**

発展 **気候変動とリアス海岸**

世界に見られる多くのリアス海岸は、地球規模で寒冷化していた時代(氷期という)が終わり、温暖化で海水面が上昇してできたと考えられている。

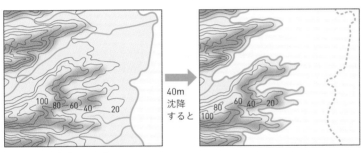

図2 **リアス海岸のでき方**

図3 リアス海岸（三重県英虞湾）

図4 多島海（長崎県九十九島）

2 多島海

リアス海岸よりもさらに沈降が進むと，沈降して海水が入り込む部分が多いため，高い山の山頂や尾根の高い部分だけしか海面上に残らず，島のようになる。

このように**沈降が進んでできる，島の多い海域を多島海**（図4）という。多島海は，瀬戸内海，宮城県の松島，長崎県の九十九島，ギリシャのエーゲ海などで見られる。リアス海岸と多島海は，できるしくみは同じで，沈降がより激しいと多島海となる。リアス海岸と多島海が同時に見られる地域もある。

リアス海岸や多島海の島では，平地が少ないよ。

参考 おぼれ谷

山が海岸に近い地域が激しく沈降すると，陸上にあった谷は谷の形のまま海面下に沈む。このように，陸地が沈降して，陸地にあった谷が海面下に沈んだものを**おぼれ谷**という。

リアス海岸の入り江もおぼれ谷である。また，富山湾の射水川，神通川沖合などには，その地域全体が海底に沈んで海底の谷となった大地形が見られ，このようなおぼれ谷を**海谷**とよぶ。

リアス海岸と多島海のでき方やできる場所について共通点を説明しなさい。

ヒント リアス海岸や多島海がどのような地形だったか考える。

解答例 どちらも山が海岸に近い土地が沈降してできた地形で，谷などの低い土地が海になり山頂などの高い部分が陸地として残ったものである。

11 地層のしゅう曲と断層

着目 ▶ 地層に力が加わることでしゅう曲，断層ができる。

要点
- **しゅう曲** 地層が波打ったような状態になっているもの。
- **断層** ある面を境にして地層がずれた部分。
- **断層の種類** でき方と構造によって，3種類の断層に分けられる。

1 地層のしゅう曲

　地層が波打ったように曲がった状態になっているものを，しゅう曲という。その曲がり方はさまざまで，横倒しになるほど激しく曲がっているものもある（図1）。

　しゅう曲は，水平な地層に**横方向から地層を押し縮めるような大きな力が長い時間はたらいたときにできる**（図2）。

　地層が広い範囲にわたって激しくしゅう曲することで，山脈規模の曲がりとなることもある。

　ヨーロッパのアルプス山脈，南アジアのヒマラヤ山脈（→ p.267），北アメリカのロッキー山脈，南アメリカのアンデス山脈，日本では北海道の日高山脈のような山脈は，しゅう曲によってもり上がった地盤がそのまま山脈となった**しゅう曲山脈**である。

図1　しゅう曲（和歌山県すさみ町）

図2　しゅう曲のでき方

2 断層

　地層に大きな力がはたらくことによって，ある面を境に地層がずれる。**この地層のずれを断層**という。

断層によって地層が切れた断面を断層面といい，さまざまな傾きのものがある。ななめになっている断層面の上側の地盤を上盤，下側の地盤を下盤という。もう一方の地盤に対して上か下かではなく，断層面より上か下かで上盤，下盤を区別する(図3)。

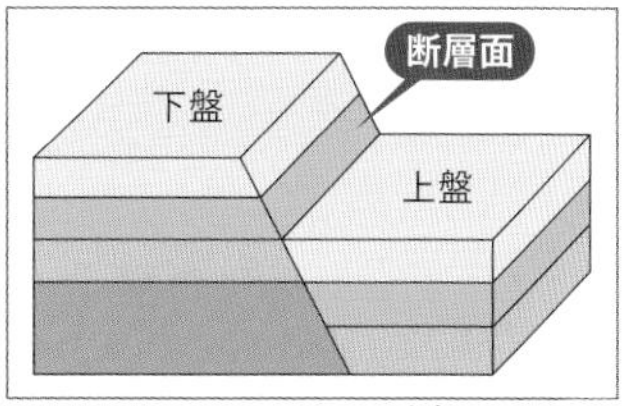

図3　断層の各部分の名称

③　断層の種類

　地層にはたらく力の向きによって，次のような種類の断層ができる(図5)。

① 横方向に引っぱる力がはたらくと，断層面に沿って，上盤がずり下がった形の正断層ができる。

② 横方向から押し合う力がはたらくと，断層面に沿って，上盤がずり上がった形の逆断層ができる。

③ 横方向から押し合う力とそれと交差する引っぱる力がはたらくと，断層面に沿って，両側の断層が水平方向にずれた横ずれ断層ができる。

図4　断層(神奈川県三浦市)

　実際の断層では，さまざまな大きさの力がさまざまな方向にはたらくため，純粋な正断層，逆断層，横ずれ断層となることは少ない。

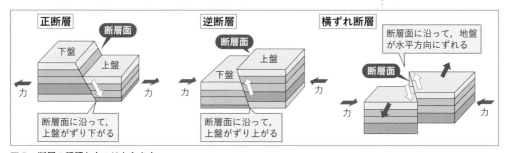

図5　断層の種類と力のはたらき方

TRY! 表現力

正断層は，どのような力がはたらいてできるか，説明しなさい。

ヒント　正断層では，上盤がずり下がり，両側の地盤が離れるようにずれる。

解答例　地層を水平方向に引っぱる力がはたらいてできる。

UNIT

12 | 整合と不整合

着目 ▶ 長い時間をかけてできる地層の重なり方には，整合と不整合がある。

要点
● **整合** 堆積作用が連続していたと考えられる地層の重なり方。
● **不整合** ある面を境に不連続になっている地層の重なり方。
● **整合・不整合からわかること** 地層ができるまでの大地の変動などのできごとが推測できる。

1 整合と不整合

　何枚もの地層が平行に重なっているとき，その重なり方を整合という（図1，2）。その地層が堆積した当時，大地の大きな変動がなく，連続して堆積してできた構造である。

　ある面を境にして，上下の地層の傾きがちがったり，平行でなくなったりした地層の重なり方を不整合という。いいかえれば，上下の重なり方が不連続になっているものともいえる。（図1，3）。

　不整合に重なる上下の地層の境界面を不整合面といい，ふつう，平面ではなく凹凸のある面となっている。不整合は，次ページで説明するように，地層が堆積する長い時間の間に，さまざまな土地の変動が起こったことを示す。

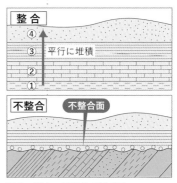

図1 整合，不整合の模式図

図2 整合に重なる地層（鹿児島県霧島市）

図3 不整合に重なる地層（東京都伊豆大島）

2 不整合のでき方

不整合は，次のようにしてできる（図4）。

① 海底などの水の底で，地層の堆積が続く。

② 大地の変動によって，地層が**しゅう曲**を受けながら**隆起**し，陸上に現れる。

③ 陸上に現れた地層の上面が**侵食**を受け，凹凸のある面となる。この面が不整合面となる面である。

④ ③の地層が**沈降**し，再び水の底に沈む。

⑤ ④の地層の上に新しい土砂が**堆積**し，④の地層との境界に**不整合面ができる**。

この地層が**隆起**し，地上に現れると，陸上で不整合を観察できるようになる。

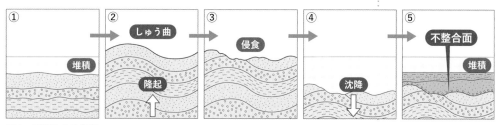

図4　不整合のでき方

3 整合・不整合から推測できること

整合である地層が厚く重なっていれば，長い時間堆積が続き，地層が陸上に現れて堆積が中断した時間がなかったと推測できる。

不整合は，その土地が隆起によって地上に現れ，堆積が中断していた時期があったことを示している。

TRY!
表現力

陸上で観察した地層に，不整合面が2つ観察された。このことから，この地層は何回隆起したと考えられるか。理由も含めて説明しなさい。

（ヒント）　不整合面の数に注目する。現在，陸上で見られることに注意する。

（解答例）　不整合面が2つあることから2回隆起し，その後2回沈降し，その地層が現在陸上で見られることからさらに1回隆起し，合計3回隆起したと考えられる。

13 地層の観察からわかること

着目 ▶ 観察した地層の特徴から堆積当時のようすや，地層の新旧が推測できる。

要点

● **1枚の地層** 1枚の地層に化石が見られたり，凝灰岩など特徴のある成分からなる場合，堆積当時のようすが推測できる。

● **地層の重なり方** 1枚の地層の中で上に大きい粒が集まっているときは地層が逆転している。

1 1枚の地層からわかること

A 地層を構成する岩石や化石

地層に含まれている岩石や化石などから，地層がつくられたときのようすを推定することができる。

たとえば，**火山灰**(→ p.232)の層があれば，堆積した当時，噴火などの**火山活動**があったことが推定できる。凝灰岩(→ p.278)は火山灰からできる堆積岩なので，凝灰岩の層からも同様に**火山活動**をしていたことがわかる。

また，地層中に**示相化石**(→ p.280)があれば堆積した当時の**環境**を，**示準化石**(→ p.282)があれば堆積した**地質年代**をそれぞれ知ることができる。

B 地層の厚さ

地層をつくる土砂の粒の大きさは，**隆起・沈降と地層**(→ p.274)で学習したように，土地の隆起や沈降など土地の変動や環境の変化によって変化する。

整合に重なる地層の1枚の地層に注目するとき(図1)，同じ粒でできている1枚の地層の厚さが厚ければ，その層が堆積している間，長い期間にわたって大きな大地の変動や環境の変化がなかったと考えられる。

反対に，複数のうすい地層が何層も重なっている場合，気候や環境の変化が短期間に起こったと考えられる。

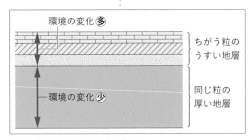

図1 **地層の厚さと環境の変化**

② 地層の重なり方と新旧

⚫ 大地の大きな変動がない場合

地層は，先に堆積した層の上に新しい層が順に積み重なっていくので，下の層ほど古く，上の層ほど新しい。[*1] 大地の大きな変動がなく整合にひと続きに堆積した地層では，この原則にしたがって地層の堆積した順番を判断できる。

*1
このきまりを**地層累重の法則**ともいう。

⚫ 大地の大きな変動がある場合

大地に大きな変動があった場合，水平な地層が傾いたり，上下が逆転して新しい層のほうが古い層よりも下になるようなことが起こる。

たとえば図2のように地層が激しいしゅう曲を受けると，古い層である**B**のほうが新しい層**A**の上にある部分ができ，本来の新旧とは逆になる。この状態を**地層の逆転**という。

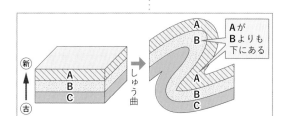

図2　地層の逆転

⚫ 地層の内容から見分ける方法

地層が逆転している可能性も含めて地層の上下と新旧の関係を推測するには，次のような点に注目するとわかる。

一度に運搬されてきた土砂が堆積するとき，大きな粒のほうが先に沈むことから，1枚の地層をつくる粒の大きさを比べると，大きな粒のあるほうが下になる（図3）。1枚の地層の中で大きな粒のあるほうが上に位置する場合は，地層の逆転があったと考えられ，この層より上に位置する地層のほうが古い。

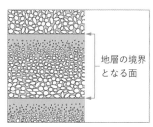

図3　1枚の地層の中での粒の変化

また，化石からも推定できる。地層中に異なる示準化石が見つかれば，示準化石が示す時代から新旧を決定することができる。

TRY!
表現力

同じ場所に重なっている2つの地層を比べたとき，より古い時代の地層と考えられるのはどのような地層か，見方を2つ答えなさい。

（ヒント）　地層が堆積する前後関係と，地層に含まれるものについて考える。

（解答例）　地層が傾いていたりしゅう曲などしていなければ，下にある層ほど古い。大きな変動がある場合でも，より古い時代の示準化石が含まれている地層のほうが古い。

4
章

大地の変化

UNIT 14

柱状図

着目 ▶ 離れた場所にある地層の新旧関係を比べることができる。

要点

● **柱状図** 地層の重なり方を1本の柱のように表した図。

● **鍵層** 地層の対比の手がかりとなる特徴のある層。凝灰岩や火山灰の層，示準化石を含む層が鍵層になる。

1 柱状図

　離れている場所の地層の新旧関係などを比べることを地層の対比という。地層の対比により，広い範囲の地層の広がり方や，地層ができるまでに大地にどのようなことが起こったのかなどを推定することができる。

　離れている地域の地層を比べるためには，まず，それぞれの地層の重なり方を整理して図に表す必要がある。**地層の重なり方を1本の柱のように表した図を柱状図**(図1)という。

　柱状図をかくときは，各層が何でできているか，つまり土砂や岩石などの種類や色などのようす，そして層と層の境目のようすなど，地層の観察からわかったことをかき込む。

　地上で地層を観察できないとき，大地に深い穴をほり，地下の地層を円柱状にとり出す方法を**ボーリング**という。ボーリングによって採取した試料から，地下の地層の柱状図をかくこともできる。

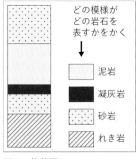

図1　柱状図

2 鍵層

　離れた場所にある地層どうしが堆積した時代を比較するときに目印となる層を鍵層という。

　凝灰岩や火山灰の層は，火山が噴火した短期間に広範囲に堆積するため，離れた地域で同じ凝灰岩や火山灰の層が見つかれば同じ時期の地層になる。示準化石を含む層も，鍵層となる。

　離れた場所の柱状図と鍵層を手がかりにして，地層の対比により，地層がどのように傾いているかなどもわかる。

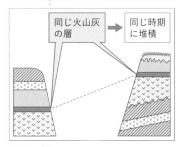

図2　鍵層

例題 1

地層の対比を利用した地層の傾きの求め方

　図1の地図で表した地域の地点**A～C**でボーリング調査を行った。図1の曲線は等高線，数値は標高を表している。

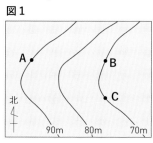

図1

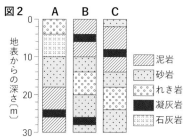

図2

　図2は，図1のボーリング調査の結果を柱状図に表したものである。次の問いに答えなさい。ただし，図1の地域に断層，地層の逆転はなく，地層は水平に重なり，地層全体がある一定の方向に傾いている。

　この地域の地層はどちらからどちらの方位に向かって低くなっているか。

解き方

標高をそろえて柱状図を比べ，鍵層となる凝灰岩の層に注目する。

**　地点Bの柱状図には凝灰岩の層が2つあるので，地点A・B・Cでどの凝灰岩の層が同じ層なのかは，凝灰岩の上下に堆積している層を手がかりにする。同じ凝灰岩の層がある標高を比べて，地層の傾き方を考える。**

　地点**A～C**の標高をそろえると，右の図のようになる。まず，地点**B**には，鍵層である凝灰岩の層が2つある。このようなときは，凝灰岩の層の上下の層に着目する。

　地点**B**の上の凝灰岩の層の上下はどちらも泥岩で下の凝灰岩の層の上下は砂岩であるのに対して，地点**A**と地点**C**の凝灰岩の層の上下は泥岩の層で，厚さも地点**B**の上の凝灰岩と同じと考えられる。したがって，地点**A**の凝灰岩の層と地点**B**の上の凝灰岩の層と地点**C**の凝灰岩の層は同じ地層と考えられる。

　地点**A**と地点**B**では，同じ凝灰岩の層が同じ標高にあることから，東西では傾きがないと考えられる。地点**B**と地点**C**では，同じ凝灰岩の層が地点**B**の南に位置する地点**C**のほうが低くなっている。

　このことから，この地域の地層は**北から南に向かって低くなっている**ことがわかる。 ……答

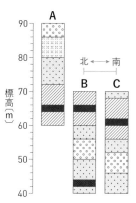

定期テスト対策問題

解答 → 別冊 p.12

問 1 岩石の変化

次の文の ☐ の中にあてはまる語句を答えなさい。

地表に出ている岩石が、 ① の熱や水のはたらきなどによって、長い間に表面からぼろぼろになってくずれていくことを ② という。陸地に降った雨水や流水が、 ② した岩石をけずりとったり、溶かし去ったりすることを ③ という。 ③ された、れき・砂・泥は、下流へ運搬され、海などの水底に堆積する。堆積したれき・砂・泥などは、上に堆積したものの重みで固まっていく。こうしてできた岩石を ④ という。

問 2 地層のでき方

地層における堆積のようすを調べるために、右図の装置を使って、次の実験Ⅰ、Ⅱを行った。これについて、あとの問いに答えなさい。

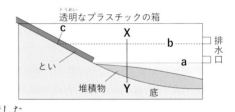

[実験Ⅰ] 水位を図の a にして、といから泥、砂、れきの3種類を混ぜ合わせたものを、水といっしょに流し込んだ。その結果、図のように堆積した。

[実験Ⅱ] 実験Ⅰの堆積物をそのままにして、水位を b にし、といの先を c まで引き上げてから実験Ⅰと同じことをした。その結果、図の X—Y の線の位置では、実験ⅠとⅡの堆積物の粒の大きさにちがいが見られた。

(1) 実験Ⅰに対して、実験Ⅱはどのようなことが起こったあとの堆積のようすを見ようとしたものか。次のア～オから1つ選べ。

 ア　大洪水　　　　イ　大地の隆起

 ウ　大地の沈降　　エ　大干ばつ

 オ　海水面の低下

(2) 図の X—Y の線の位置における実験ⅠとⅡの堆積物の粒の大きさについて、正しく述べているものを、次のア～ウから1つ選べ。

 ア　実験Ⅰのときのほうが実験Ⅱのときより、大きい。

 イ　実験Ⅰのときのほうが実験Ⅱのときより、小さい。

 ウ　実験Ⅰのときと実験Ⅱのときとでは、大きさに変化はない。

問 **3** 堆積岩の特徴

右の図は，ある堆積岩を観察したときのスケッチである。これについて，
次の問いに答えなさい。

(1) この岩石は，堆積岩のうちで，砂岩であることがわかった。砂岩
と同じ堆積岩である泥岩とのちがいは何か。次の**ア〜エ**から１つ選べ。

ア 色　　　　　**イ** 粒の大きさ

ウ 粒の成分　　**エ** 化石の有無

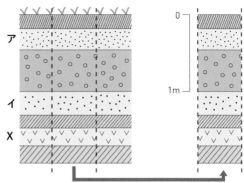

小さい岩片と石英など
の鉱物の集まりで
粒が丸みを帯びている

(2) 泥岩は，どのような場所で堆積してできたか。もっとも適当なも
のを次の**ア〜エ**から１つ選べ。

ア 流れの激しい川の中流　　　**イ** 流れのゆるやかな川の下流

ウ 沖合の深い海の底　　　　　**エ** 海水の動きの激しい浅い海

(3) 堆積岩のうち，小石(粒の直径が2mm以上)を含んだものを何というか。次の**ア〜エ**から１
つ選べ。

ア 凝灰岩　　**イ** 石灰岩　　　**ウ** れき岩　　　**エ** チャート

(4) (3)の岩石をつくっている粒が丸みを帯びているのはなぜか。次の**ア〜エ**から１つ選べ。

ア 熱の影響でとけて丸くなった。

イ もとの岩石がこわれるときに丸くなった。

ウ 地下の圧力の影響で変形して丸くなった。

エ 水で運ばれるうちにけずられて丸くなった。

(5) うすい塩酸をかけると必ず気体が発生する堆積岩は何か。次の**ア〜エ**から１つ選べ。

ア 凝灰岩　　**イ** 石灰岩　　　**ウ** れき岩　　　**エ** チャート

問 **4** 地層の観察

ある露頭で，図１のような地層が観察さ
れた。これについて，次の問いに答えなさ
い。

(1) 地層の逆転やしゅう曲などがなかっ
たものとして考えると，**ア**の層と**イ**の層
は，どちらのほうが古い層か。**ア**，**イ**の
記号で答えよ。

(2) 図２のように，ある地点の地層の上
下関係やそれぞれの層の特徴を長い柱の
ように表したものを何というか。

(3) **X**の層は火山灰の層であった。このこ
とから，この層がつくられたころ，近くでどのようなことがあったといえるか。

図1　図2

火山に関わる災害と恵み

着目 ▶ 日本は火山災害が多く被害も受けているが，同時に恩恵も受けている。

要点

● **火山災害**　日本にはいつ噴火してもおかしくない活火山が111個ある。

● **火山災害の種類**　溶岩流，火砕流，火山泥流，火山ガスなどは生命に危険をおよぼす。

● **火山の恩恵**　景観や温泉は観光資源となり，マグマの熱は地熱発電にも利用される。

1 火山による災害

　日本列島は火山が多い国である。最近1万年間に噴火したことがあったり，最近水蒸気の噴出などの活動が見られたりするものを**活火山**という。

　活火山は2020年現在日本に111個ある（→ p.230）。

　長野県と岐阜県の県境に位置する御嶽山の2014年9月に発生した噴火（図1）では，飛び散った**噴石**や噴煙により登山者など60人以上の死傷者を出す被害が出た。

図1　2014年9月の御嶽山の噴火後と救助隊

2 災害をもたらす火山の現象・噴出物

　火山が噴火すると，**火山噴出物**（→ p.232）によって，さまざまな災害が起こる。火山が噴火したときに火口から飛散する噴石は非常に速い速さで飛び，家屋や建物に落下してこれらを破壊することがある。

　溶岩流は火口から流れ出した溶岩が周囲に広がる現象で，高温の溶岩の流れに巻き込まれたものを焼き，火災を発生させたり，冷えて固まったあとは地形を変えてしまったりすることがある。

図2　1986年11月の三原山（東京都伊豆大島）の噴火

　1986年の三原山の噴火では流れる溶岩が人々が住む地域に接近したため，島民全員が島外に避難する全島避難が行われた（図2）。

　火砕流は，火口からの火山ガスとほかの噴出物が混じり合い，高速で山の斜面を流れ下る現象である（図3）。火砕流は，到達する範囲が広く，火口から遠く離れた地域でも被害を受ける可能性がある。

火山泥流は，火口周辺に雪があるときなどに噴火が発生すると，火山噴出物ととけた雪が混じり合って高速で山の斜面を流れ下る現象である。

火山ガスは，有毒な成分を含み，風に流されて運ばれるため，火口からの火山ガスの発生が長い時間続くと，特に風下の地域では危険である。

火山灰も，農作物を枯らしたり機械の故障の原因となるほか，道路などに積もって交通の妨げになる。また，人が吸い込んだりからだについたときにも目やのど，肺，皮膚などを傷つけるおそれがある。

図3　1991年6月の雲仙普賢岳（長崎県）の噴火による火砕流*1

*1
この噴火で発生した火砕流では，43名の死者，行方不明者を出した。

③ 火山による恵み

火山は，噴火による被害をもたらす一方，私たちの生活にさまざまな恩恵をもたらしている。

日本では，多くの国立公園が火山のある地域にあり，変化に富む景観が好まれ，多くの観光地がある。また，地下のマグマの熱であたためられた水は**温泉**として利用され，**観光資源**となっている。

地下のマグマの熱を利用した地熱発電も行われている（図4）。地熱発電は，もとは地球内部の熱なので，石油や石炭のように燃料が枯渇することがない。

火山岩や火山灰は長い時間をかけて風化し，**土壌**となる。火山灰からできた土壌は，一般的に有機養分が少なく保水力にとぼしいという特徴があるが，やわらかくて耕しやすいという利点もある。

そこで，**肥料**をあたえたり**給水設備**を整備したりして扱いやすく改良したうえで，農地として利用されることもある*2

図4　八丁原発電所（大分県）

*2
火山噴出物が堆積してできた九州南部のシラス台地は，サツマイモなどの栽培に利用されている。

TRY!
判断力

火山の噴火が起こった場合，山のふもとに住む住民はどのような行動をとることが必要か例をあげて説明しなさい。

（ヒント）　農作物や住居などの被害も想定されるが，まず自らの命を守ることを優先する。

（解答例）　ハザードマップを参照し，火砕流や火山ガスのおそれのある場所からは速やかに避難する。ただし大きな噴石が飛来してくる場合には直撃を受けない場所で待機する。

UNIT

2

地震による災害

着目 ▶ 地震による災害は，ゆれにより直接起こるものや，都市部特有のものがある。

要点
- **地震のゆれが起こす災害** 建物の倒壊，液状化現象，土砂崩れなどが起こる。
- **津波** 津波は非常に速く，膨大な海水の量とエネルギーで甚大な被害をもたらす。
- **地震が都市部などにもたらす被害** 火災を含め複合的な災害も起こる。

1 地震のゆれによる災害

　日本列島はプレートの境界に位置し，世界でも有数の地震が多発する地域である。地震による災害はさまざまなものがある。

　まず，直接的に地震のゆれによって起こる災害には，**建物の倒壊**（図1），**液状化現象**（図2），**土砂崩れ**，**がけ崩れ**などがある。地盤がやわらかい場所ほどゆれは大きくなるので建物の倒壊は起こりやすい。

　液状化現象は，**埋め立て地や河川沿いなど，地盤が砂を含み**，まだ堆積岩まで固められていない場所で起こりやすい。地震のゆれが加わると，**砂粒と地下水がともに液体のようになり**，道路が割れたり波打ったり，砂が噴き出したり，マンホールが浮き上がったり，建物が傾くなどの被害をもたらす。

　都市部では火災や停電，断水など，生活に支障をもたらす被害が発生することも多い。特に火災は大きな被害が発生しやすい。工場の石油タンクやガスタンクが壊れ，引火した場合などは大火災に発展する。大地震が発生した際は，消火活動がしにくいことも重なり，大火災が発生しやすい。

図1　地震によって倒壊した建物（2016年熊本県）

図2　**液状化現象によってもち上がったマンホール**

2 地震によるさまざまな災害

Ⓐ 土石流・泥流

　地震で山やがけの地盤がゆるみ，そこに大雨が降ったりすると，**土**

砂が泥となりそこにあった岩石なども巻き込み，濁流となって斜面を一気に下る土石流，泥流が発生し，大きな被害をもたらす。

Ｂ 津波

　海底の地下を震源とする大きな地震が発生したとき，海底の地形が急激に変化すると，海水が急激に持ち上げられて津波が発生することがある。

　ふだん海で見られる波は風によってできるが，津波はそれとは異なる。津波は非常に大きく長時間におよぶもので，１つ１つの波の間隔がふつうの波は数ｍから数十ｍであるのに対して津波は数kmから数百kmにもなる。

　また，波の進む速さは水深が浅いほど遅くなり，岸に近づくほど後からの波が追いついて波の高さが高くなる（図4）。このため，高さが1mに満たないような津波でも，海全体が押し寄せてくるような膨大な海水の量とエネルギーにより甚大な被害をもたらすことがある。

　2011年３月の東北地方太平洋沖地震[*1]では，最大高さ10m以上の津波が沿岸部の広い範囲を襲い，甚大な被害をもたらした（図3）。

図3　津波による被害（2011年宮城県）

*1
東日本大震災はこの地震によって起こった災害に対するよび名である。

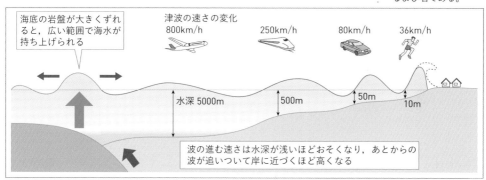

海底の岩盤が大きくくずれると，広い範囲で海水が持ち上げられる

津波の速さの変化
800km/h　　　250km/h　　　80km/h　　　36km/h

水深5000m　　500m　　50m　　10m

波の進む速さは水深が浅いほどおそくなり，あとからの波が追いついて岸に近づくほど高くなる

図4　津波の生じるしくみと速さ

TRY!
表現力

2011年３月の東北地方太平洋沖地震では，関東地方の沿岸部の埋め立て地で，内陸部ではあまり起こらなかった被害が発生した。どのような被害か説明しなさい。

（ヒント）　埋め立て地の地中のようすに注目して考える。

（解答例）　液状化現象による建物の傾きや地面の変形。

火山災害・地震災害への対策

着目 ▶ 災害に関する情報を常に意識し，1人1人が備えをしておくことが大切。

要点
- **火山災害の警戒** 気象庁による噴火警戒レベルを確認して行動することが重要。
- **地震災害への備え** 緊急地震速報を見逃さないこと，建物の耐震化も重要。
- **地震の予知** 南海トラフを震源とする大地震発生への警戒が高まっている。

1 火山災害への備え

　日本には111の活火山があるが，その中でも気象庁が「火山防災のために監視・観測体制の充実等が必要な火山」と定めた**50の火山については，24時間体制で観測・監視をしている。**

　さらに，**50の火山のうち48の火山**（2020年現在）で，**火山の状況に応じて5段階の噴火警戒レベルを発表**している（表1）。

　噴火警戒レベルはテレビ，スマートフォン，インターネットなどで知ることができるので，火山付近に住んでいたり，登山を計画したりする場合には常に確認しておく必要がある。

表1 噴火警戒レベル

種別	名称	対象範囲	レベルとキーワード	火山活動の状況	おもな対応
特別警報	噴火警報（居住地域）または噴火警報	居住地域およびそれより火口側	**レベル5 避難**	居住地域に重大な被害をおよぼす噴火が発生，あるいは切迫している状態にある。	危険な居住地域からの避難など。
			レベル4 高齢者等避難	居住地域に重大な被害をおよぼす噴火が発生する可能性が高まってきている。	警戒が必要な居住地域での避難の準備，要配慮者の避難など。
警報	噴火警報（火口周辺）または火口周辺警報	火口から居住地域近くまで	**レベル3 入山規制**	居住地域の近くまで重大な影響をおよぼす噴火が発生，あるいは発生すると予想される。	登山禁止・入山規制等，危険な地域への立入規制等。住民は状況に応じて要配慮者の避難準備など。
		火口周辺	**レベル2 火口周辺規制**	火口周辺の範囲に入った場合には生命に危険がおよぶ噴火が発生，あるいは発生すると予想される。	火口周辺への立入規制など。
予報	噴火予報	火口内など	**レベル1 活火山であることに留意**	火山活動は静穏。火山活動の状態によって，火口内で火山灰の噴出などが見られる。	状況に応じて火口内への立入規制など。

2 　地震災害への対策

A 　緊急地震速報

　緊急地震速報は，震源近くで計測されたＰ波[1]のデータをもとに気象庁が震源と地震の規模を自動計算し，大きなゆれが予想される地域を発表するものである。[1]強いゆれが予想される地域はテレビやラジオ，スマートフォンなどで伝えられる。震源から離れた場所では速報から主要動が来るまでに数秒〜数十秒間の時間があるので，その間に火を消したり避難口を確保するなど，身を守るための行動をとる。

B 　耐震化

　建造物が大地震でも**倒壊しない構造にすること**を耐震化という。耐震化には柱の補強やすじかいなどの方法がある。

C 　地震の予知と警戒

　土地の変動や小さな地震などから，大きな地震の予測が日々行われている。近年もっとも警戒されている地震の１つが**南海トラフ**[2]沿いの巨大地震で，M8からM9クラスの大規模地震が今後30年以内に70〜80%の確率で発生すると予測されている(図1)。

図1　南海トラフと巨大地震の想定震源域

3 　ハザードマップ

　ハザードマップ[3]は**災害予測図**ともいい，地震などが起こったときにがけ崩れ・津波などが起こる範囲や程度を予測し避難所の情報とともに地図で示したものである。国土地理院や自治体が作成しているので自分が住む場所の災害の可能性や避難場所・避難経路をふだんから確認しておく必要がある。

*1
緊急地震速報（警報）が発表される基準は，最大震度が5弱以上と予測されるとき。誤差があるため震度4以上が予想される地域が対象となる。

*2
トラフとは船底のように細長くへこんだ海底の地形で，深さが6000mより浅いものをいう。

*3
ハザードマップは，火山，津波，土砂災害，洪水，地震災害（液状化，火災など）といった災害の種類ごとにつくられる。

TRY!
判断力

強い地震が起こったときでも緊急地震速報があまり有効でない場合がある。受けとる場所と緊急地震速報を出すしくみをもとに説明しなさい。

 ヒント 　地震が起こったときに身を守るために必要なことを考える。

解答例 　震源から近い場所では地震の発生からＳ波の到達までの時間が短く，緊急地震速報を受信してから地震に対応するための時間がとれない。

定期テスト対策問題

解答 → 別冊 p.12

問 1 火山に関わる災害と恵み

次の文を読んで，あとの問いに答えなさい。

> 日本付近は，海洋 ① が大陸 ① の下に沈み込む場所であるため，地震の多発地帯で，② も多数ある。そのため，② の_A噴火による被害や地震による被害も極めて多いが，それによって美しい景観がもたらされているのも事実である。
>
> そのほかにも，② 活動の_B熱がもたらす恩恵を利用していることもある。このように，ときとして，わたくしたちに大きな災害をもたらす自然も，日ごろは大きな恩恵をあたえてくれているのである。

(1) 文中の □ にあてはまる語句を答えよ。ただし，同じ番号には同じことばが入る。

(2) 下線部**A**について，火山の爆発的な噴火にともなって火砕流という現象が発生し，火口から遠く離れた地域でも被害が発生することがある。火砕流とはどのような現象か，簡単に説明せよ。

(3) 下線部**B**について，実際に熱がもたらす恩恵を利用したものにはどのようなものがあるか。2つ答えよ。

問 2 地震による災害

次の文は，東北地方太平洋沖地震について述べたものである。これを読んで，あとの問いに答えなさい。

> 2011年3月11日の午後2時46分，宮城県牡鹿半島の沖合約130kmで大きな地震が起こった。 ① の深さは24kmで，地震の規模を示す ② は当初8.4と発表されたが，のちの調査で9.0だったことが明らかになった。これは，地震計が発明されて以降に日本で起こった地震のなかでもっとも大きい。
>
> 宮城県栗原市で ③ 7を観測したほか，東北地方・関東地方の広い範囲で ③ 6強を観測した。このような強いゆれによって家屋の倒壊などが発生したほか，沿岸部の埋め立て地を中心に ④ 現象によってマンホールが浮き上がるなどの被害が発生した。
>
> また，海底の地形が急激に変化することで海水が持ち上げられ，大きな ⑤ が発生した。これによって，特に海岸線の入り組んだ三陸海岸で甚大な被害を受けた。

(1) 文中の □ にあてはまる語句を答えよ。ただし，同じ番号には同じことばが入る。

(2) 下線部について，たくさんの地震計を使って震源と地震の規模を自動計算し，大きなゆれが予想される地域に対して，主要動が始まる前に発表するしくみを何というか答えよ。

問 1　生物の観察と分類のしかた　　(1) 完答8点，(2) 7点

由香と優子は，学校でタンポポとドクダミの分布調査を行い，次のように記録をまとめた。これについて，あとの問いに答えなさい。

[熊本県]

[調査日と天気]　4月28日　晴れ

[方法]

・校内の地図に，タンポポがよく見られる場所を○で，ドクダミがよく見られる場所を●で記録する。

・○や●を記録した場所のようすが，次のA～Dのどれにあたるか調べ，ようすが同じところをまとまりごとに［　　　］で囲む。

A．日当たりがよく，乾いている。

B．日当たりがよく，湿っている。

C．日当たりが悪く，乾いている。

D．日当たりが悪く，湿っている。

[結果]

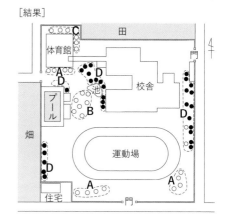

[考察]　タンポポとドクダミの分布には，日の当たり方や湿りけが関係していると考えられる。

右の表は，由香と優子が分布調査の結果をもとに，A～Dで示した場所に，タンポポがよく見られる場所の数(○の数)とドクダミがよく見られる場所の数(●の数)を記入したものである。

場所のようす	よく見られる場所の数	
	タンポポ	ドクダミ
A　日当たりがよく，乾いている。	12	0
B　日当たりがよく，湿っている。	①	0
C　日当たりが悪く，乾いている。	6	0
D　日当たりが悪く，湿っている。	2	②

(1) 表の①，②に適当な数字を入れよ。

(2) 表の結果から，タンポポとドクダミの分布について正しく説明しているものはどれか。次のア～エから2つ選び，記号で答えよ。

ア　日当たりが悪く，乾いている場所には，ドクダミがよく見られる。

イ　日当たりがよく，乾いている場所には，タンポポがよく見られる。

ウ　日当たりがよく，湿っている場所には，タンポポよりドクダミのほうがよく見られる。

エ　日当たりが悪く，湿っている場所には，タンポポよりドクダミのほうがよく見られる。

右の図のようなモノコードを用いて，弦をはじいたときに
出る音の大きさや高さについて調べる実験を行った。これ
について，次の問いに答えなさい。　[愛媛県]

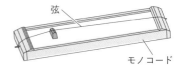
弦
モノコード

(1) 次の文の①～③の {　} のなかから，それぞれ適当な
ものを1つずつ選び，記号で答えよ。

　　この実験で，音の大きさは，モノコードの弦を強くはじくほど① {**ア** 大きく　　**イ** 小さく}
なった。また，音の高さは，弦の振動する部分の長さを長くするほど② {**ア** 高く　　**イ** 低く}
なり，弦を強くはるほど③ {**ア** 高く　　**イ** 低く} なった。

(2) 身のまわりには，気体，液体，固体の状態の物質がある。次の**ア～エ**のうち，物質の状態と
音の伝わり方について述べたものとして，もっとも適当なものを1つ選び，記号で答えよ。

　ア 音は，気体の中だけを伝わる。　　　　　　**イ** 音は，気体と液体の中だけを伝わる。
　ウ 音は，気体と固体の中だけを伝わる。　　　**エ** 音は，気体，液体，固体の中を伝わる。

(3) 空気中を伝わる音の速さが340m/sのとき，音が空気中を850m伝わるのにかかる時間は何
秒か。

アンモニアの性質を確かめるために，次の実験①，②，③を順に行った。これについて，あとの
問いに答えなさい。　[栃木県]

① 乾いた試験管に塩化アンモニウム
と水酸化ナトリウムと水を順に加え，
アンモニアを発生させ，図1のよう
にして乾いた丸底フラスコに集めた。
発生したアンモニアのにおいをかぐと，
鼻をさすようなにおい(刺激臭)がした。

図1
丸底フラスコ
塩化アンモニウム
と水酸化ナトリウ
ムと水

図2
水でぬらしたろ紙
ガラス管
ピンチコック
ゴム管
水

② アンモニアが十分集まったあと，
この丸底フラスコを使って，図2のような装置を組み立てた。さらに，ビーカー内の水に無
色のフェノールフタレイン溶液を数滴加えた。

③ ピンチコックを開いたところ，ビーカー内の水は丸底フラスコの中でガラス管の先から噴き
出し，赤色に変わった。

(1) 図1のように，空気よりも軽い気体を集めるために，容器の口を下にして気体を集める方
法を何というか。

(2) 実験①で気体のにおいをかぐときには，どのようなかぎ方をすればよいか。

(3) 実験③で確かめられたアンモニアの性質を2つ答えよ。

(4)① 4点×2, 他7点×4

火山や岩石について，次の問いに答えなさい。

[香川県：改]

(1) 右の表1は，3つの火山について，火山の形，火山噴出物の色，マグマのねばりけの関係を，まとめようとしたものである。表1の(a)～(d)にあてはまる言葉の組み合わせとしてもっとも適当なものを，表2中の**ア～エ**から1つ選び，記号で答えよ。

表1

火山名	雲仙普賢岳	桜島	マウナロア
火山の形 模式的に表した図と，その特徴	盛り上がったドーム状	円錐形	傾斜がゆるやかな形
火山噴出物の色	(a) ←		→ (b)
マグマのねばりけ	(c) ←		→ (d)

表2

	(a)	(b)	(c)	(d)
ア	黒っぽい	白っぽい	弱い	強い
イ	黒っぽい	白っぽい	強い	弱い
ウ	白っぽい	黒っぽい	弱い	強い
エ	白っぽい	黒っぽい	強い	弱い

(2) 右下の図は，桜島の火山岩をルーペで観察し，スケッチしたものである。図中の**X**で示した部分は，比較的大きな鉱物であり，図中の**Y**で示した部分は，細かい粒などからできている。この図のように，比較的大きな鉱物と細かい粒などからできている火山岩のつくりは，何とよばれるか。

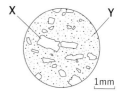

(3) 桜島周辺では，厚い凝灰岩の地層が見られた。凝灰岩は，何がどうなってできるのか。次の文の下線部を補って簡単に書け。

＿＿＿＿＿＿＿＿＿＿＿＿＿, 固まってできる。

(4) 香川県内にも比較的多く見られる花こう岩は，石材としても使われている。この花こう岩のかけらを肉眼で観察した後，鉄製乳鉢の中で細かく砕き，小さな破片にしたものを，ルーペで観察した。これについて，次の①，②の問いに答えよ。

① 花こう岩を観察したところ，肉眼でも見分けられるぐらいの大きさの鉱物のみからできていることがわかった。次の文は，花こう岩のでき方について述べようとしたものである。文中の2つの{ }内にあてはまる言葉を，それぞれ1つずつ選び，記号で答えよ。

観察結果から，花こう岩は，マグマが**A**{**ア** 地表または地表近く　**イ** 地下の深い所}で，**B**{**ア** ゆっくり　**イ** 急に}冷えて固まってできたと考えられる。

② 細かく砕いた破片をルーペで観察したところ，色や形が異なる3種類の破片が見られた。そのなかの1種類は，黒くて板状の鉱物であり，さらにこの鉱物を調べると，決まった方向にうすくはがれる性質があった。この鉱物は何とよばれるか。次の**ア～エ**からもっとも適当なものを1つ選び，記号で答えよ。

ア カンラン石　　**イ** 角セン石　　**ウ** 黒雲母　　**エ** 石英

入試問題にチャレンジ ②

解答 ➡ 別冊 p.14

問 1 状態変化
(1) 12点, (2) 8点

右の図のような装置を組み立て, 水17cm³とエタノール3cm³の混合物を蒸留した。加熱を始めてから, 試験管Aに約2cm³の液体がたまると, 試験管Bにとりかえた。試験管Bに約2cm³の液体がたまると, 試験管Cにとりかえ, 3本の試験管A〜Cに液体を約2cm³ずつ集めた。試験管Aの液体に, ろ紙をひたし, そのろ紙を蒸発皿に入れてマッチの火を近づけた。試験管B, Cの液体についても同じように調べた。右下の表は, その結果をまとめたものである。これについて, 次の問いに答えなさい。 [香川県]

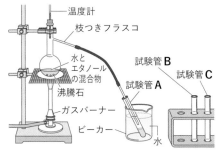

試験管	火がついたときのようす
A	火がついて, しばらく燃えた
B	火がついたが, すぐに消えた
C	火がつかなかった

(1) 試験管Aの液体に火がついて, しばらく燃えたのは, 試験管A〜Cの液体のうち, 試験管Aの液体にもっともエタノールが含まれていたからである。試験管Aの液体にもっともエタノールが含まれていたのはなぜか。その理由を, 沸点という言葉を用いて簡単に答えよ。

(2) 右の表は, 純粋な物質ア〜エについて, それぞれの融点と沸点を示したものである。ア〜エのうち, -30℃では液体があり, 250℃ではすべて気体になっている物質を1つ選び, 記号で答えよ。

物質	融点〔℃〕	沸点〔℃〕
ア	- 39	357
イ	43	217
ウ	63	360
エ	- 115	78

問 2 光の性質
9点×4

光の反射について調べるために, 鏡を用いて, 次の実験1, 2を行った。これについて, あとの問いに答えなさい。 [青森県]

【実験1】 図1のように, 30°ごとに破線を引いた厚紙の上に鏡を垂直に立てた。光源装置を用いて光をO点に当て, O点を中心に鏡を回転させて入射角と反射角の関係を調べた。

【実験2】 図2のように, 鏡Ⅰと鏡Ⅱを机に垂直に立て, 「理」の文字のうつり方を調べた。ある位置から見たところ, X〜Zの3つの位置に像が見えた。

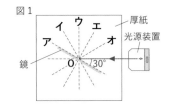

図1

(1) 実験1について，次の①，②に答えよ。

① 図1のように光を当てたとき，反射光はどの方向に進むか。図1の**ア〜エ**から1つ選び，記号で答えよ。また，反射角は何度か，求めよ。

② 光源装置の位置はそのままで，光を図1の**オ**の方向へ反射させるためには，鏡を図1の位置から時計回りに何度回転させればよいか，求めよ。

(2) 実験2について，次の①，②に答えよ。

① Xの位置に見えた像について述べた次の文の □ に入る語の組み合わせとして適切なものを，あとの**ア〜カ**から1つ選び，記号で答えよ。

Xの位置に見えた像は □(a)□ であり，「理」の文字を書いた透明なシートから光が □(b)□ で反射して目に届いたものである。

ア (a)実像 (b)鏡 I **イ** (a)実像 (b)鏡 II **ウ** (a)実像 (b)鏡 I と鏡 II

エ (a)虚像 (b)鏡 I **オ** (a)虚像 (b)鏡 II **カ** (a)虚像 (b)鏡 I と鏡 II

② Y，Zの位置には，「理」の文字がどのようにうつって見えたか。次の**ア〜エ**からもっとも適切なものをそれぞれ1つ選び，記号で答えよ。ただし，同じ記号を選んでもよい。

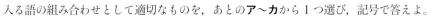

図2

鏡 I　　　鏡 II

Y

X　　　Z

理

「理」の文字を書いた透明なシート

(問) **3** 動物の共通点と相違点　　　　　　　　　　　　　　(1) 9点×4, (2) 8点

身近な動物を条件①〜⑤にしたがって分類した（図1）。ただし，次の条件にあてはまるものを分岐の上に，あてはまらないものを分岐の下にわけた。

例：条件①「背骨をもつ」は，
　イヌ・ネコなどの背骨をもつ動物は上に，
　イカ・タコなどの背骨をもたない動物
　は下に，分類される。

次の問いに答えなさい。　　　［愛媛・愛光高：改］

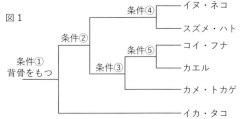

図1

条件④ ─ イヌ・ネコ
　　　　 ─ スズメ・ハト
条件②
　　　条件⑤ ─ コイ・フナ
　　条件③ ─ カエル
条件①
背骨をもつ
　　　　　 ─ カメ・トカゲ
　　　　　 ─ イカ・タコ

(1) 条件②〜⑤にあてはまるものを次の**ア〜キ**からそれぞれ1つずつ選び，記号で答えよ。

ア 卵生である。　　　**イ** 胎生である。　　　**ウ** 気門をもつ。

エ 一生えらで呼吸する。　**オ** 水中に卵をうむ。　**カ** 殻のある卵をうむ。

キ からだが毛または羽毛でおおわれている。

(2) カメやトカゲを含むグループを何というか。

入試問題にチャレンジ ❸

解答 ➡ 別冊 p.14

問 ❶ 地震

(3) 8点, 他7点×2

図1は, ある地震が発生してからの時間を横に, 震源からの距離を縦にとり, この地震の震源からの距離が134kmの地点Aと196kmの地点Bにおけるゆれの記録の一部を示したものである。図2は, この地震が発生してから小さなゆれが始まるまでの時間を, ·印で示した地点ごとに示したものである。これについて, 次の問いに答えなさい。

[広島県]

図1　図2

(1) 地震に関する用語の震度とマグニチュードは, それぞれ地震の何を表すか, 簡潔に答えよ。
(2) 図1から, 震源からの距離と初期微動継続時間との間にはどのような関係があるといえるか。簡潔に答えよ。
(3) 図2のア～エのなかに, この地震が発生してから小さなゆれが始まるまでの時間が23秒であった地点がある。それはどれだと考えられるか。その記号を答えよ。

問 ❷ 植物の共通点と相違点

8点×3

図1は, アサガオとユリのからだのつくりを観察し, スケッチしたものである。次の問いに答えなさい。

[群馬県：改]

(1) アサガオとユリの葉は, どちらも上から見るとたがいが重なり合わず, どの葉も上から見えるようについていた。その理由を簡潔に書け。

図1

（アサガオ）　（ユリ）

(2) 種子植物は図2のように分類されるが, アサガオとユリは, どのなかまに属しているか。図2のア～エから, それぞれ1つずつ選べ。

(3) ワラビやスギナは, 種子植物ではない。ワラビやスギナは, 何という植物に分類されるか。

図2

100gの水に溶ける物質の質量〔g〕と温度〔℃〕の関係は右図のとおりである。これを参考にして，次の問いに答えなさい。　　　　　　　　　［東京学芸大附高：改］

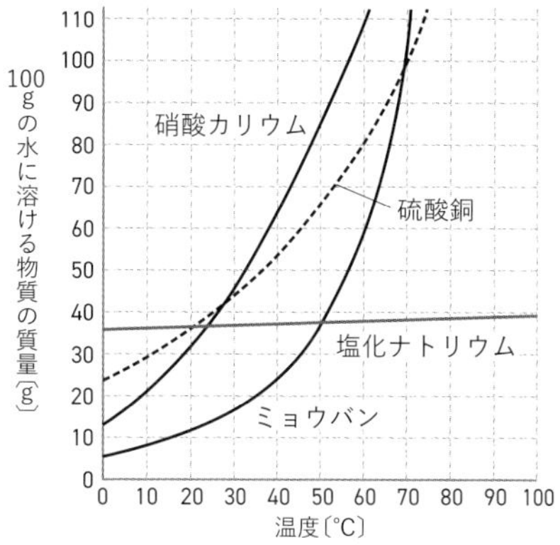

グラフ（縦軸：100gの水に溶ける物質の質量〔g〕，横軸：温度〔℃〕）

- 硝酸カリウム
- 硫酸銅
- 塩化ナトリウム
- ミョウバン

(1) 20℃で，100gの水に物質30gを入れてよく混ぜたとき，溶けきれない物質はどれか。次から1つ選び，記号で答えよ。

ア　硝酸カリウム　　　イ　硫酸銅
ウ　ミョウバン　　　　エ　塩化ナトリウム

(2) 20℃で，50gの水に物質25gを入れてよく混ぜると，どの物質も溶けきれなかった。温度を上げていき，60℃にしたときに溶けきれない物質はどれか。次から1つ選び，記号で答えよ。

ア　硝酸カリウム　　イ　硫酸銅　　ウ　ミョウバン　　エ　塩化ナトリウム

(3) 50℃で100gの水に物質を溶けるだけ溶かした。これを20℃に冷やしたとき，物質がもっとも多く析出する(固体となって出てくる)ものはどれか。次から1つ選び，記号で答えよ。

ア　硝酸カリウム　　イ　硫酸銅　　ウ　ミョウバン　　エ　塩化ナトリウム

(4) 70℃の水100gに硫酸銅を溶けるだけ溶かした。この水溶液の濃度は何％か。答えが割り切れない場合は，小数第1位を四捨五入して，整数で答えよ。

(5) (4)の硫酸銅の飽和水溶液の温度を下げ，40℃にしたところ，一部の硫酸銅が析出してきた。このときの硫酸銅の水溶液の濃度は(4)と比べてどうなったか。次から選び，記号で答えよ。

ア　高くなった。　　　イ　低くなった。　　　ウ　変わらなかった。

図1のように，ばねばかり（ニュートンはかり）AとBをつなぎ，Aを動かないようにスタンドに固定した。その後，Aと同一直線上でBだけを引っぱった。次の問いに答えなさい。　　　　　　　　　［和歌山県］

図1

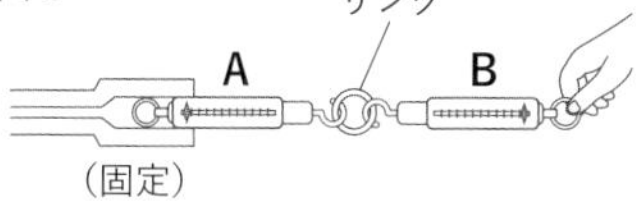

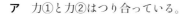

リング
A　　　B
（固定）

(1) Bの値は0.4Nを示し，そのときリングは静止していた。Aの示す値は何Nか。

(2) 図2は，図1のAとBとリングにはたらいている力を模式的に表したものである。この図に示した力①〜④の関係について，正しく述べているものを，次のア〜エから1つ選べ。

図2

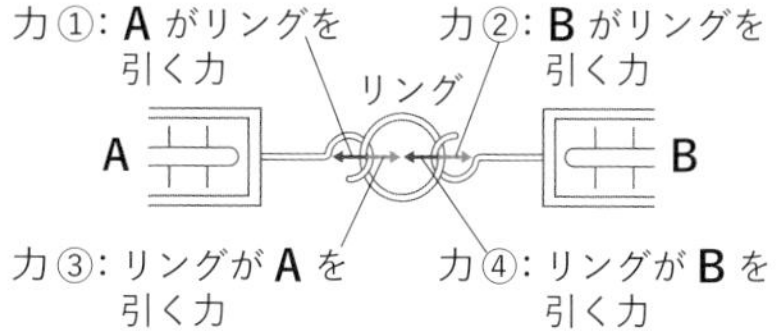

力①：Aがリングを引く力　　　力②：Bがリングを引く力
リング
A　　　B
力③：リングがAを引く力　　　力④：リングがBを引く力

ア　力①と力②はつり合っている。　　イ　力①と力③はつり合っている。
ウ　力①と力④はつり合っている。　　エ　力③と力④はつり合っている。

さくいん

INDEX

☞ **太字**のページは，その項目の
主な説明のあるページを示す。

編者紹介

鎌田正裕　　　　　　　　　　　　　　　　　　かまた・まさひろ

2007年より現職。主な研究分野は，理科教育，放射線教育，電気化学。小中学生のための物理・化学実験教材の開発を行う一方で，高校生から大学生を対象に，放射能温泉の泉水や食品中の天然放射能を素材とした生徒・学生実験の開発を行っている。趣味は読書と写真。工学博士。東京都生まれ。

中西　史　　　　　　　　　　　　　　　　　　なかにし・ふみ

2000年より現職。主な研究分野は，植物生理学，生物教育，環境教育。小中高校生が生物の生存戦略，繁殖戦略を理解するための教材開発や，地域の人々と一緒に児童生徒の自然体験活動をサポートする取り組みを行っている。趣味は読書，生物の飼育栽培，手芸，日曜大工。理学博士。高知県生まれ。

- □ 校閲　大西和子
- □ 執筆協力　石渓徹　田中麻衣子　冬木裕　矢守那海子
- □ 編集協力　㈱ダブルウイング　㈱一校舎　鈴木香織　出口明憲　中野知子　平松元子　松本陽一郎　矢守那海子
- □ アートディレクション　北田進吾
- □ 本文デザイン　堀由佳里　山田香織　畠中脩大　川邊美唯
- □ 図版作成　㈱アート工房　㈱アド・キャリヴァ　杉内幸彦　㈲デザインスタジオエキス．林拓海　中野成　藤立育弘
- □ 写真提供　㈱アフロ　㈲コーベット・フォトエージェンシー　ピクスタ　毎日新聞社／アフロ　読売新聞／アフロ
  durk gardenier/Alamy Stock Photo　NASA　Nick Veasey/Science Photo Library
  USA TODAY Sports/ロイター／アフロ
  iStock.com/AlenaPaulus　iStock.com/andersen_oystein　iStock.com/BrianAJackson　iStock.com/canbalci
  iStock.com/Charles03　iStock.com/CreativeNature_nl　iStock.com/DusanBartolovic　iStock.com/ErikMandre
  iStock.com/gnoparus　iStock.com/pondpony　iStock.com/zorazhuang　BillieBonsor/Shutterstock.com
  Cartela/Shutterstock.com　Hanna Valui/Shutterstock.com　Kpiv/Shutterstock.com
  Lorna Roberts/Shutterstock.com　Maciej Olszewski/Shutterstock.com　MarcelClemens/Shutterstock.com
  Oleg_Mit/Shutterstock.com　Olha Trotsenko/Shutterstock.com　Pavel Korotkov/Shutterstock.com
  Poring Studio/Shutterstock.com　Sachi_g/Shutterstock.com　Scisetti Alfio/Shutterstock.com
- □ イラスト　田渕正敏

シグマベスト
くわしい 中1理科

本書の内容を無断で複写（コピー）・複製・転載することを禁じます。また，私的使用であっても，第三者に依頼して電子的に複製すること（スキャンやデジタル化等）は，著作権法上，認められていません。

編　者　鎌田正裕・中西 史
発行者　益井英郎
印刷所　中村印刷株式会社
発行所　株式会社文英堂
　〒601-8121　京都市南区上鳥羽大物町28
　〒162-0832　東京都新宿区岩戸町17
　（代表）03-3269-4231

くわしい

KUWASHII

SCIENCE

解答と解説

文英堂
BUN-EIDO.CO.JP

中 1 理科

ANSWERS

定期テスト対策問題

解答

1章 いろいろな生物とその共通点

SECTION 1 生物の観察と分類のしかた

1 (1)**イ**
(2)例 **強い光が集まり，目を傷めるおそれ
があるから。**

(解説) (1)観察するものが動かせないときは，**ア**
のようにして観察するが，観察するものが動かせ
るときは，**イ**のようにして観察する。
(2)ルーペのレンズには光を集めるはたらきがある。
くわしくは身のまわりの現象（3章）で扱う。

2 (1)**ウ→イ→ア→エ**
(2)**イ**

(解説) (1)まず左右の接眼レンズの幅を両目の幅
にそろえ，左右の視野が1つに重なるようにする。
微動ねじを使って両方の鏡筒を動かし，ピントを
合わせる。2つの接眼レンズのピントの合う位置
がちがう場合には，左側の接眼鏡筒についた視度
調節リングで左目側のピントを調整する。
(2)スケッチをかくときは，輪郭の線だけをかく。
影をつけたり，ぬりつぶしたりはしない。

3 (1)**イ** (2)**ア**

(解説) **ア**のタンポポや**ウ**のススキは日当たりの
よい場所で育つ。そのなかでもタンポポは背たけ
が低いのでふみつけに強く，人がよく通る場所で
育つが，ススキは背たけが高いのでふみつけに弱
く，空き地や川原などの人があまり通らない場所

で育つ。また，**イ**のドクダミは，日当たりの悪い
湿った場所で育つ。

4 (1)**エ** (2)**イ**

(解説) (1)木がおいしげっている場所では日当た
りが悪いので，地面は湿っている。
(2)ムカデやトノサマガエルは肉食動物，ワムシは
水中を活発に動く微生物である。

5 (1)**ア…ゾウリムシ イ…アオミドロ
ウ…ミジンコ エ…ツリガネムシ
オ…ミドリムシ**
(2)**イ，オ**

(解説) (2)**オ**のミドリムシはべん毛をつかって活
発に動くことができるが，光をあびて栄養分をつ
くり出すことができる。

SECTION 2 植物のからだの共通点と相違点

1 (1)**ア…子房 イ…胚珠**
(2)**被子植物** (3)**つくる** (4)**イ，カ**

(解説) (1)～(3)胚珠が子房の中にある植物を被子
植物といい，子房が果実になり胚珠が種子になる。
子房がなく，胚珠がむき出しになっていて果実を
つくらない植物を裸子植物という。
(4)**イ**のサクラと**カ**のエンドウは胚珠が子房で包ま
れている種子植物，**ア**のマツ，**ウ**のイチョウ，**エ**
のスギ，**オ**のヒノキは胚珠がむき出しの裸子植物
である。

2 (1)**ア** (2)**オ** (3)**イ，エ** (4)**カ**

(解説) (1)このりん片は，雌花（図の**ア**）をつくっ
ている。
(2)**ウ**は胚珠であり，図Cでは**オ**がこれにあたる。
(3)マツでは雄花の中の花粉のうに，アブラナでは
おしべの先のやくに，花粉がたくさんある。
(4)胚珠が種子に，子房が果実にそれぞれ変化する。
図Cの**カ**が子房である。

❸ (1)A…イヌワラビ　B…ゼニゴケ
　　　C…スギゴケ　D…スギナ
　　(2)A, D　(3)B, C

(解説) (2)(3)イヌワラビとスギナはシダ植物，ゼ
ニゴケとスギゴケはコケ植物である。**シダ植物は
根・茎・葉の区別があり**，イヌワラビやスギナは
雄株と雌株に分かれていないが，**コケ植物は根・
茎・葉の区別はなく，雄株と雌株に分かれている。**

❹ (1)① 種子　② つくらない　③ 被子
　　④ 裸子　⑤ 双子葉　⑥ 単子葉
　　(2)イ

(解説) (2)**ア**…アヤメは被子植物の単子葉類であ
りイネのなかま。
イ…アブラナは被子植物の双子葉類で花弁が離れ
ているマメのなかま。
ウ…スギは裸子植物でありマツのなかま。
エ…ベニシダはシダ植物であり種子をつくらない
植物なので，表にしたがって分類するとゼニゴケ
(コケ植物)と同じところに入る。

❺ (1)D　(2)C

(解説) 左から，イネは被子植物の単子葉類，ア
ブラナは被子植物の双子葉植物，イチョウは裸子植
物，ワラビはシダ植物，スギゴケはコケ植物であ
る。
(1)コケ植物には，根・茎・葉の区別がない。
(2)種子植物でないものは，花がさかない。

....

SECTION 3　**動物のからだの共通点と相違点**

❶ イ，エ

(解説) **ア**…哺乳類のからだの表面は毛でおおわ
れているものが多い。これは，体表から熱が逃げ
ないようにするのにつごうがよい。
ウ…哺乳類のあしはからだの下向きについている
ものが多い。これは，すばやい運動をするのに適
している。

❷ (1)イ　(2)ア

(解説) (1)肉食動物は肉をかみ切りやすいよう犬
歯(糸切り歯)が発達し，草食動物は草をすりつぶ
しやすいよう臼歯(奥歯)が発達している。
(2)草食動物は肉食動物が近づいてきたときすぐに
気づけるよう，両目が顔の側面についている。ま
た，肉食動物は獲物までの距離感をつかめるよう，
両目が顔の前面についている。

❸ (1)脊椎動物　(2)ウ，オ　(3)イ，エ

(解説) (2)卵でうまれるのは，アのは虫類，イの
鳥類，ウの両生類，オの魚類だが，そのうちの両
生類と魚類は水中に卵をうむ。
(3)親が子の世話をするのは，鳥類と哺乳類である。

❹ (1)A…頭部　B…胸部　C…腹部
　　(2)気門　(3)気管　(4)節足動物　(5)イ，エ

(解説) (1)昆虫類はいずれもからだが3つの部分
に分かれており，頭のほうから頭部，胸部，腹部
という。あしやはねは，いずれも胸部から出てい
る。
(2)気門からとり入れた空気は気管という管に送ら
れ，ここで酸素と二酸化炭素の交換が行われる。
(4)(5)昆虫のほかに，**クモ類やムカデ類，ダンゴム
シなどの甲殻類も節足動物である。**
イ…ミミズはあしをもたない環形動物とよばれる
なかまに分類される。
エ…マイマイは一般的には「かたつむり」とよば
れる貝のなかまで，からだに節をもたない軟体動
物である。

❺ (1)外骨格　(2)A…頭胸部　B…腹部
　　(3)脱皮　(4)えら　(5)気門　(6)甲殻類

(解説) (1)節足動物のからだは，外骨格というか
たい殻でおおわれている。
(3)甲殻類は脱皮を行い，姿を変えながら成長して
いく。

(4)(5)水中にすむ甲殻類はえらを使って呼吸するが，ダンゴムシやワラジムシなど，陸上にすむ甲殻類の一部は気門を使って空気をとり込み，呼吸する。

6 (1)**外とう膜** (2)**筋肉** (3)**軟体動物**
(4)**ウ，エ，オ**

(解説) (4)軟体動物には，イカやタコのほかに**ア**のアサリや**カ**のサザエ，マイマイなどの貝や，**イ**のウミウシなどがある。また，**ウ**のエビや**エ**のザリガニ，**オ**のミジンコ，ダンゴムシは甲殻類というなかまで，かたい外骨格をもった節足動物である。

7 (1)A…**哺乳類** B…**鳥類** C…**は虫類**
    D…**両生類** E…**魚類** F…**節足動物**
    G…**軟体動物**
(2)① **A** ② **胎生**
(3)(例)**水中で生活している子はえら呼吸と皮膚呼吸，陸上で生活している親は肺呼吸と皮膚呼吸をしている。**

(解説) (1)体表のようすや，動物の例で区別するのがよい。
(2)哺乳類だけは，子が母親の子宮内である程度育ってからうまれてくる胎生である。
(3)両生類は子(幼体)と親(成体)で生活場所がちがう。陸上ではえら呼吸をするかわりに肺呼吸をしている。

2章　身のまわりの物質

SECTION 1　**物質の性質**

1 (1)**有機物** (2)**ア，エ** (3)**2.7g/cm³**

(解説) (1)(2)有機物は炭素を含み，燃えたときに二酸化炭素を発生させる物質である。ただし，炭素を含んでいても，炭素そのものや二酸化炭素，一酸化炭素などは無機物に分類される。
(3)物体の密度 $= \dfrac{物体の質量}{物体の体積}$
$$= \dfrac{54.0\,\text{g}}{20.0\,\text{cm}^3} = 2.7\,\text{g/cm}^3$$

2 (1)A…**うすい塩酸** B…**石灰石**
(2)**下方置換法**
(3)①**イ** ②**ア** ③**ア**

(解説) 塩酸と石灰石が反応すると，二酸化炭素が発生する。
(2)二酸化炭素は空気より密度が大きい(重い)ので，下方置換法で集める。ただし，二酸化炭素は水に少し溶けるだけなので，水上置換法で集めることもできる。
(3)二酸化炭素は水に少し溶け，水溶液は弱い酸性を示す。また，二酸化炭素が石灰水に溶けると，石灰水が白くにごる。

3 (1)A…**うすい過酸化水素水[オキシドール]**
    B…**二酸化マンガン**
(2)**水上置換法** (3)①**ア** ②**イ**

(解説) (1)過酸化水素が二酸化マンガンにふれると，過酸化水素水が水と酸素に分解されるため，酸素が発生する。二酸化マンガンは過酸化水素の分解を助けるだけで，二酸化マンガン自体は変化しない。このような物質を触媒という。
(2)酸素は水に溶けにくいため水上置換法で集める。
(3)酸素自体は燃えないが，ほかの物を燃やすはたらきがある。

❹ (1)エ
(2)①ア　②イ　③イ　④イ
　　⑤ウ　⑥ア　⑦水

解説 (1)ア…過酸化水素水と二酸化マンガンが反応すると，酸素が発生する。
イ…うすい塩酸と石灰石が反応すると，二酸化炭素が発生する。
ウ…アンモニア水と鉄は反応せず，何も発生しない。
(2)水素が燃えると水ができる。

❺ (1)エ　(2)上方置換法　(3)ウ
(4)例 ビーカーの水がフラスコ内に吸い上げられて噴水（ふんすい）ができ，赤色の水がたまる。
(5)例 アンモニアは非常に水に溶けやすく，その水溶液はアルカリ性を示すため。
(6)窒素（ちっそ）

解説 (1)アンモニアの発生方法としては，次の3つの方法をおさえておくとよい。
①塩化アンモニウム（または硫酸（りゅうさん）アンモニウム）と水酸化カルシウムを混ぜて加熱する。
②塩化アンモニウムと水酸化ナトリウムを混ぜて少量の水を加える。
③アンモニア水を加熱する。
(2)アンモニアは非常に水に溶けやすいため，水上置換法では集められない。空気より密度が小さい（軽い）ので，上方置換法で集める。
(4)(5)フラスコ内のアンモニアはろ紙が含んでいる水に溶け込み，フラスコ内の気圧が下がり，ピンチコックをはずすとフェノールフタレイン溶液を加えた水が勢いよく噴水のようにフラスコ内に入ってくる。アンモニア水はアルカリ性を示すため，フェノールフタレイン溶液を加えた水は赤色になる。
(6)空気中には体積の割合で窒素が約78%，酸素が約21%含まれていて，残りをすべて合わせても約1%しか含まれていない。

❶ (1)イ，オ　(2)エ

解説 (1)ア…溶（と）けている物質は，ろ紙でこしとることはできない。
ウ…溶けたものは見えなくなって透明（とうめい）になるので，にごりはない。
エ…いちど溶けて均一に広がった物質は，しばらく放置しておいても，溶けている物質は均一に広がったままである。

❷ (1)A…ミョウバン　B…食塩
(2)A　(3)A　(4)結晶（けっしょう）　(5)再結晶

解説 (1)食塩の溶ける量は，温度が変わっても，ほとんど変化しない。
(2)Aは60gぐらい，Bは37gぐらい溶けている。
(3)20℃と40℃の溶解度の差はAのほうが大きい。
(4)規則正しい形をした固体を結晶という。
(5)再結晶によって，純粋（じゅんすい）な物質をとり出すことができる。

❸ (1)ウ　(2)57.5 cm³

解説 (1)液面の水平部分と同じ高さに目を置いて，1目盛りの10分の1まで目分量で読みとる。
(2)液面の高さが57.0 cm³と58.0 cm³のちょうど真ん中あたりなので，57.5 cm³と読みとれる。

❹ (1)4.7%　(2)9.1%　(3)8.2%　(4)13.0%

解説 質量パーセント濃度〔%〕
$$= \frac{溶質の質量〔g〕}{溶液の質量〔g〕} \times 100\%である。$$
(1)20℃の水100gにホウ酸は4.9gしか溶けることができないので，
$$\frac{4.9g}{104.9g} \times 100 = 4.67\cdots \quad よって，4.7\%$$
(2)$\frac{10g}{110g} \times 100 = 9.09\cdots \quad よって，9.1\%$
(3)40℃の水100gにホウ酸は8.9gしか溶けることができないので，

$$\frac{8.9g}{108.9g} \times 100 = 8.17\cdots \quad \text{よって, } 8.2\%$$

(4)100gの水から50gの水が蒸発すると, 残った水は50gである。60℃の水100gにホウ酸は14.9gまで溶けるので, 60℃の水50gに溶けることのできるホウ酸の量は,

$$14.9g \times \frac{50g}{100g} = 7.45g$$

したがって, このときのホウ酸の水溶液の質量パーセント濃度は,

$$\frac{7.45g}{57.45g} \times 100 = 12.96\cdots$$

よって, 13.0%

(別解) 質量パーセント濃度は, 溶ける溶質の質量を溶液の質量でわったものなので, 同じ温度での飽和水溶液の濃度は, 水溶液の量にかかわらず同じになる。よって, 60℃のホウ酸の飽和水溶液の質量パーセントの値を使って求めると,

$$\frac{14.9g}{114.9g} \times 100 = 12.96\cdots$$

よって, 13.0%

SECTION 3 状態変化

❶ (1)氷…**固体** 水…**液体** 水蒸気…**気体**
(2)**ア, ウ** (3)**二酸化炭素[ナフタレン]**

(解説) (2)氷を熱すると水になり(**ア**), 水を熱すると水蒸気になる(**ウ**)。また, 水蒸気を冷やすと水になり(**エ**), 水を冷やすと氷になる(**イ**)。

❷ (1)**ア**
(2)①**ア** ②**ア** ③**イ** ④**イ** ⑤**イ**
(3)**ア**

(解説) (1)(2)液体の物質が固体になると, ふつうは体積が減るが, 水の場合は例外で, 固体(氷)になると体積がふえる。しかし, **状態変化で体積が変化しても, 質量は変わらない。**
(3)液体の物質が気体に変化するときには, ふつう体積が非常に大きくなる。

❸ (1)**ウ** (2)**変わらない**

(解説) (1)**ア**…粒子が自由に飛び回っているので気体である。
イ…粒子が規則正しく並んでいるので固体である。
ウ…粒子どうしがぶつかりながら少し動いているので液体である。
(2)**物質の状態が変化しても, 物質の運動のようすが変化するだけで, 物質をつくっている粒子の種類や数は変化しない。**

❹ (1)**ア, イ, ウ** (2)**ア, オ** (3)**エ**

(解説) (1)固体の物質の温度が融点を超えると, 液体に変化するので, 固体が存在しない。
(2)液体の物質の温度が融点を下回ると固体に, 沸点を上回ると沸騰してすべて気体に変化するので, 液体が存在しない。
(3)融点では, 固体と液体がどちらも存在している。

❺ (1)**6分から10分までの間** (2)**50℃**
(3)**A…ア B…ウ C…イ**

(解説) 固体が融点に達してとけ始めると, 完全にとけ終わるまで温度が上がらなくなる。したがってその間は, とけてできた液体と, まだとけていない固体とが混ざっている。

❻ (1)(例)**突沸[急激な沸騰]を防ぐため。**
(2)**沸点** (3)**イ** (4)**80℃**

(解説) (1)液体を静かに加熱していくと, 急に液体全体が沸騰し始めることがある。これを突沸といい, 非常に危険である。素焼きのかけらなどを沸騰石として入れておくと, かけらの中に残った空気の泡によって少しずつ沸騰が起こるようになり, 突沸を防ぐことができる。
(2)液体が沸騰する温度を沸点という。
(3)〜(5)**沸騰が起こると, 温度が一定になるので, 温度変化のグラフは水平になる。**そのときの温度が沸点であり, この問題では80℃と読みとることができる。

❼ (1)(例)**発生した気体を冷やして液体にもど
　　すため。**
　　(2)**エタノール**　(3)**水**　(4)**B**　(5)**ウ**

（解説）(1)加熱して液体から気体に状態変化した
物質を冷やすと，もとの液体にもどる。
(2)(3)沸点のちがう2種類の物質の混合物を熱す
ると，**はじめに沸点の低い物質が沸騰し，そのあ
と沸点の高い物質が沸騰する。**混合物では純粋な
物質とはちがい，グラフに水平な部分はなく，沸
騰が始まっても温度が上がり続ける。
(4)エタノールは非常に燃えやすい気体である。
(5)蒸留は，石油を成分ごとに分離したり，酒造の
際にエタノール分を濃縮（のうしゅく）したりするのに使われる。

③章　身のまわりの現象

SECTION 1　**光の性質**

❶ (1)**40°**　(2)**40°**　(3)**ウ**

（解説）(1)入射角とは，鏡の面に垂直な線と入射
光との間にできる角度のことをいうから，
　　　$90° - 50° = 40°$
(2)反射角は入射角に等しいので，40°である。
(3)ます目を使って反射光の道すじをかく。

❷ (1)**4 m**　(2)**160 cm**　(3)**80 cm**

（解説）(1)鏡にうつして見える像は，鏡から実物
までの距離（きょり）と同じ距離だけ鏡の奥（おく）に入った位置に
あるように見えるので，
　　　$2 m × 2 = 4 m$
(2)鏡にうつして見える像は，実物と同じ大きさの
ものがあるように見える。
(3)自分の全身を鏡にうつして見るとき，身長の半
分以上の長さの鏡が必要であるので，
　　　$160 m ÷ 2 = 80 cm$

❸ (1)**ア**　(2)**ウ**

（解説）入射角も屈折角（くっせつかく）も，物質どうしの境界面
に垂直な線と，入射光や反射光との間にできる角
度のことなので，入射角は，
　　　$90° - 50° = 40°$
**光が空気中から水中へ進むとき，屈折角は入射角
より小さくなるので，**このときの屈折角は40°
より小さくなる。

❹ (1)**9時**　(2)**3時**

（解説）(1)鏡にうつして見える像は，左右が逆に
なっている。
(2)像の左半分は，向かって右側の鏡にうつった像
を左の鏡でうつしたもので，像の右半分は，向か
って左側の鏡にうつった像を右側の鏡でうつした

ものである。このように，鏡で2度反射してできた像なので，左右が逆になった像が再び逆になって，ふつうに見たときと同じ向きの像となっている。

❺ 下図

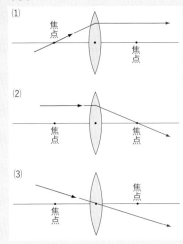

(1)
焦点　焦点

(2)
焦点　焦点

(3)
焦点　焦点

解説 (1)凸レンズの焦点を通る光は，凸レンズ通過後には凸レンズの光軸と平行になるように進む。

(2)光軸と平行な光線は，凸レンズ通過後には焦点を通るように進む。

(3)矢印をのばすと，凸レンズの中心を通る。凸レンズの中心を通る光は，凸レンズ通過後に直進する。

❻ (1)下図の①～③のうち2本と像

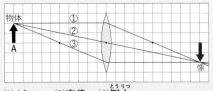

物体　①②③　像
A

(2)**10cm**　(3)**実像**　(4)**倒立**
(5)像の大きさ…**大きくなる。**
　凸レンズとの距離…**遠ざかる。**

解説 (1)上の解答の図に示した①～③の光の道すじのうち，どれか2本を使えば像が作図できる。

3本のうちどの2本を使っても，結果は同じになる。

(2)～(4)点**A**は，焦点距離の2倍の長さにあたる所で，ここに置いた物体の像は，反対側の凸レンズから焦点距離の2倍だけ離れた位置にでき，実物と同じ大きさの倒立の実像となる。

(5)**物体を凸レンズに近づけると，像は大きくなるが，像のできる位置は遠ざかっていく。**

SECTION 2 音の性質

❶ (1)振動　(2)音源[発音体]　(3)小さくなる
(4)空気

解説 (1)音は，振動が波として伝わっていくものである。

(2)音を出す物体を音源(発音体)という。

(3)(4)容器内の空気をぬいていくとブザーの音が小さくなる。このことから，**音源の振動を伝えているのは空気であるということがわかる。**

❷ (1)**680m**　(2)**4.8秒後**　(3)**1800m**

解説 (1)音が伝わった距離
　　　＝音の速さ×かかった時間なので，
　340m/s×2s＝680m

(2)3600mを往復する時間なので，
$$\frac{3600\,m\times 2}{1500\,m/s}=4.8\,s$$

(3)音が2.4秒で往復している。求める距離は片道なので，
　1500m/s×2.4s÷2＝1800m

❸ エ

解説 水面から試験管の口までの空気が振動して音を出す。水の量が多くなるほど，空気の部分がせまくなり，振動数が多くなるので，音は高くなる。

❹ (1)**エ** (2)**エ** (3)**エ** (4)**エ**
(5)**ウ** (6)**ウ** (7)**イ** (9)**ウ**

（解説）波長（山から山，または谷から谷までの長さ）が短いほど振動数が多いので，高い音である。また，振幅（山の高さ，または谷の深さ）が大きいものほど大きい音である。したがって，**ア**と**ウ**，**イ**と**エ**はそれぞれ同じ高さの音で，**ア・ウ**は**イ・エ**より低い音である。さらに，**ア**と**イ**，**ウ**と**エ**はそれぞれ同じ大きさの音で，**ア・イ**は**ウ・エ**より小さい音である。これをもとにして考えると，**ア**は低くて小さい音，**イ**は高くて小さい音，**ウ**は低くて大きい音，**エ**は高くて大きい音であることがわかる。

❺ (1)① **大きく** ② **大きく**
(2)**弦B** (3)**イ，ウ，オ**
(4)① **短い** ② **細い** ③ **強い** ④ **多く**

（解説）(1)(2)弦を強くはじくと，弦から出る音は大きくなるが，音の高さは変わらない。
(3)(4)弦から出る音を高くするためには，弦の長さを短く，太さを細く，または弦をはる強さを強くすればよい。音を低くするのは，これらの逆である。弦**A**と弦**B**を同じ高さにするためには，これらのことをふまえて，弦**A**の音を高くするか，弦**B**の音を低くすればよい。

SECTION 3 いろいろな力

❶ (1)**ア** (2)**ウ** (3)**ア** (4)**イ** (5)**ウ**
(6)**イ** (7)**ア** (8)**ウ** (9)**イ** (10)**イ**

（解説）(1)(3)(7)それぞればね，布，空き缶の形が変わっている。
(2)(5)(8)それぞれ荷物，鋼鉄，本を支えている。
(4)(6)(9)(10)それぞれサッカーボール，野球ボール，自転車，自動車の運動のようすが変わっている。

❷ (1)**コ** (2)**エ** (3)**オ**
(4)**カ** (5)**イ** (6)**ケ**

（解説）(1)磁石がものを引きつけたり，遠ざけたりする力をどちらも磁力（磁石の力）という。
(2)輪ゴムやつる巻きばねなどを変形させたとき，これらの物体がもとの形にもどろうとする性質を弾性といい，この力を弾性力という。
(3)重力は，真下の向き（物体から見て地球の中心の向き）にはたらく。
(4)摩擦力は，物体の運動の向きと逆向きにはたらく。
(5)垂直抗力は本を机に置いたとき，机が本を押し返す力である。
(6)電気を帯びた物体の間ではたらく力である。

❸ (1)**30cm** (2)**比例（の関係）**
(3)**フックの法則**
(4)**42cm** (5)**0.33N**
(6)**18cm** (7)**42cm**

（解説）(1)おもりの重さが0Nのときのばねの長さを読みとる。
(2)(3)ばねののびはばねを引く力に比例する。これを，**フックの法則**という。
(4)グラフより，0.5Nで30cmのびているので，0.2Nのおもりをつるしたときのばねののびをw〔cm〕とすると，

$0.2N : w = 0.5N : 30cm$　$w = 12cm$

したがって，ばねの長さは，

$30cm + 12cm = 42cm$

(5)ばねののびは20cmなので，ばねが20cmのびるときのおもりの重さをx〔N〕とすると，

$x : 20cm = 0.5N : 30cm$　$x = 0.333\cdots N$

よって，0.33N
(6)0.3Nのおもりをつり下げたときのばねののびをy〔cm〕とすると，

$0.3N : y = 0.5N : 30cm$　$y = 18cm$

(7)0.7Nのおもりをつり下げたときのばねののびをz〔cm〕とすると，

$0.7N : z = 0.5N : 30cm$　$z = 42cm$

❹ (1)①どちらも0.5N ②100cm
(2)①どちらも0.4N ②どちらも45cm

(解説) (1)①縦につなぐと，どちらのばねにも0.5N
の力がはたらく。
②1本のばねに0.5Nのおもりをつり下げたとき
のばねののびをx〔cm〕とすると，

$\quad$ 0.1N：5cm＝0.5N：x $\quad$ x＝25cm

1本のばねの長さは，

$\quad$ 25cm＋25cm＝50cm

ばね全体の長さは $\quad$ 50cm×2＝100cm

(2)①横に並べると，それぞれのばねには半分の
0.4Nの力がはたらく。
②1本のばねに0.4Nのおもりをつり下げたとき
のばねののびをy〔cm〕とすると，

$\quad$ 0.1N：5cm＝0.4N：y $\quad$ y＝20cm

それぞれのばねの長さは，

$\quad$ 25cm＋20cm＝45cm

❺ (1)ニュートン $\quad$ (2)ウ
(3)①作用点 $\quad$ ②力の大きさ
$\quad$ ③力の向き $\quad$ ④作用線
(4)作用点，力の向き，力の大きさ

(解説) (1)力の単位Nはニュートンと読み，1Nは
100gの物体にはたらく重力とほぼ等しい。
(2)**ア**…gやkgは質量の単位。重力は力なのでニ
ュートン(N)である。
イ…同じ物体であれば，地球上でも月面上でも質
量は等しい。しかし，同じ質量の物体であっても
月面上ではたらく重力は，地球上ではたらく重力
のおよそ$\dfrac{1}{6}$倍となる。
(3)力の矢印は，力の作用点から力の向きにのびる
矢印である。矢印の長さが，力の大きさに比例す
るようにかく。
(4)前問(3)の①〜④のうち，作用線は作用点を通り
力の向きにそった直線であり，この2つから自
動的に決まるので，ふつう力の3要素に含めない。

❻ (1)0.4N $\quad$ (2)重力 $\quad$ (3)240g
(4)質量 $\quad$ (5)重さ $\quad$ (6)質量

(解説) (1)地球上で240gの物体にはたらく重力は
2.4Nだから，月面上だと，

$\quad$ $2.4N \times \dfrac{1}{6} = 0.4N$

(2)(5)ばねばかりは物体にはたらく重力(重さ)をは
かっている。
(3)分銅にはたらく重力も$\dfrac{1}{6}$倍となるので，地球
上と同じようにつり合う。
(4)(6)場所が変わっても上皿てんびんの両側では同
じ条件で重力がはたらくので，物体そのものの量，
つまり質量をはかっている。

4章 大地の変化

SECTION 1 火山

❶ ①溶岩　②火山ガス　③ガラス
④冷え　⑤マグマ

（解説）地下にあるマグマが地上付近に上がって
くると，火山ガスと溶岩，そして火山弾や火山灰
などの固体に分離する。

❷ (1)③　(2)①
(3)①イ，ウ　②エ，カ，キ　③ア，オ，ク

（解説）(1)マグマのねばりけが弱いほど①のよう
に全体に広がり，マグマのねばりけが強いほど③
のようにドーム状になる。
(2)マグマのねばりけが弱いと，おだやかに溶岩を
流し出すような噴火をくり返す。これは，内部の
水蒸気などの気体がすぐに外へ出ていけるため，
内部が高圧にならないからである。いっぽう，マ
グマのねばりけが強くなると，激しい噴火となる。
これは，水蒸気などの内部の気体が出ていきにく
くなるため，内部が高圧になり，耐えられなくな
って壊れた岩盤から一気に噴き出すためである。
(3)アの有珠山とクの昭和新山は北海道，イのマウ
ナケアとウのキラウエアはアメリカのハワイ島，
エの浅間山は長野県と群馬県の県境付近，オの雲
仙普賢岳は長崎県，カの富士山は静岡県と山梨県
の県境付近，キの桜島は鹿児島県にある火山であ
る。おだやかに溶岩を流し出すような噴火をする
火山は，ハワイ島にあるものが有名である。

❸ (1)火成岩　(2)B
(3)A…等粒状組織　B…斑状組織
(4)斑晶　(5)石基
(6)A…イ　B…ウ

（解説）(1)マグマが冷やされてできた岩石を火成
岩という。

(2)～(6)マグマが地下深くでゆっくりと冷やされて
できた深成岩では，各鉱物が大きな結晶に成長し
ながら固まっていくため，Aのような等粒状組織
ができる。いっぽう，マグマが地表または浅い地
下で急速に冷やされてできた火山岩では，大きな
結晶に成長できない部分が出てくるので，石基と
よばれる粒の見えないガラス質の部分の中に，比
較的大きな結晶になった斑晶といわれる部分が含
まれる，Bのような斑状組織ができる。

❹ (1)①エ　②イ　③オ　④ウ　⑤ア　⑥カ
(2)無色鉱物［白色鉱物］　(3)有色鉱物

（解説）(1)天然にできる一定の色や形をもつ結晶
を鉱物という。
(2)(3)白っぽい鉱物を無色鉱物，黒っぽかったり色
がついたりしている鉱物を有色鉱物という。無色
鉱物が含まれる割合が大きい岩石ほど白っぽい色
になる。

SECTION 2 地震

❶ (1)A…震源　B…震央
(2)震源の深さ　(3)震源距離　(4)エ

（解説）(1)地下の地震の発生した場所を震源，震
源の真上の地表面上の地点を震央という。
(4)地盤などの影響もあるが，ふつう，震源に近い
ほど震度は大きくなる。また，震度5と6はそ
れぞれ強弱に分かれているので，震度は0から7
までで10階級に分けられている。

❷ (1)初期微動　(2)ア　(3)ア　(4)プレート

（解説）(1)Xは，P波による小さなゆれで，初期微
動という。そのあとに続く大きなゆれを主要動と
いう。
(2)Xの続いている時間を初期微動継続時間という
が，この長さは震源からの距離に比例する。つま
り，この時間が長いほど，震源から離れているこ
とになる。
(3)マグニチュードは，地震がもつエネルギー（地

震の規模)を示す値である。

(4)地球の表面をおおう岩盤をプレートといい，それぞれのプレートが別々の向きにゆっくりと動いているので，その境界付近には火山が多く，地震も起きやすい。日本付近は，4つのプレートが集まる境界上にある。

❸ (1)**ア** (2)**イ** (3)**40秒後**

(解説) (2)初期微動継続時間は，震源からの距離に比例する。グラフより，たとえば，震源からの距離が80kmの地点での初期微動継続時間は10秒とわかるから，初期微動継続時間が25秒の地点の震源からの距離をx〔km〕とすると，次の比例式が成り立つ。

$$x〔km〕:25s=80km:10s$$

これを解いて，$x=200km$

(3)初期微動を起こすP波の伝わる速さは，グラフより8km/sとわかる。したがって，求める時間は，

$$\frac{320km}{8km/s}=40s$$

❹ (1)①**海溝** ②**日本海** ③**深く** (2)**ウ**

(解説) (1)海洋プレートと大陸プレートの境目付近では，プレートの動きによって岩盤にひずみがたまり，大きな地震の震源が分布している。
(2)ふつう，海洋プレートのほうが重い(密度が高い)ので，大陸プレートの下に沈み込んでいく。

- -

SECTION 3 地層

❶ ①**太陽** ②**風化** ③**侵食** ④**堆積岩**

(解説) 流れる水のはたらきには，岩石をけずりとる侵食，土砂を運ぶ運搬，土砂を積もらせる堆積がある。

❷ (1)**ウ** (2)**ア**

(解説) (1)この実験では，水位a，bが海水面にあたり，といの先が河口にあたる。

実験Ⅱでは実験Ⅰに比べて水位が高いが，実際の場合に水位が高くなるのは，海水がふえたときか，地盤が下がったときで，いずれも土地の沈降という。したがって，あてはまるのは**ウ**である。
(2)海底に土砂などが堆積するとき，河口に近い所ほど粒の大きいものが堆積する。そこで，実験Ⅰと Ⅱ とで，といの先(河口)とX-Yの地点との距離を比べると，実験Ⅰで近く，実験Ⅱで遠い。したがって，粒の大きさは，実験Ⅰで大きく，実験Ⅱで小さくなっていると考えられる。

❸ (1)**イ** (2)**ウ** (3)**ウ** (4)**エ** (5)**イ**

(解説) (1)~(3)泥岩・砂岩・れき岩は，どれも岩石が風化や侵食を受けて細かくなったものが固まってできた堆積岩である。このうち，泥岩をつくる泥は直径0.06mm以下で，砂岩をつくる砂は直径0.06mm~2mm，れき岩をつくるれきは直径2mm以上である。これらは，粒が小さいものほど沖まで運ばれてから堆積する。
(4)土砂が水で運ばれるうちに，粒どうしでこすれたりして角がとれ，丸くなる。

❹ (1)**イ** (2)**柱状図** (3)**火山活動**

(解説) (1)土砂は下のほうから積もっていくので，地層の逆転やしゅう曲などがなければ，下にある層のほうが古い層である。
(2)柱状図を使うことで，広い範囲での地層のようすを知ることができる。
(3)火山灰は，火山活動が起こったタイミングで降り積もる。そのため，同じような火山灰層ができたのは同じ時期であることが推定できるので，離れた場所での地層どうしを比べるのに役立つ。

- -

SECTION 4 自然災害と自然の恵み

❶ (1)①**プレート** ②**火山**
(2)(例)**高温の火山ガスとほかの火山噴出物が混ざり合い，高速で斜面を下る現象。**
(3)(例)**温泉，地熱発電**

解説 (1)地震の震源や火山は，どちらもプレートどうしがぶつかり合う境目近くに多い。
(2)火砕流は非常にスピードが速く，発生したのを確認してからでは逃げることが難しい。1993年の雲仙普賢岳(長崎県)の噴火では，多数の犠牲が生じた。
(3)火山による地中の熱をそのまま使う地熱発電や，あたためられた地下水を使う温泉などとして利用されている。

❷ (1)①震源　②マグニチュード
　　③震度　④液状化　⑤津波
　(2)緊急地震速報

解説 (1)埋め立て地など，地盤が砂を含む場所では，地震の強いゆれによって砂粒と地下水が混ざりあって液体のようになる。これを液状化現象といい，建物が傾くなどの被害が出る。
(2)地震計で得られた初期微動などの情報をコンピューターを使って瞬時に分析し，大きなゆれが予想される地域に発表するしくみを緊急地震速報という。スマートフォンやテレビ，通信回線などを通じて伝えられ，手動や自動で電気やガスなどを止めて火災を防いだり，避難口を確保したりするなどの用途で使われている。

ANSWERS

入試問題にチャレンジ
解答

1

❶ (1)① 7　② 29
　(2)イ，エ

解説 (1)Dは1か所ではないので注意すること。
(2)タンポポはAでもっとも多く見られ，ドクダミはDでしか見られない。

❷ (1)①ア　②イ　③ア
　(2)エ　(3)2.5秒

解説 (3)時間 ＝ $\dfrac{距離}{速さ}$ ＝ $\dfrac{850\,m}{340\,m/s}$ ＝ 2.5 s

❸ (1)上方置換法
　(2)例 手であおぐようにしてかぐ。
　(3)例 水に溶けやすい性質，水に溶けるとアルカリ性を示す性質

解説 (2)有毒な気体もあるので，気体のにおいをかぐときは一度にたくさん吸い込まないように，手であおぐようにしてかぐ。
(3)ビーカー内の水が丸底フラスコの中でガラス管の先から噴き出したのは，丸底フラスコ内のアンモニアがろ紙をぬらしている水の中にたくさん溶け込み，フラスコ内の圧力がとても下がったためであると考えられる。このことから，アンモニアは水に溶けやすいことが確かめられる。また，フェノールフタレイン溶液を加えた水が赤色になったことから，アンモニアが水に溶けるとアルカリ性を示すことがわかる。

4 (1)エ　(2)斑状組織

　(3)例 火山灰や火山れきなどの火山噴出物
　　　が堆積し

　(4)①A…イ　B…ア　②ウ

解説 (2)Xを斑晶，Yを石基という。これは，マグマが地上や地上付近で急速に冷やされてできた火山岩の特徴的なつくりである。

(4)花こう岩は深成岩で，おもに無色鉱物である長石，石英と黒色の黒雲母からできている。

②

1 (1)例 水よりもエタノールのほうが，沸点
　　　が低いから。

　(2)エ

解説 (1)沸点の低いエタノールのほうが先にたくさん出てくる。

(2)融点が－30℃より低く，沸点が250℃より低い物質を答える。

2 (1)①記号…イ　反射角…60°

　　　②45°

　(2)①エ

　　　②Y…ア　Z…イ

解説 (1)①入射角が60°なので，反射角も60°となる。

②反射光の向きをイからオまで90°動かさなくてはならないので，入射角と反射角を45°ずつ小さくすればよい。入射角を45°小さくするためには，鏡を時計回りに45°回転させればよい。

(2)①鏡にうつる像も，実際にそこに光が集まっているわけではないので虚像である。

②Z…鏡Ⅱにうつった像である。

Y…Zの像が鏡Ⅰにうつった像なので，Zと左右が反対になる。

3 (1)②キ　③オ　④イ　⑤エ　(2)は虫類

解説 イヌとネコは哺乳類，スズメとハトは鳥類，コイとフナは魚類，カエルは両生類，カメ・トカゲはは虫類，イカ・タコは無脊椎動物の軟体動物である。

条件②…からだが毛または羽毛でおおわれている哺乳類・鳥類のグループと，毛がなくうろこや粘膜でおおわれている魚類・両生類・は虫類のグループに分けている。

条件③…水中に卵をうむ魚類・両生類のグループと，陸上に卵をうむは虫類に分けている。

条件④…胎生の哺乳類と，卵生の鳥類に分けている。

条件⑤…一生えらで呼吸する魚類と，成体になるとえらで呼吸しなくなる両生類に分けている。

③

1 (1)震度…ゆれの強さ

　　　マグニチュード…地震の規模

　(2)例 震源からの距離と，初期微動継続時
　　　間は比例関係にある。

　(3)エ

解説 (2)初期微動継続時間の長さは，およそ震源からの距離に比例する。

(3)兵庫県の南部がもっとも早くゆれが始まっているので，このあたりが震源だと考えられる。ここからエまでは，17秒後にゆれが始まった地点より遠く，31秒後にゆれが始まった地点より近い。

2 (1)例 光を効率よく受けとるため。

　(2)アサガオ…ア　ユリ…ウ

　(3)シダ植物

解説 (1)それぞれの葉が日光を十分に受けとれるようにすることで，葉でつくられる栄養分の量が多くなるようにしている。

(2)アサガオは双子葉類であり，花弁がすべてくっついているので，合弁花類である。

(3)ワラビなどのなかまをシダ植物，ゼニゴケなどのなかまをコケ植物という。

❸ (1)**ウ**　(2)**エ**　(3)**ア**　(4)**50%**　(5)**イ**

(解説) (1)硝酸カリウムは約32g，硫酸銅と塩化ナトリウムはどちらも約36g溶けるが，ミョウバンは約12gしか溶けない。

(2)水100gあたりで考えると物質50gとなる。よって，60℃の水100gに50g溶けるかどうかを調べればよい。硝酸カリウムは約110g，硫酸銅は約80g，ミョウバンは約58g溶けるが，塩化ナトリウムは約38gしか溶けない。

(3)50℃の水100gに溶ける量と20℃の水100gに溶ける量の差がもっとも大きいものを選ぶ。

ア…硝酸カリウム＝85g－32g＝53g

イ…硫酸銅＝66g－36g＝30g

ウ…ミョウバン＝37g－12g＝25g

エ…塩化ナトリウム＝37g－36g＝1g

(4)70℃の水100gに硫酸銅は約100g溶けているので，このときの質量パーセント濃度は，

$$\frac{溶質の質量〔g〕}{溶液の質量〔g〕} \times 100$$

$$= \frac{100g}{100g+100g} \times 100$$

$$= 50$$

よって，50%

(5)水の量は変わらず，溶けている硫酸銅の量が少なくなるので，濃度は低くなる。

❹ (1)**0.4N**　(2)**ア**

(解説) (1)**A**がリングを引く力と**B**がリングを引く力がつり合っているので，**A**の示す値は**B**の示す値(0.4N)と等しい。

(2)**力のつり合いは，必ず同じ物体にはたらく力で考える。**